図説　海上衝突予防法

福井　　淡　原著
淺木　健司　改訂

海　文　堂

はしがき

―第24版に当たって―

本書は，海上衝突予防法を分かりやすく解説するため，多数のカラー図面を用い，かつ，要点をとらえて平易に説明したものです。

現行の海上衝突予防法は，1972年国際海上衝突予防規則（条約）に準拠したものですが，国際海事機関（IMO）は，同規則を逐次改正しています。具体的には，①分離通航方式の航法などについての改正（'83年），その6年後の②喫水制限船の定義など（'89年），更に6年後には，③漁ろう船の灯火などについての改正（'95年），そして8年後には，④表面効果翼船の新設などを行いました。その後，⑤遭難信号の改正（'07年）を採択し，平成21年12月に施行されています。

これらの改正に伴い，わが国の海上衝突予防法及び同法施行規則も，国際規則に準拠して，その都度改正されてきました。

同法の解説に当たっては，「海上衝突予防法」の全条文を逐条的に掲げ，改正点に留意しつつ，基本的なものを網羅して簡潔に図説することに意を用いた積りです。

巻末には，①「海上衝突予防法施行規則」の全条文，②「分離通航方式に関する告示」（抄），③「通航を妨げてはならないの解釈等について」及び④「航法に関する原則」を掲げ，また，⑤「海技試験問題」（法令改正等に伴う新しい練習問題を含む。）を収め，ヒントを付けてあります。

この度の改訂においては，前の版以降における関係条項の改正を反映させるとともに，いくつかの図を描き改めました。

本書が，船務において，あるいは海技試験（筆記・口述）においてお役に立ち，船舶の安全運航の一助となりますならば，著者の喜びこれに過ぎるものはありません。

令和5年2月7日

著　者

参考文献

⑴ 日本海難防止協会　海上交通法規研究委員会報告書及び同資料（IMO 議事録等）

⑵ IMO　Ships' Routeing and Traffic Separation Schemes

⑶ General Council of British Shipping, International Regulations for Preventing Collisions at Sea, 1972（日本船主協会）

⑷ 中島保司先生　概説：国際海上衝突予防規則（1972 年）日本船長協会月報

⑸ A.N. Cockcroft and J.N.F. Lameijer　A Guide to the Collision Avoidance Rules（2 版 1976）

⑹ 第 80 回国会　衆議院交通安全対策特別委員会・参議院運輸委員会会議録（海上衝突予防法関係）

⑺ 第 80 回国会　衆議院外務委員会・参議院外務委員会会議録（国際規則条約の締結の承認を求める件関係）

⑻ 鹿児島政雄先生　海上衝突予防法図説　海文堂

⑼ 福井淡　1972 年国際海上衝突予防規則の避航に関する改正点　日本航海学会避航操船シンポジウム

⑽ IMO Amendments to the International Regulations for Preventing Collisions at Sea, 1972（第 15 回 IMO 総会で採択，決議 A.626（15），1989 年 11 月 19 日発効）

⑾ 海上保安庁　国際海上衝突予防規則の改正（平成元年 11 月 19 日発効）

⑿ 斎藤浄元先生　海難論（増補 2 版）　日本海事振興会

⒀ 林修三先生　法令解釈の常識　日本評論社

⒁ 福井淡・名越孳・佐藤完爾・岩瀬潔　1972 年国際海上衝突予防規則第 2 条（責任）の改善に関する一考察　日本航海学会論文集第 92 号

⒂ 竹爪崇浩先生ほか　前翼型表面効果翼船の小型自航模型の試作

目　次

第1章　総　則

第2章　航　法

第1節　あらゆる視界の状態における船舶の航法

第2節　互いに他の船舶の視野の内にある船舶の航法

第3節　視界制限状態における船舶の航法

第3章　灯火及び形象物

海上衝突予防法

（　　　　　昭和52年6月1日　法律第62号
最近改正　平成15年6月4日　法律第63号）

第1章　総　則

第1条　目　的

> **第1条**　この法律は，1972年の海上における衝突の予防のための国際規則に関する条約に添付されている1972年の海上における衝突の予防のための国際規則の規定に準拠して，船舶の遵守すべき航法，表示すべき灯火及び形象物並びに行うべき信号に関し必要な事項を定めることにより，海上における船舶の衝突を予防し，もって船舶交通の安全を図ることを目的とする。

§1-1　目　的（第1条）

海上衝突予防法は，1972年国際海上衝突予防規則（条約）の規定に準拠して，次のことに関し必要な事項を定めることにより，海上における船舶の衝突を予防し，もって船舶交通の安全を図ることを目的としている。

(1)　船舶の遵（じゅん）守すべき航法

(2)　船舶の表示すべき灯火及び形象物

(3)　船舶の行うべき信号

◘　海上衝突予防法（国内法）は，従来より国際海上衝突予防規則に準拠して定められてきたものであるが，これは海上交通が内外の船舶の入り交（ま）じる国際性を有しているためで，国際的に統一されたルールでなければ海上の衝突予防に役立たないからである。

その国際規則が最初に議定されたのは，1889年（明治22年）のワシントン国際海事会議においてである。その後，国際規則は数度にわたり改正され，その都度，国内法も改正されてきた。

1972年国際規則は，従来の模範法典の形式から「条約（添付書）」の形式となっており，本法の内容も，旧海上衝突予防法以来，百年来の大改正が行われ，その後，4回改正されている。

◇ 本条が明記しているとおり，本法は同国際規則の規定に準拠したものであるから，本法を解釈するに当たっては，同規則の趣旨は何か，また同規則は国際的にどのように解釈されているかを考慮してなされなければならない。

◇ 国内法は，同国際規則と条項の配列及び表現においてかなり相違がある。したがって，例えば，外国が発行する航行に関する書誌や通報を読む場合には，これらの相違によるルール上の錯誤を生じさせないよう注意を要する。特に，国際航海に従事する船舶においては，同国際規則にも目を通し，これらの相違を知っておくとよいであろう。

【注】 本書は，1972年国際規則を，以下「72年国際規則」又は「国際規則」と略する。

第2条 適用船舶

> 第2条 この法律は，海洋及びこれに接続する航洋船が航行することができる水域の水上にある次条第1項に規定する船舶について適用する。

§ 1-2 適用船舶（第2条）

本法は，海洋及びこれに接続する航洋船が航行することができる水域の水上にある船舶に適用される。

◇ 「海洋」とは，陸地に囲まれていない広い海のことで，公海だけでなく領海も含んだ水域のことである。

◇ 「これに接続する航洋船が航行することができる水域」とは，航洋船が自力で海洋と連続して航行することができる水域のことである。例えば，東京湾，京浜港，瀬戸内海，阪神港，安治川などである。

したがって，海洋と接続していても航洋船が自力で連続して航行することができない水域（例えば，琵琶湖）には適用がない。

◆　本法は「水上にある船舶」に適用されるもので，水上にない潜航中の潜水艦や離水した水上航空機などには適用されない。

「船舶」とは，第3条（定義）第1項に規定する船舶（§ 1-3）のことである。

第3条　定　義

第3条　この法律において「船舶」とは，水上輸送の用に供する船舟類（水上航空機を含む。）をいう。

2　この法律において「動力船」とは，機関を用いて推進する船舶（機関のほか帆を用いて推進する船舶であって帆のみを用いて推進しているものを除く。）をいう。

3　この法律において「帆船」とは，帆のみを用いて推進する船舶及び機関のほか帆を用いて推進する船舶であって帆のみを用いて推進しているものをいう。

4　この法律において「漁ろうに従事している船舶」とは，船舶の操縦性能を制限する網，なわその他の漁具を用いて漁ろうをしている船舶（操縦性能制限船に該当するものを除く。）をいう。

5　この法律において「水上航空機」とは，水上を移動することができる航空機をいい，「水上航空機等」とは，水上航空機及び特殊高速船（第23条第3項に規定する特殊高速船をいう。）をいう。

§ 1-3　船　舶（第3条第1項）

「船舶」とは，水上輸送の用に供する船舟類（水上航空機を含む。）をいう。

◆　「船舟類」とは，船舶の種類，大小，推進方法，用途，形態などのいかんにかかわらず一切の船舟及びこれに類するものを指し，水上航空機のほか，エアクッション船及び特殊高速船（§ 1-8）も含まれる。

例えば，動力船，帆船，漁船，ろかい船，客船，貨物船，艦船，タンカー，タンク船，コンテナ船，RO ／ RO 船，自動車船，カーフェリー，プッシャーバージ，水中翼船，エアクッション船，表面効果翼船，高速船，プレジャーボート（水上オートバイ等），遊漁船，波浪推進船，水上飛行艇などである。

§ 1-4　動力船（第2項）

「動力船」とは，機関を用いて推進する船舶であって，風力や人力を用いるものは該当しない。

◆　機関の種類を問うものでないから，ディーゼル，蒸気タービン，ガスタービン，ジェット推進装置，電磁推進装置，電気推進装置などのいかんを問わない。したがって，これらの機関や推進装置を有する船は，すべて動力船である。

水上航空機及び表面効果翼船（§ 1-8）も，適用水域の水上にある場合は，動力船である。

◆　しかし，条文のかっこ書に除外規定があるとおり，例えば，機付のヨットが機関を用いず帆のみを用いて推進しているときは動力船でなく，帆船（第3項）である。もし，このヨットが機関も帆も用いているときは，除外規定に該当しないから動力船である。つまり，船舶が機関を用いていれば，帆を用いているといないとにかかわらず動力船となる。

§ 1-5　帆　船（第3項）

「帆船」とは，次の船舶である。

(1)　帆のみを用いて推進する船舶

(2)　機関のほか帆を用いて推進する船舶であって帆のみを用いて推進しているもの（第2項かっこ書規定で除かれている船舶）

§ 1-6　漁ろうに従事している船舶（第4項）

「漁ろうに従事している船舶」とは，船舶の操縦性能を制限する網，なわその他の漁具を用いて漁ろうをしている船舶（操縦性能制限船に該当するもの（例えば，潜水器漁業船）を除く。）であって，具体的には次のものである。

(1)　操縦性能を制限する網による漁ろう

例えば，流し網，棒受け網，きんちゃく網。

(2)　操縦性能を制限するなわによる漁ろう

例えば，浮延（はえ）なわ，底延なわ。

⑶　操縦性能を制限するトロール（網）による漁ろう

　例えば，けた網，オッター・トロール網。

⑷　操縦性能を制限するその他の漁具による漁ろう

　例えば，上記の網，なわ又はトロール網の漁具ではないが，これらと同様に操縦性能を制限すると認められる漁具。

◇　「トロール」とは，けた網その他の漁具を水中で引くことにより行う漁法をいう（第26条第1項）。水中で引くことであるから，底引きだけでなく，中層を引くことも含んでいる。

◇　漁船といわれるものであっても，操縦性能を制限しない漁具を用いて漁ろうをしている次のような船舶は，「漁ろうに従事している船舶」に該当しない。

①　引きなわを用いて漁ろうをしている船舶

②　一本釣りをしている遊漁船

◇　操縦性能を制限する漁具を使用する船舶であっても，その漁具がまだ水中に投入されず甲板上にある場合は，当然のことながら「漁ろうに従事している船舶」ではない。

§ 1-7　水上航空機及び水上航空機等（第5項）

(1) 水上航空機（第5項前段）

「水上航空機」とは，水上を移動することができる航空機をいう。

例えば，水上飛行艇，水上ヘリコプターなどである。

◇　エアクッション船（いわゆる，ホバークラフト。§ 3-19）は水面から浮揚した状態で航行していても，水上航空機ではない。

(2) 水上航空機等（第5項後段）

「水上航空機等」とは，次に掲げるものをいう。

⑴　水上航空機

⑵　特殊高速船（第23条第3項に規定する特殊高速船をいう。）（具体的には，表面効果翼船）（§ 1-8参照）

◇　「水上航空機等」という用語は，本項のほか，第18条第6項，第31条及び第41条第2項の規定に出てくるものである。

【注】「特殊高速船」という用語は，「高速船」（国際規則附属書第1第13項，

海上人命安全条約第10章第1規則，告示（p.216）等で定める船舶）とは全く異なるものである。

「特殊高速船」は水面に接近して飛行できる動力船のことであり（§ 1-8），一方，「高速船」は水上を航行中の最強速力が一定値以上の高速力の動力船のことである。

§ 1-8　特殊高速船（表面効果翼船）（第5項後段）

前述（§ 1-7）の特殊高速船は，本条第5項後段のかっこ書規定で「第23条第3項に規定する特殊高速船をいう」と定義されている。

その第23条第3項は，特殊高速船の灯火を定めた規定であるが，同規定によると，特殊高速船は，「その有する速力が著しく高速であるものとして国土交通省令で定める動力船をいう」（かっこ書規定）と定めている。

更に，その国土交通省令（海上衝突予防法施行規則）は，同施行規則第21条の2（特殊高速船）で，「離水若しくは着水に係る滑走又は水面に接近して飛行している状態（法第3条第5項，第31条及び第41条第2項において適用する場合を除く。）の表面効果翼船（かっこ書規定（略）。下記参照）とする」と規定している。

要するに，特殊高速船とは，具体的には現在のところ表面効果翼船のことをいう。

そして，かっこ書規定に，表面効果翼船は，「前進する船体の下方を通過する空気の圧力の反作用により水面から浮揚した状態で移動することができる動力船をいう」と定義されており，その具体例を示すと，図1･1のとおりである。

図 1･1　表面効果翼船（例）

◆　表面効果翼船は，航空機より燃費が良く積載量も多くすることができ，しかも通常の船舶とは比較にならないくらい超高速で移動できるため，軍用，レジャー用，輸送用など種々の目的で開発されてきた。

表面効果翼船の規定は，国際規則の第4次改正で新しく設けられたもので，将来的にも，このように一般的な船舶とは異なる特別な構造や性能を持ったものが開発される可能性があり，その場合の規定の整備に迅速に対応するため，特殊高速船の具体的な種類については国土交通省令で定めている。

【注】本書では，海上衝突予防法施行規則を，以下「施行規則」又は「則」と略する。（施行規則は，p.201 に掲載している。

◆　表面効果翼船の運航の状態は，則第21条の2及び本条第9項（航行中）の規定によると，次の4つの場合に分かれることになる

① 離水若しくは着水に係る滑走をしている状態
② 水面に接近して飛行している状態
③ 水上を航行している状態
④ その他水上において係留等をしている状態

第23条第3項（特殊高速船の灯火）において，表面効果翼船は，航行中の動力船の灯火のほか，紅色の閃光灯1個を表示しなければならない旨を定めているが，それは，則第21条の2の規定により，①又は②の状態にある場合に限られる。なお，則第21条の2のかっこ書規定には，「法第3条第5項，第31条及び第41条第2項において適用する場合を除く。」とあるので，次の1)～3)においては，上記①及び②の状態に限定せず，①～④のすべての状態において適用されることになる。

1)　法第3条第5項（水上航空機等）の表面効果翼船に関する部分
2)　法第31条（水上航空機等の灯火等の表示緩和）の表面効果翼船に関する部分
3)　法第41条第2項（水上航空機等の特例）の表面効果翼船に関する部分

◆　第18条第6項（水上航空機等の航法）も，水上航空機のほか表面効果翼船の航法を定めた重要な規定であるが，則第21条の2のかっこ書規定において適用除外として規定されていないことから，上記の①及び②の状態にある場合に限って適用されるものである。（§ 2-59(2)）

《第3条》

6　この法律において「運転不自由船」とは，船舶の操縦性能を制限する故障その他の異常な事態が生じているため他の船舶の進路を避けることができない船舶をいう。

7　この法律において「操縦性能制限船」とは，次に掲げる作業その他の船舶の操縦性能を制限する作業に従事しているため他の船舶の進路を避けることができない船舶をいう。

⑴　航路標識，海底電線又は海底パイプラインの敷設，保守又は引揚げ

⑵　しゅんせつ，測量その他の水中作業

⑶　航行中における補給，人の移乗又は貨物の積替え

⑷　航空機の発着作業

⑸　掃海作業

⑹　船舶及びその船舶に引かれている船舶その他の物件がその進路から離れることを著しく制限するえい航作業

8　この法律において「喫水制限船」とは，船舶の喫水と水深との関係によりその進路から離れることが著しく制限されている動力船をいう。

§ 1-9　運転不自由船（第6項）

「運転不自由船」とは，運転が不自由となった原因が，故障その他の異常な事態によるものであって，そのため他の船舶の進路を避けることができない船舶で，例えば，次のような船舶である。

⑴　機関故障で動くことができない船舶

⑵　舵故障で転針することができない船舶

⑶　走錨している船舶

⑷　無風のため停止している帆船

◘　自船に故障等が生じた場合，船長は運転不自由船に該当するかどうかを判断することになるが，その判断は，この定義規定に沿って客観的に容認されるものでなければならない。軽微な操縦性能の低下を理由に運転不自由船の灯火・形象物（第27条第1項）を表示することは許されない。

§ 1-10　操縦性能制限船（第7項）

「操縦性能制限船」は，運転不自由船と同様に他の船舶の進路を避けることができない船舶であるが，その原因は異常事態の発生ではなく作業の性質によるものである。

条文に具体的に明示されている操縦性能制限船に該当する作業は，次のとおりである。しかし，条文に規定されているとおり，これらの作業に限定されるものでなく，「その他の船舶の操縦性能を制限する作業」も該当する。

(1)　航路標識，海底電線又は海底パイプラインの敷(ふ)設，保守又は引揚げ
　　例えば，設標船，ケーブル船，パイプライン敷設船。

(2)　浚渫(しゅんせつ)，測量その他の水中作業
　　例えば，浚渫船，測量船，潜水夫による水中作業船。

(3)　航行中における補給，人の移乗又は貨物の積替え
　　例えば，給油船，物資補給船。
　　この作業は，2隻又はそれ以上の船舶（例えば，給油船と給油される船舶）が関係するが，いずれの船舶も操縦性能制限船となる。

(4)　航空機の発着作業
　　例えば，甲板でヘリコプターを発進させている船舶，航空機を着艦させている航空母艦。

(5)　掃海作業
　　例えば，掃海艇。

(6)　引き船・引かれ船（物件）がその進路から離れることを著しく制限する曳(えい)航作業
　　例えば，引き船が巨大な工作物を吊っている大型起重機船を曳航する作業に従事しているその引き船列。

◘　操縦性能制限船には，上記のとおり従事する作業の種類に様々なものがあるので，それらの船舶の表示しなければならない灯火・形象物も，作業の種類に応じて，きめ細かく第27条に定められている。

§ 1-11　喫水制限船（第8項）

「喫水制限船」とは，自船の喫水と利用可能な水深及び幅（国際規則）との関係により，進路から離れることが著しく制限されている動力船である。

◘　喫水制限船は，近時の船舶の深喫水化に伴って，72年国際規則で新

しく設けられた船舶の種類である。

自船が喫水制限船に該当するかどうかの判断は，船長に委（ゆだ）ねられ，船長が定義に沿って解釈し決定することになる。

◆ 喫水制限船に該当するかどうかを決定するには，水深だけでなく，可航水域の利用可能な幅も考慮されなければならない。（p.219参照）

これを決定する場合には，余裕水深が小さいことによる船舶の操縦性能上の影響及びどの程度進路から離れることができるかを十分考慮に入れるべきである。余裕水深は小さいが，回避動作をとる十分なスペースを有する水域を航行している船舶は，喫水制限船とはみなされない。

《第3条》

9　この法律において「航行中」とは，船舶がびょう泊（係船浮標又はびょう泊をしている船舶にする係留を含む。以下同じ。）をし，陸岸に係留をし，又は乗り揚げていない状態をいう。

10　この法律において「長さ」とは，船舶の全長をいう。

11　この法律において「互いに他の船舶の視野の内にある」とは，船舶が互いに視覚によって他の船舶を見ることができる状態にあることをいう。

12　この法律において「視界制限状態」とは，霧，もや，降雪，暴風雨，砂あらしその他これらに類する事由により視界が制限されている状態をいう。

§ 1-12　航行中（第9項）

「航行中」とは，船舶が次に掲げる3つの状態のいずれにも該当しない状態である。（図1・2）

(1)　錨泊中（係船浮標又は錨泊をしている船舶にする係留を含む。）

◆ 錨又はこれに代わるもの（係船浮標や錨泊をしている他の船舶）によって，直接又は間接に水底に係止している状態のことである。

(2)　陸岸に係留中

◆ 係留索によって，岸壁，ふとう，桟橋などに直接又は間接に係止している状態のことである。したがって，陸岸に係留をしている他の船舶の船側に係留をしている状態も，これに該当する。

(3)　乗揚げ

◆　船底が水底（浅瀬，岩礁など）に接して動かない状態のことである。

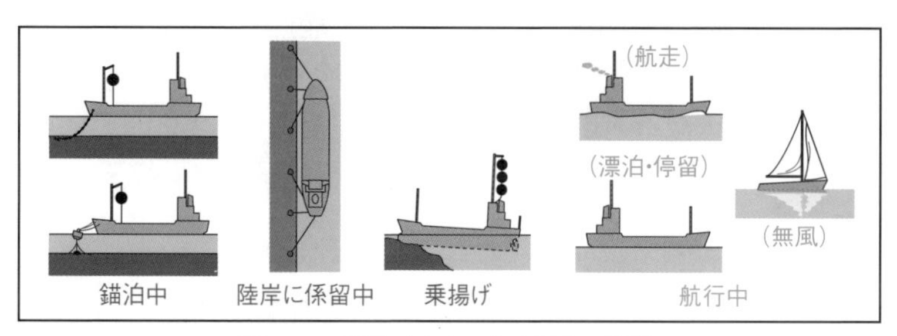

図 1・2　船舶が水上にある場合の状態

◆　上記のことから，次に掲げる船舶は「航行中」である。「航行中」には，対水速力を有するか有しないかは関係ない。

①　漂泊している船舶

②　停留している船舶（一時的に留まるため速力を持たないでいる船舶）

③　無風で停止している帆船

④　錨を用いて回頭している船舶

§ 1-13　長　さ（第10項）

「長さ」とは，船舶の全長をいう。

◆　船舶の長さを表すのに，垂線間長，全長，水線長，登録長などがあるが，衝突予防上は，船舶の最前端から最後端までの長さで考えるべきであるから，「長さ」として全長を採用している。

§ 1-14　視野の内（第11項）

「互いに他の船舶の視野の内にある」とは，船舶が互いに視覚，つまり肉眼によって他の船舶を見ることができる状態にあることである。

◆　船舶が互いに肉眼によって他の船舶を見ることができず，レーダーで探知している場合は，「視野の内にある」に該当しない。

なお，双眼鏡などの眼鏡類を用いて見ているのは，対象物を拡大して見ているものであるから，「視野の内にある」に該当する。

§ 1-15 視界制限状態（第12項）

「視界制限状態」とは，霧，もや，降雪，暴風雨，砂あらしその他これらに類する事由により視界が制限されている状態をいう。

◆ 「これらに類する事由」とは，例えば，スモッグ（煙霧），黄砂（こうさ）などである。

【注】 **国際海事機関（IMO）**

IMO（International Maritime Organization）は，国際連合の海事に関する専門協議機関で，その目的は海上における安全性の確立，海洋環境の保全，能率的な船舶の運航の確立などを国際的に協議する事業を行うことにある。

IMOは，1958年に発足し，本部はロンドンに置かれ，1959年1月に第1回総会が開催された。なお，その事務局は，各国からの派遣職員によって構成されている。

国際海上衝突予防規則（条約），海上人命安全条約（SOLAS条約），海洋汚染防止条約（MARPOL条約）などは，すべてIMOで取り扱ったものである。

第2章　航　法

第1節　あらゆる視界の状態における船舶の航法

第4条　適用船舶

第4条　この節の規定は，あらゆる視界の状態における船舶について適用する。

§2-1　あらゆる視界に適用される航法規定（第4条）

第1節の規定，すなわち下記の航法規定は，視界の良否に関係なく，あらゆる視界の状態における船舶に適用される。

(1) 見張り（第5条）
(2) 安全な速力（第6条）
(3) 衝突のおそれ（第7条）
(4) 衝突を避けるための動作（第8条）
(5) 狭い水道等（ただし，一部例外がある。）（第9条）
(6) 分離通航方式（ただし，一部例外がある。）（第10条）

第5条　見張り

第5条　船舶は，周囲の状況及び他の船舶との衝突のおそれについて十分に判断することができるように，視覚，聴覚及びその時の状況に適した他のすべての手段により，常時適切な見張りをしなければならない。

§2-2　見張り義務（第5条）

すべての船舶は，視界の良否にかかわらず，また航泊の別を問わず，常時適切な見張りをしなければならない。

「適切な見張り」とは，①周囲の状況及び②他の船舶との衝突のおそれについて十分に判断することができるように，次のすべての方法により見張りをすることである。(図2·1)

(1) 視覚

(2) 聴覚

(3) その時の状況に適した他のすべての手段

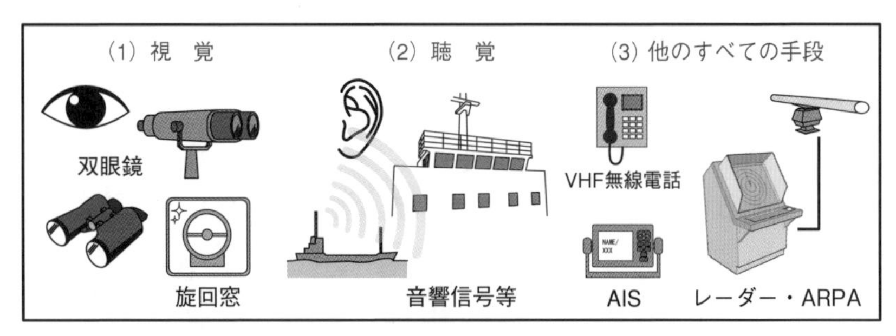

図 2·1 常時適切な見張り（例）

◆ 「その時の状況」とは，その時の視界の状態，船舶交通のふくそうの状況，水域の広狭，航路障害物の有無，天候・風・海面・海潮流の状態，昼夜の別，自船の操縦性能や喫水などを指す。

また，「他の手段」とは，レーダー，ARPA，VHF無線電話，夜間暗視装置，陸上レーダー局（例：ハーバーレーダー，海上交通センター），AIS（船舶自動識別装置 Automatic Identification System）などによる情報などである。

【注】 AISは，機能等について次の要件を備えるもので，船舶の交通管制や運航管理に極めて有効なものである。(航海用具の基準を定める告示第24条)

(1) 自動的に航海の情報が発信できるものであること。

(2) 次に掲げる情報を送受信できるものであること。

① 信号符字，船名，船の長さ及び幅など静的な情報

② 船の位置，速力，航海針路など動的な情報

③ 喫水，貨物情報，目的地など航海関連情報

◆ 周囲の状況や衝突のおそれを十分に判断できないにもかかわらず過大な速力で航行すると，さらに判断する時間的余裕がなくなる。このよう

な場合は，直ちに安全な速力（第6条）に減じなければならない。

◆　衝突の発生は，見張りの怠りによることが多い。古来，安全運航上重要なものとしていわれてきた3L（見張り Look-out，測深 Lead，測程 Log）の第一が，見張りであった。見張りの常時励行が肝要である。

§ 2-3　見張りについての注意事項

見張りは，第5条の規定を遵守して行わなければならないが，見張りをするに当たっては，次に掲げる事項に注意を要する。

⑴　見張りを行う者は，船員として通常の経験があり，かつ見張術に習熟していなければならない。

⑵　見張りを行う者と操舵員との任務は区別されるものであって，操舵員は操舵中は見張りを行う者とみなされない。ただし，小型の船舶で操舵位置において見張りの障害のない場合は，この限りでない。

⑶　視程や水域の状況に応じて，適当な位置（前部，高所など。）に見張りを行う者を配置する。

⑷　視覚による見張りは，双眼鏡や旋回窓などを効果的に活用し，また聴覚による見張りは，外部の音響を聞きやすくするため，窓や扉を開け，VHF の音声も適切に調整する。レーダー装備船は，レーダーを使用して系統的な観察をする。

見張りは，前方だけでなく，全周に対して行わなければならない。

⑸　視覚，聴覚，レーダーなどで得た情報（物標の方位，距離，種類，数，位置，動向など。）を的確に判断し，直ちに当直職員に報告する。

第6条　安全な速力

第6条　船舶は，他の船舶との衝突を避けるための適切かつ有効な動作をとること又はその時の状況に適した距離で停止することができるように，常時安全な速力で航行しなければならない。この場合において，その速力の決定に当たっては，特に次に掲げる事項（レーダーを使用していない船舶にあっては，第1号から第6号までに掲げる事項）を考慮しなければならない。

(1)　視界の状態
(2)　船舶交通のふくそうの状況
(3)　自船の停止距離，旋回性能その他の操縦性能
(4)　夜間における陸岸の灯火，自船の灯火の反射等による灯光の存在
(5)　風，海面及び海潮流の状態並びに航路障害物に接近した状態
(6)　自船の喫水と水深との関係
(7)　自船のレーダーの特性，性能及び探知能力の限界
(8)　使用しているレーダーレンジによる制約
(9)　海象，気象その他の干渉原因がレーダーによる探知に与える影響
(10)　適切なレーダーレンジでレーダーを使用する場合においても小型船舶及び氷塊その他の漂流物を探知することができないときがあること。
(11)　レーダーにより探知した船舶の数，位置及び動向
(12)　自船と付近にある船舶その他の物件との距離をレーダーで測定することにより視界の状態を正確に把(は)握することができる場合があること。

§ 2-4　安全な速力で航行する義務（第6条）

すべての船舶は，視界の良否にかかわらず，常時安全な速力（セーフスピード）で航行しなければならない。

(1)「安全な速力」とは，①他の船舶との衝突を避けるための適切かつ有効な動作をとること，又は②その時の状況に適した距離で停止することができる速力である。

(2)　安全な速力の決定に当たっては，本条後段に規定する「考慮すべき事項」（§ 2-5）を考慮しなければならない。

◘　安全な速力は，これらの事項によって相対的に決まるものである。運航者は，その時の状況に応じた安全な速力とするため，機関を適宜使用しなければならない。

【注】「他の船舶」を，以下「他船」と略することがある。

§ 2-5　安全な速力について考慮すべき事項（第6条後段）

船舶は，安全な速力の決定に当たっては，特に次に掲げる事項を考慮しな

ければならない。（図2･2）

(1) すべての船舶が考慮すべき事項（第1号～第6号）

⑴　視界の状態（第1号）

◆　視界の良否は，安全な速力を決める最も重要な要素である。狭視界時は，速力を慎重に決定する必要がある。

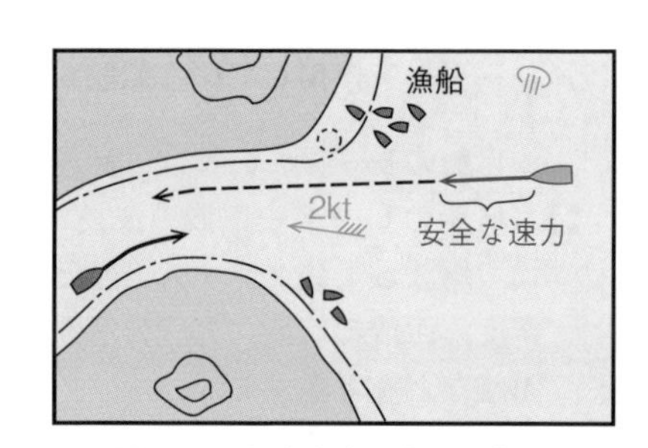

図 2･2　常時安全な速力で航行

⑵　船舶交通のふくそうの状況（第2号）

◆　このふくそうの状況には，漁船やその他の船舶が集中している場合も含んでいる。

⑶　自船の停止距離，旋回性能その他の操縦性能（第3号）

◆　特に，危急の場合の衝突回避において，最短停止距離及び旋回性能は重要である。したがって，これらの性能をよく把握（はあく）して安全な速力を決める必要がある。

このように，操縦性能の良否は，その船舶の衝突回避能力を大きく左右するものである。

⑷　夜間における陸岸の灯火，自船の灯火の反射等による灯光の存在（第4号）

◆　夜間においては，陸岸の街灯や照明等の多数の灯火，港の海岸近くの灯火による明かりのため，他の船舶や航路標識の識別が困難となり，船舶の見張りの妨げとなる。また，視界制限状態で航行中は，マスト灯などの灯火が霧，雨などに反射するため，周囲の状況の判断が困難である。したがって，そのような状況を識別・判断する時間的余裕を得るため，減速を考慮しなければならない。

⑸　風，海面及び海潮流の状態並びに航路障害物に接近した状態（第5号）

◆　風向・風力，波浪，うねり，海潮流の流向・流速，順潮か逆潮か（特に狭い水道等において），船位と浅瀬・暗礁・沿岸との関係などを考慮する。

⑹　自船の喫水と水深との関係（第6号）

◆　自船の喫水に対する利用可能な水深を有する水域の広さ，浅水影響，側壁影響，2船間の相互作用などを考慮する。特に，喫水制限船は，他船に安全な通航を妨げない動作をとってもらうもの（第18条第4項）であるから，安全な速力の決定に注意を要する。

(2) レーダーを使用している船舶が更に考慮すべき事項（第7号～第12号）

⑴ 自船のレーダーの特性，性能及び探知能力の限界（第7号）

◆ 自船のレーダー電波の波長（3センチ波，10センチ波など），表示方式，周波数，煙突やマストなどによる不感帯又は陰影帯，偽像，方位の精度，距離の精度，方位分解能，距離分解能，最大探知距離，最小探知距離などを考慮する。

⑵ 使用しているレーダーレンジによる制約（第8号）

◆ 長距離レンジは遠い物標を早期に探知できるが，小さい物標を探知しにくい制約があり，短距離レンジはその逆である。

したがって，その時の状況に応じてレンジを長距離又は短距離に有効に切り替えることが必要である。レーダーを2台装備している船舶は，レンジを長距離と短距離とに使い分ける。

⑶ 海象，気象その他の干渉原因がレーダーによる探知に与える影響（第9号）

◆ 例えば，荒天で波が高いとか，雨雪の激しいときは，大型船でも探知しにくい場合がある。

このような場合は，海面反射抑制回路（STC）や雨雪反射抑制回路（FTC）を調整し，物標の映像を見失わないようにしなければならない。「その他の干渉原因」とは，例えば，他船のレーダー電波による障害である。

⑷ 小型船舶及び氷塊その他の漂流物を探知することができないときがあること（第10号）

◆ 適切なレーダーレンジを用いていても，舟艇，木船，FRP船（ガラス繊維強化プラスチック船）などはレーダー電波の反射が弱いため探知されにくいので，レーダーリフレクターを掲げることが有効である。これを掲げている漁船は，探知され易い。

また，切り立った氷山などは，その平滑な表面に当たったレーダー電波の反射波が鏡面反射によりアンテナにキャッチされないことがあるため，探知されないことがある。

(5)　レーダーにより探知した船舶の数，位置及び動向（第11号）

◆　特に探知した船舶が多い場合は，よく映像を観察し，接近する船舶はどれか的確に判断することに努める。

(6)　レーダーで距離を測定することにより視界の状態を正確に把握することができる場合があること（第12号）

◆　視界制限状態の場合に視程がどのくらいあるかは，目測では熟練していないと分かりにくいものである。このような場合は，レーダーで他船や地物が見えてきたときや見えなくなろうとするときに距離を測定すると，視程が正確に分かる。

【注】　船舶が1分間に航走する距離の速算法

いま，船舶の速力を16ノットとすると，1分間の航走距離（メートル）の概算は，次のとおりで，その速力（ノット）の絶対値（16）の30倍（480メートル）に当たる。

1分間の航走距離　$16\,(\text{ノット}) \times (1{,}852^{\text{m}} \times \frac{1}{60}) \fallingdotseq 16\,(\text{ノット}) \times \mathbf{30} = 480\,(\text{メートル})$

したがって，1秒間の航走距離の概算は，次のとおりで，速力（ノット）の絶対値の**半分**（メートル）に当たる。

1秒間の航走距離　$16\,(\text{ノット}) \times (30 \times \frac{1}{60}) = 16 \times \frac{\mathbf{1}}{\mathbf{2}} = 8\,(\text{メートル})$

いま，15ノットと20ノットの船舶が反航し合ったとすると，1分間で合算して，1,050メートル（右表）も接近することとなる。

船舶は，狭い水道や港を航行する場合あるいは霧中航行する場合に，自船のその時の速力に対する1分間の航走距離を頭に入れて運航すると，衝突回避動作をとる場合の目安となる。

速力（ノット）	航走距離（概算）	
	1分間 速力(ノット)×30	1秒間 速力(ノット)×$\frac{1}{2}$
5	150 メートル	2.5 メートル
10	300 〃	5.0 〃
15	450 〃	7.5 〃
20	600 〃	10.0 〃
25	750 〃	12.5 〃

第7条　衝突のおそれ

第7条　船舶は，他の船舶と衝突するおそれがあるかどうかを判断するため，その時の状況に適したすべての手段を用いなければならない。

2　レーダーを使用している船舶は，他の船舶と衝突するおそれがあることを早期に知るための長距離レーダーレンジによる走査，探知した物件のレーダープロッティングその他の系統的な観察等を行うことにより，当該レーダーを適切に用いなければならない。

3 船舶は，不十分なレーダー情報その他の不十分な情報に基づいて他の船舶と衝突するおそれがあるかどうかを判断してはならない。

4 船舶は，接近してくる他の船舶のコンパス方位に明確な変化が認められない場合は，これと衝突するおそれがあると判断しなければならず，また，接近してくる他の船舶のコンパス方位に明確な変化が認められる場合においても，大型船舶若しくはえい航作業に従事している船舶に接近し，又は近距離で他の船舶に接近するときは，これと衝突するおそれがあり得ることを考慮しなければならない。

5 船舶は，他の船舶と衝突するおそれがあるかどうかを確かめることができない場合は，これと衝突するおそれがあると判断しなければならない。

§ 2-6 衝突のおそれ（第7条）

本条は，衝突のおそれを判断する方法について，次の事項を定めている。

(1) すべての手段の使用（第1項）
(2) レーダーの適切な使用（第2項・第3項）（§ 2-7）
(3) コンパス方位により判断する場合の考慮事項（第4項）（§ 2-8）
(4) 衝突のおそれがあるかどうかの限界の判断（第5項）

これらのうち，まず，(1)及び(4)については，次のとおりである。

(1) すべての手段の使用（第1項）

すべての船舶は，視界の良否を問わず，他の船舶と衝突するおそれがあるかどうかを判断するため，その時の状況に適したすべての手段を用いなければならない。

◘ 「すべての手段」とは，コンパス方位による方法，レーダーによる方法，ARPA（自動衝突予防援助装置 Automatic Radar Plotting Aids）による方法，AIS による方法，VHF 無線電話による方法などである。

手段は，「その時の状況に適した」ものとあるから，例えば，昼間視界が良好でレーダーを使用しないでコンパス方位のみによって衝突のおそれを確実に判断できる場合は，コンパス方位のみでよいことを意味する。

(2) 衝突のおそれがあるかどうかの限界の判断（第5項）

船舶は，衝突するおそれがあるかどうかを確かめることができない場合は，衝突するおそれがあると判断しなければならない。

◆ 「確かめることができない場合」とは，例えば，①他船のコンパス方位を測ろうとするが構造物の陰（かげ）になって，正確に測ることができないとか，②レーダースコープ上で波浪による海面反射がひどいため，他船の映像の判別がしにくく，その方位を十分に測定できない場合などである。

◆ 2船間に衝突するおそれがある場合には，一定の航法規定が適用され，両船は衝突を避けるため，それぞれ規定の動作をとることになる。

§ 2-7　衝突のおそれを判断するためのレーダーの適切な使用（第2項・第3項）

(1) レーダープロッティング等を行う義務（第2項）

レーダーを使用している船舶は，他の船舶と衝突するおそれがあるかどうかを判断するため，レーダーを適切に用いなければならない。

「適切に用いる」とは，次の方法により行うことである。

(1) 衝突するおそれがあることを早期に知るための長距離レーダーレンジによる走査

(2) 探知した物件のレーダープロッティングその他の系統的な観察等

◆ 「レーダーを使用している」とは，やむを得ない事由等で作動できない場合を考慮したもので，使用するかどうかを任意としている意味ではない。

◆ レーダーは，視界の良否にかかわらず，目で見ることができない遠距離の物標を探知できるので，レンジスケールを短距離だけでなく，航行水域に応じた長距離のレンジとして早期に探知する必要がある。

◆ レーダー映像は，自船が常に画面の中心にあって静止した状態であるから，表示される物標の動きは，すべて自船から見た相対的な運動である。よってそのままでは他船の実際の進路や速力は即座に判断できない

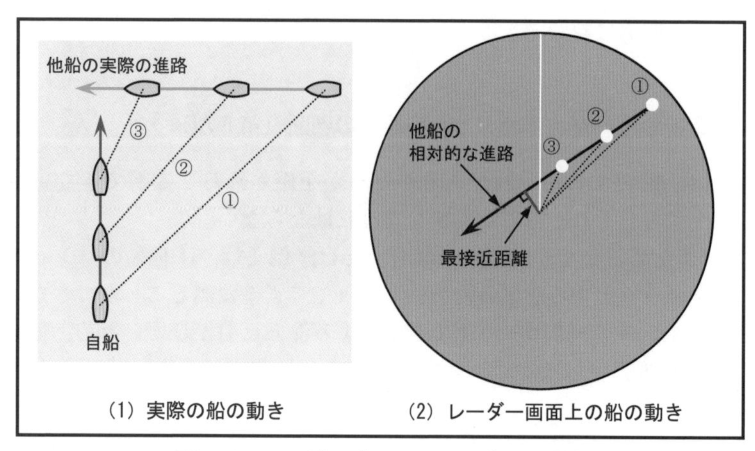

図 2・3　レーダープロッティングの必要性

ため，レーダープロッティングを行う必要がある。

◆ レーダープロッティングとは，探知した映像を一定の時間間隔で連続的に観測し解析することで，他船の実際の進路や速力だけでなく，最接近距離及び最接近時間，さらには衝突を回避するための針路・速力等を求めることである。具体的には図 2・67 を参照されたい。

◆ 「その他の系統的な観察」とは，レーダー情報を自動的に解析する ARPA や電子プロッティング装置（一定の小型船）などによる系統的な観察である。

(2) 不十分な情報で判断しないこと（第 3 項）

船舶は，①不十分なレーダー情報，②その他の不十分な情報に基づいて他の船舶と衝突するおそれがあるかどうかを判断してはならない。

◆ すべての船舶は，不十分な情報によって衝突のおそれを判断してはならないが，特にレーダー装備船は不十分なレーダー情報に注意しなければならない。

§ 2-8　コンパス方位により衝突のおそれを判断する場合の考慮すべき事項（第4項）

(1)　コンパス方位に明確な変化がない場合の考慮（第4項前段）

船舶は，接近してくる他の船舶のコンパス方位に明確な変化が認められない場合は，衝突するおそれがあると判断しなければならない。（図2･4）

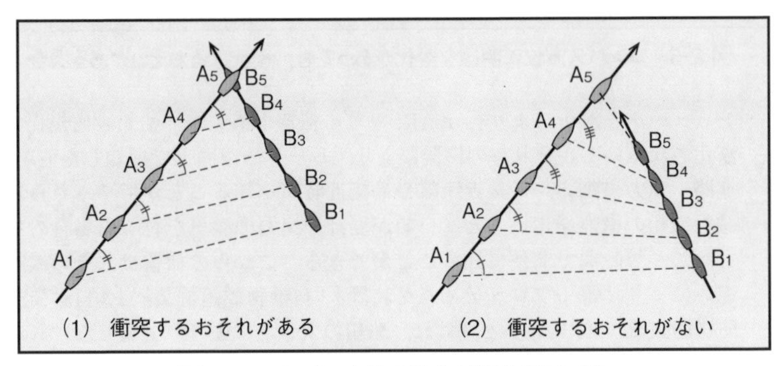

図 2･4　コンパス方位の変化と衝突するおそれ

◆　コンパス方位の変化を確かめるには，何回か正確に方位の測定を行わなければならない。この場合に，たとえ方位に変化があってもそれが明確でないときは，衝突するおそれがあると判断しなければならない。

(2)　大型船舶等に接近する場合の考慮（第4項後段）

接近してくる他の船舶のコンパス方位に明確な変化が認められる場合においても，①大型船舶や引き船列に接近し，又は②近距離で他の船舶に接近するときは，これと衝突するおそれがあり得ることを考慮しなければならない。

◆　例えば，図2･5において，(1)図のように超大型船の船尾船橋の方位を測って変化があったとしても，その船首と衝突するおそれがある。

　また，(2)図のように近距離で接近するときは，方位が幾何学的に明確に変化しても衝突するおそれがある。

【注】　レーダープロッティングについて

　従来のレーダープロッティングは，レーダー画面上で又は専用のレーダープロッティングシートを用いて，図2･3，図2･67及び図2･68のように手作業により解析を行っていた。しかし，現在では大部分の船舶は，これをコ

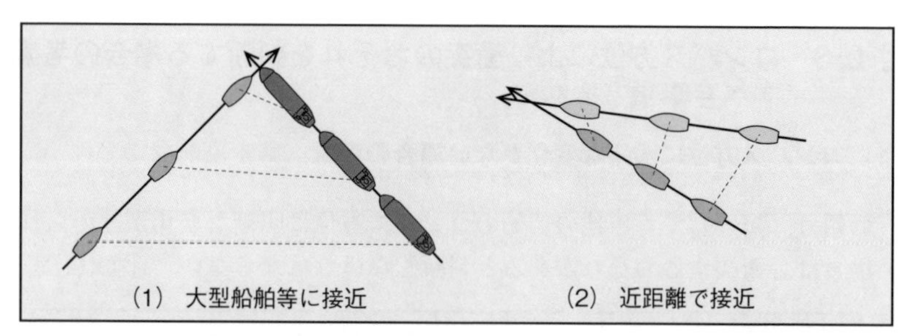

図 2·5 コンパス方位に明確な変化があっても，衝突するおそれがある場合

ンピューター解析により行うARPA等の機器の搭載が，船舶設備規程で義務化されている。それらの機器により，レーダー画面上で探知した他船の，進路，速力に加え，最接近距離や最接近時間を知ることができ，さらには試行操船の機能を用いると，自船が変針や速力の変更を行った場合の効果も，ごく短時間で簡便に知ることができる。これらの機器は，その機能の違いにより「電子プロッティング装置」「自動物標追跡装置」「自動衝突予防援助装置（ARPA）」と呼ばれ，船舶の大きさにより，装備しなければならない機器が定められている。

第8条 衝突を避けるための動作

> 第8条 船舶は，他の船舶との衝突を避けるための動作をとる場合は，できる限り，十分に余裕のある時期に，船舶の運用上の適切な慣行に従ってためらわずにその動作をとらなければならない。

§ 2-9 衝突回避動作の基本的要件（第8条第1項）

すべての船舶は，いかなる視界においても，他の船舶との衝突を避けるための動作をとる場合は，できる限り，次の3要件に適合した動作をとらなければならない。(図2·6)

(1) 十分に余裕のある時期であること

◘ 衝突予防の目的を達成するためには，時間的にも距離的にも十分に余裕のある時期，すなわち早期に動作をとることが肝要である。

例えば，横切り関係なら，避航船は右転の動作を，衝突のおそれを早期に解消するようにとる。

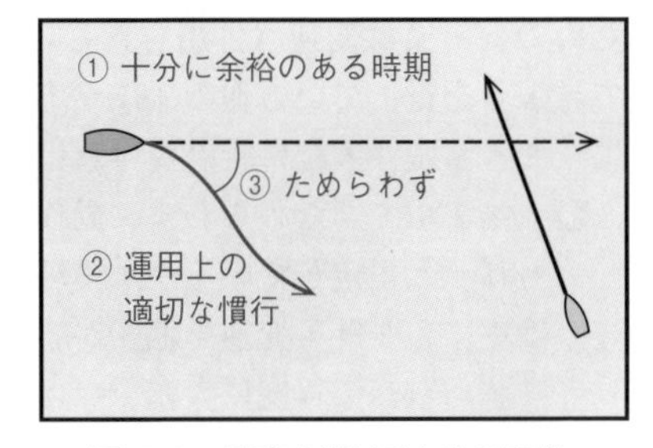

図 2·6　衝突を避けるための動作

(2) 船舶の運用上の適切な慣行に従うこと

◘ 船舶の運用上の適切な慣行（グッドシーマンシップ）とは，船員が長い間安全運航のために行ってきた運用術の原則にかなった技術的なやり方・しきたりのことである。

例えば，次のようなものである。

① 切迫した危険を避ける動作としては，一般的に行き足を完全に止めるため機関を全速力後進にかけるのがよい。操舵のみによる動作では十分でない場合，機関を使用すべきである。

② 動力船が帆船をその風下側に避航する場合は，帆船の風圧差は動力船よりもかなり大きいことを考えて十分な距離をとる。

(3) ためらわずに動作をとること

◘ これは，他船に疑念を抱かせず，効果的な動作となるよう積極的に動作をとることを求めたものである。

例えば，①転針する場合は大角度に行い，また②速力を変更する場合は思い切って大きく速力を変えることである。

《第8条》

2　船舶は，他の船舶との衝突を避けるための針路又は速力の変更を行う場合は，できる限り，その変更を他の船舶が容易に認めることができるように大幅に行わなければならない。

§ 2-10　大幅な変針・変速（第2項）

すべての船舶は，視界の良否にかかわらず，他の船舶との衝突を避けるための変針又は変速（併用を含む。）を行う場合，視覚又はレーダーによって見張りを行っている他の船舶が容易にその変更を認めることができるように，できる限り大幅に行わなければならない。(図2･7)

◆ 第1項で「ためらわずに動作をとれ」と規定しているが，本項では更に，変針・変速を他船が容易に認められる程度に大幅でなければならないと具体的に強調したものである。したがって，小刻(こきざ)みの変針又は変速を断続的に行ってはならない。

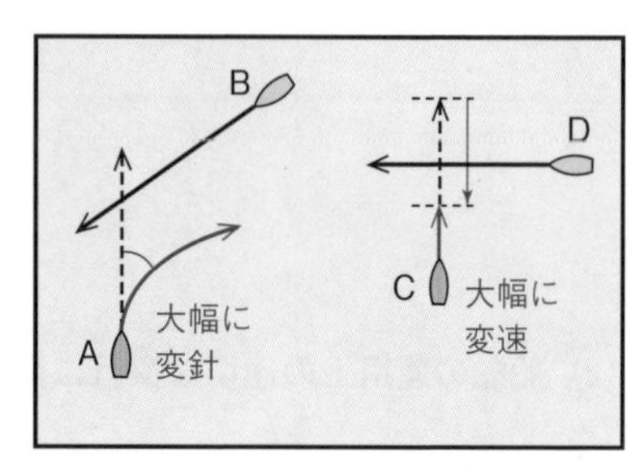

図2･7 大幅な変針・変速

◆ 大幅な変針又は変速は，特にレーダーのみで探知している場合や夜間視認している場合に有効である。

◆ 「できる限り」とあるのは，大幅な変針をするのに十分な水域がないような場合を考慮したものである。

◆ 視界制限状態でレーダーのみで探知している船舶に容易に自船の変針が認められるためには，変針の角度は，約60度以上がよいとされている。ただし，状況が許せば30度以上でもよい。

また，変速は，思い切って速力に変化をつけて行う。

《第8条》

3 船舶は，広い水域において針路の変更を行う場合においては，それにより新たに他の船舶に著しく接近することとならず，かつ，それが適切な時期に大幅に行われる限り，針路のみの変更が他の船舶に著しく接近することを避けるための最も有効な動作となる場合があることを考慮しなければならない。

§ 2–11 広い水域における針路のみの変更（第3項）

次の要件に適合する場合に行われる針路のみの変更は，視界の良否にかかわらず，広い水域において他の船舶に著しく接近することを避けるために，最も有効な動作となる場合があることを考慮しなければならない。

⑴ 新たに他の船舶（第3船）に著しく接近することとならないこと。

⑵ 適切な時期に行うこと。

⑶　大幅に行うこと。　（図2･8）

◆　⑵の「適切な時期」とは，時間的にも距離的にも十分に余裕のある時期で，特にレーダーのみで探知しているときには，プロッティング等の解析結果に基づく十分に余裕のある時期でなければならない。

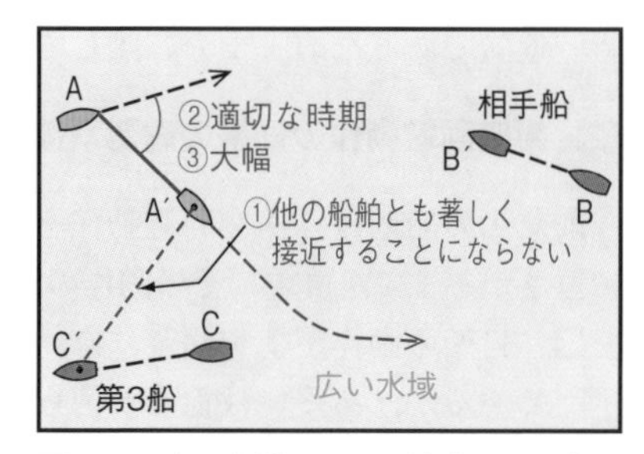

図 2･8　広い水域における針路のみの変更

◆　⑶の「大幅」は，特にレーダーのみで探知しているときには，前述したとおり，約60度以上の変針がよいとされている。しかし，両船が左舷対左舷の反航の状態であるなど状況が許せば，30度以上でもよい。

◆　「著しく接近すること」という用語は，IMOの審議において定義付けすることができなかったもので，それは，視界の状態，船舶の船型・速力，船舶のふくそう度，水域の形状など考慮すべき要素が複雑であるためである。あえていうなら，広い水域において，視界制限状態のときは2～3海里程度以内，視界の良いときはその半分程度に接近することがおよその目安といえるかもしれない。

《第8条》
4　船舶は，他の船舶との衝突を避けるための動作をとる場合は，他の船舶との間に安全な距離を保って通過することができるようにその動作をとらなければならない。この場合において，船舶は，その動作の効果を当該他の船舶が通過して十分に遠ざかるまで慎重に確かめなければならない。

§ 2-12　安全な距離での通過等（第4項）

(1)　安全な距離での通過（第4項前段）

すべての船舶は，衝突回避動作をとる場合は，視界の良否にかかわらず，他の船舶との間に安全な距離を保って通過することができるように，その動作をとらなければならない。(図2･9)

◆ 変針・変速の動作をためらって他船と近距離で通過するようなことは危険であるため，十分に離して通過しなければならない。

(2) 衝突回避動作の効果の確認（第4項後段）

前記(1)の船舶は，衝突回避動作をとった場合は，他の船舶が通過して十分に遠ざかるまで，慎重にその動作の効果を確かめなければならない。（図2·9）

◆ 自船の動作が衝突回避に有効であるか，あるいは他船が何らかの動作をとらないかなどを，十分に遠ざかるまで確かめなければならない。特にレーダーのみで探知しているときは，互いに他船を視認しないで動作をとっているから，映像がどのように変化していくかを慎重に観察しなければならない。

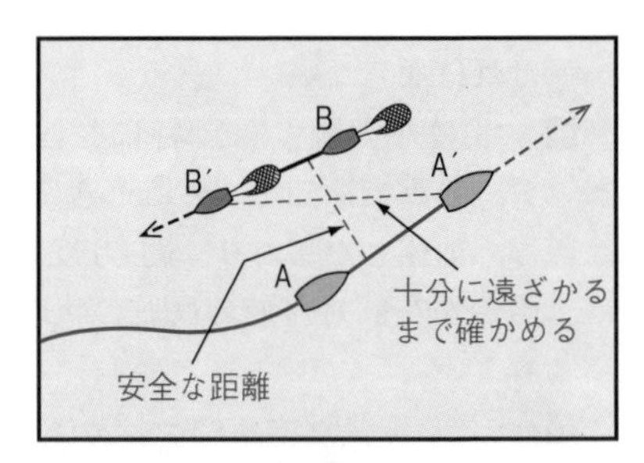

図2·9 安全な距離で通過・遠ざかるまで確認

《第8条》
5 船舶は，周囲の状況を判断するため，又は他の船舶との衝突を避けるために必要な場合は，速力を減じ，又は機関の運転を止め，若しくは機関を後進にかけることにより停止しなければならない。

§ 2-13 減速又は停止（第5項）

動力船のみならず，すべての船舶は，視界の良否にかかわらず，①周囲の状況を判断するために必要な場合，又は②他の船舶との衝突を避けるために必要な場合は，次の動作をとらなければならない。（図2·10）

(1) 速力を減ずる。
(2) 機関の運転を止めるか，機関を後進にかけることにより停止する。

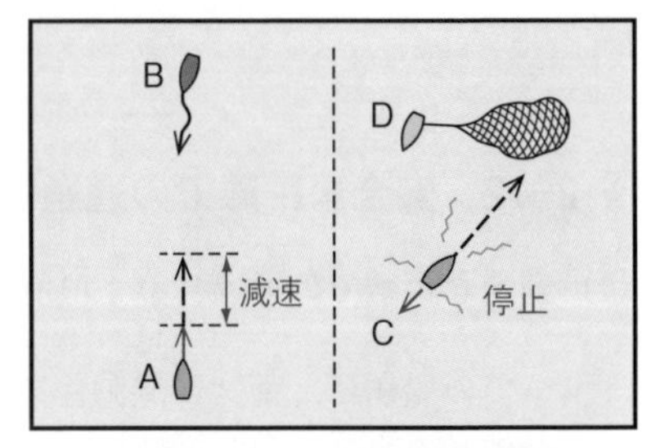

図2·10 状況判断・衝突回避のための減速又は停止

◆ 「必要な場合」とは，危急の

ような場合だけの意ではなく，周囲の状況を判断するための時間的余裕を得るためや，衝突回避を安全確実に行うために必要な場合を指す。その場合に，機関を使用することの必要性を定めている。

◇「停止する」とは，行き足を完全に止めることである。

◇ この規定は，動力船以外の船舶にも適用される。例えば，帆船は風上に切り上がったり，あるいは縮帆したりして，減速等の動作をとらなければならない。

◇ 本条の「衝突を避けるための動作」の規定の要点は，次のとおりである。

① 衝突回避動作は，㋑十分に余裕のある時期であること，㋺船舶の運用上の適切な慣行に従うこと，㋩ためらわずに行うこと。（第1項）

② 変針・変速は，他船が容易に認めることができるように大幅であること。（第2項）

③ 広い水域における針路のみの変更は，㋑新たに他船（第3船）に著しく接近することとならず，㋺適切な時期に，㋩大幅に行われる限り，最も有効な動作となることがあること。（第3項）

④ 動作をとる場合は，他船と安全な距離で通過し，衝突回避の効果を確認すること。（第4項）

⑤ 必要な場合は，減速又は停止すること。（第5項）

第9条　狭い水道等

> **第9条**　狭い水道又は航路筋（以下「狭い水道等」という。）をこれに沿って航行する船舶は，安全であり，かつ，実行に適する限り，狭い水道等の右側端に寄って航行しなければならない。ただし，次条第2項の規定の適用がある場合は，この限りでない。

§ 2-14　狭い水道等の右側端航行（第9条第1項）

狭い水道又は航路筋（狭い水道等）をこれに沿って航行するすべての船舶（動力船であるかどうかは問わず）は，安全であり，かつ実行に適する限り，視界の良否や他船の存在の有無にかかわらず，狭い水道等の右側端に寄って

航行しなければならない。(図2･11)

◆ 「狭い水道」とは，陸岸や島などにより水域の幅が狭められているところで，行会い船の航法などの一般航法では衝突を予防する上で十分ではないため，右側端航行という船舶交通の流れが必要な程度に幅が狭められた水道である。

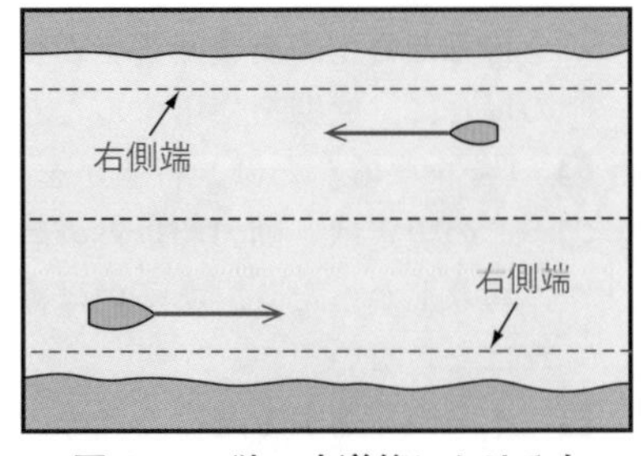

図2･11 狭い水道等における右側端航行

具体的には，従来，その幅が約2海里以下の水道で，長さは必要としないといわれてきたが，船舶の大型化・深喫水化に伴い，それより広いものでも該当すると考えられる傾向にある。狭い水道であるかどうかは，その水域を通航する船舶の大小やふくそう度などの交通状況，慣行などによっても左右される。

狭い水道は，自然的に形成されたものか人工的なものであるかは問わない。例えば，由良瀬戸（友ケ島水道），三原瀬戸，釣島水道などが，これに該当する。

◆ 「航路筋」とは，港湾や水道などにおいて，浅瀬等によって形成された通航水路，通航のために浚渫された可航水路，大型船が通航できる水深の深い水路などで，「狭い水道」と同様に，衝突を予防する上で右側端航行しなければ安全でないと客観的に認められる水域である。

◆ 「右側端に寄って」航行せよと定めたのは，①反航船との航過間隔を安全な距離に保つ，②喫水の浅い船舶ほど右側端に寄り水域を有効に利用する，③最深部しか航行できない船舶の通航を容易にし，かつ同船が追越しをしようとする場合に，より広い水域をあけておくことを考慮したためである。

◆ ただし書規定に明示されているとおり，分離通航方式（第10条）の分離通航帯を航行する場合（同条第2項）は，本文規定の右側端航行義務の適用はなく，第10条第2項の航法規定によらなければならない。

§ 2–15「安全であり，かつ，実行に適する」に該当しない場合

第1項の右側端航行義務は，「安全であり，かつ，実行に適する限り」遵守しなければならず，安易に左側に進出するようなことは絶対に許されな

い。

しかし，次に掲げる場合のように，安全でないか，又は実行に適しない場合には，中央部に寄って右側航行したり，左側にはみ出して航行することも許される（図2·12）。ただし，このような場合には十分に注意して航行しなければならないのは，いうまでもない。

(1) 安全でない場合

① 深喫水の大型船が右側端航行するには水深に余裕がなく危険であるため，最深部である中央部を少し左側にはみ出して航行する。（図のA船）

② 右側端に寄りたいが，右側端付近に大きな障害物が漂流しているため，中央部に寄って右側航行する。

(2) 実行に適しない場合

① 左舷側方にある岸壁に係留するため，中央線から左側に出て航行する。（図のB船）

② 風潮など外力の影響が大きいため，船舶を回頭させるのに，どうしても左側に進出しなければならない。

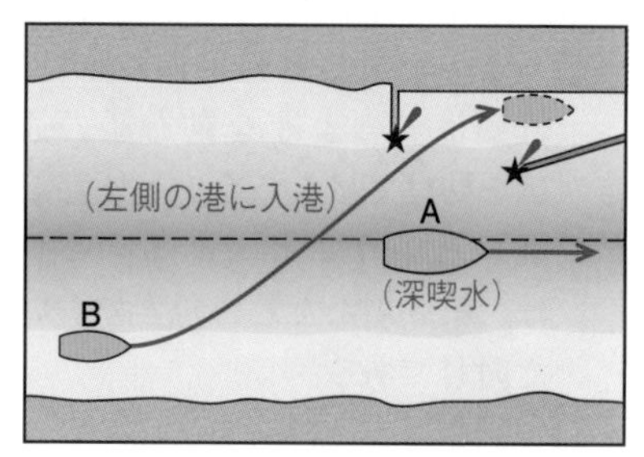

図2·12　安全でないか，実行に適しない場合の航行

《第9条》

2　航行中の動力船（漁ろうに従事している船舶を除く。次条第6項及び第18条第1項において同じ。）は，狭い水道等において帆船の進路を避けなければならない。ただし，この規定は，帆船が狭い水道等の内側でなければ安全に航行することができない動力船の通航を妨げることができることとするものではない。

§ 2-16　狭い水道等における帆船と動力船との航法（第2項）

(1) 動力船が帆船を避航する義務（第2項本文）

航行中の動力船（漁ろうに従事している船舶を除く。）は，狭い水道又は航路筋において帆船を避航しなければならない。

◆ 例えば，小型の動力船が，ある航路筋において，帆船を避航する余地があり「ただし書規定」に該当しない場合は，これを避航する。

◆ かっこ書規定に適用除外が示されているとおり，動力船が漁ろうに従事している船舶である場合には，帆船を避航する義務を負わない。

(2) 帆船が動力船の通航を妨げない義務（第2項ただし書）

本文規定(1)は，帆船が狭い水道又は航路筋の内側でなければ安全に航行することができない動力船の通航を妨げることができることとするものではない。（図2･13）

◆ このただし書規定の意味は，帆船はこのような動力船の通航を妨げてはならない（国際規則）ということである。これは，第3項ただし書規定において同じである。

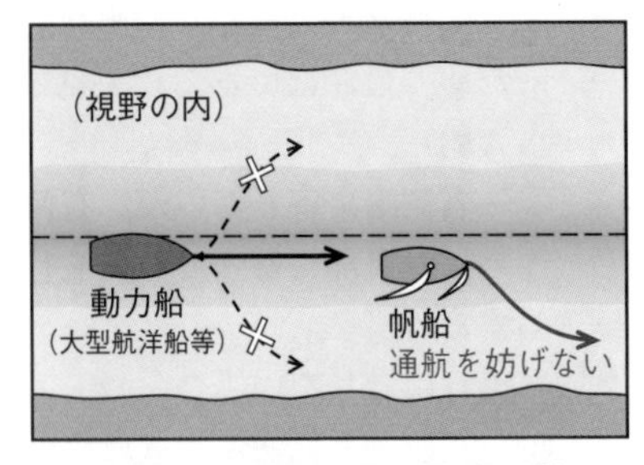

図 2･13　帆船が動力船の通航を妨げない義務

◆ 帆船は，その時の状況により必要な場合には，早期に，このような動力船が安全に通航できる十分な水域をあけるための動作をとらなければならない。帆船は，同船と衝突のおそれかが生じるほど接近した場合であっても，引き続き十分な水域をあけるための動作をとらなければならない。

【注】「通航を妨げてはならない」の解釈については，p.219を参照のこと。

◆「内側でなければ安全に航行することができない動力船」とあるから，すべての動力船ではない。例えば，狭い水道等の外側でも航行できるような小型の動力船に対しては，帆船は通航を妨げない義務を負わない。
「内側」とは，通常の大型航洋船が航行できる水深の水路である。

◆ このただし書規定は，本文規定とともに，第7項により「視野の内にある船舶」に適用される。

《第9条》
3　航行中の船舶（漁ろうに従事している船舶を除く。次条第7項において同じ。）は，狭い水道等において漁ろうに従事している船舶の進路を避けなければならない。ただし，この規定は，漁ろうに従事している船舶が狭い水道等の内側を航行している他の船舶の通航を妨げることができることとするものではない。

§ 2–17　狭い水道等における漁ろう船と他の船舶との航法（第3項）

(1)　漁ろう船以外の船舶が漁ろう船を避航する義務（第3項本文）

航行中の船舶（漁ろうに従事している船舶を除く。）は，狭い水道又は航路筋において漁ろうに従事している船舶を避航しなければならない。

◇　例えば，中型の一般船舶が，ある狭い水道において，漁ろうに従事している船舶を認めたが，避航する余地があり，「ただし書規定」に該当しない場合は，これを避航する。

【注】 漁ろうに従事している船舶を，以下「漁ろう船」と略することがある。

(2)　漁ろう船が他の船舶の通航を妨げない義務（第3項ただし書）

本文規定(1)は，漁ろうに従事している船舶が狭い水道又は航路筋の内側を航行している他の船舶の通航を妨げることができることとするものではない。（図2·14）

◇　漁ろう船は，その時の状況により必要な場合には，早期に，狭い水道等の内側を航行している他船が安全に通航できる十分な水域をあけるための動作をとらなければならない。漁ろう船は，同船と衝突のおそれが生ずるほど接近した場合であっても，引き続き十分な水域をあけるための動作をとらなければならない。（p.219参照）

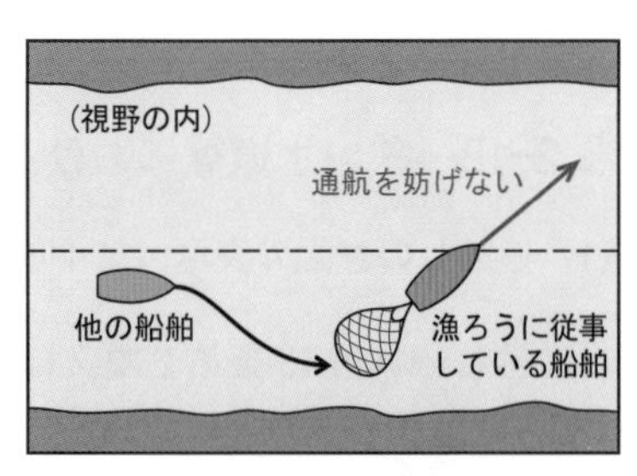

図2·14　漁ろうに従事している船舶が他の船舶の通航を妨げない義務

◇　このただし書規定は，本文規定とともに，第7項により「視野の内にある船舶」に適用される。

【注】 (1)　国際規則第9条（狭い水道）(c) 項の条文を掲げると，次のとおりである。

「漁ろうに従事している船舶は，狭い水道又は航路筋の内側を航行している他の船舶の通航を妨げてはならない。」

この条文には，本項（第3項）の「本文規定」に相当する条文はなく，「ただし書規定」に相当する条文のみが規定されている。

これは，前項（第2項）の「本文規定」についても同様である。

国際規則において，これらの「本文規定」に相当する条文は，同規則第18条（各種船舶間の航法）にのみ定められている。

(2) 本項（第3項）は，「本文規定」のほか，「ただし書規定」も視野の内にある船舶に適用することが，第7項により定められているが，国際規則第9条にはこれに相当する規定はない。

これは，本項ただし書規定のほか，第2項ただし書規定，第5項及び第6項についても同様である。

《第9条》

4　第13条第2項又は第3項の規定による追越し船は，狭い水道等において，追い越される船舶が自船を安全に通過させるための動作をとらなければこれを追い越すことができない場合は，汽笛信号を行うことにより追越しの意図を示さなければならない。この場合において，当該追い越される船舶は，その意図に同意したときは，汽笛信号を行うことによりそれを示し，かつ，当該追越し船を安全に通過させるための動作をとらなければならない。

§ 2-18　狭い水道等における追越し（第4項）

(1) 追越しの意図の表示（第4項前段）

追越し船（第13条第2項又は第3項）は，狭い水道又は航路筋において，先航船の協力を得て追い越したい場合は，次に掲げるところにより追越しの意図（いと）を示さなければならない。（図2・15）

(1) 追越しの意図

追い越される船舶が自船（追越し船）を安全に通過させるた

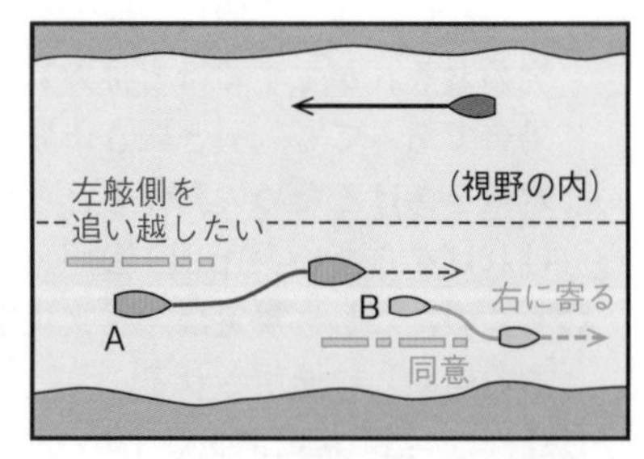

図2・15　狭い水道等における追越し

めの動作をとらなければ追い越すことができない場合に，次の信号により意図を示さなければならない。

⑵　信号方法（第34条第4項）

他の船舶の右舷側を追い越そうとするとき
　長音2回に引き続く短音1回（── ── ・）（汽笛）
他の船舶の左舷側を追い越そうとするとき
　長音2回に引き続く短音2回（── ── ・ ・）（汽笛）

(2) 追い越される船舶の同意の表示及びその協力動作（第4項後段）

追い越される船舶は，追越しに同意したときは，次に掲げるところにより，同意を示し，かつ，その協力動作をとらなければならない。（図2·15）

⑴　信号方法

追越しに同意したとき（第34条第4項）
　長音1回，短音1回，長音1回及び短音1回（── ・ ── ・）（汽笛）
追越しに疑問があるとき（安全でないと考えるとき）（第34条第5項）
　警告信号（・ ・ ・ ・ ・）（汽笛）

⑵　同意したときの動作

追越し船を安全に通過させるための協力動作（転針，減速等）をとらなければならない。

◆　追越し船は，追い越される船舶の同意を得て安全に通過させるための動作をとってもらっても，追越し船の避航義務（第13条）を免除されるものではない。あくまでも避航の義務を負う。

◆　本項の規定は，第7項により，「視野の内にある船舶」に適用される。これは，第34条第4項及び第5項（追越し信号・同意信号及び警告信号は視野の内に適用。）の規定からみても，視野の内にのみ適用されるものである。

◆　狭い水道等の追越しには，①追い越される船舶に追越しの協力動作をとってもらって追い越す場合（本項・第13条第1項）と，②追い越す余地があり①の動作をとってもらわず追い越す場合（第13条第1項）とがある。

◆　本項の規定は，船舶の大型化・深喫水化により狭い水道等の通航に制約を受ける船舶のあることを考慮したものである。

【注】 追越し同意信号（── ・ ── ・）は，国際モールス符号（一字信号）

の「C」で，「イエス」を意味する。

《第9条》
5 船舶は，狭い水道等の内側でなければ安全に航行することができない他の船舶の通航を妨げることとなる場合は，当該狭い水道等を横切ってはならない。

§ 2-19 狭い水道等の横切りの制限（第5項）

すべての船舶は，狭い水道又は航路筋の内側でなければ安全に航行することができない他の船舶の通航を妨げることとなる場合は，その狭い水道又は航路筋を横切ってはならない。（図2·16）

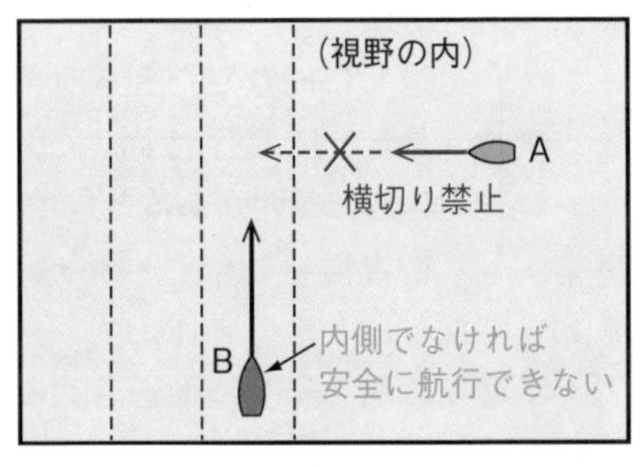

図 2·16 狭い水道等の横切りの制限

◆ この規定は，「内側でなければ安全に航行することができない」という条件があれば，見合い関係を発生させないように横切りを禁止し，狭い水道又は航路筋を航行する船舶を保護したものである。

◆ もし，内側だけでなく外側も航行できる船舶である場合には，この規定の適用はない。この場合に，狭い水道等を航行する船舶と横切る船舶とが，衝突のおそれがあり，ともに動力船であるならば，横切り船の航法（第15条）が適用される。

◆ 図のB船は，横切ろうとしている船舶（A船）の意図に疑問があるときは，警告信号を行う。（第34条第5項）

◆ この規定は，第7項により「視野の内にある船舶」に適用される。

《第9条》
6 長さ20メートル未満の動力船は，狭い水道等の内側でなければ安全に航行することができない他の動力船の通航を妨げてはならない。
7 第2項から前項までの規定は，第4条の規定にかかわらず，互いに他の船舶の視野の内にある船舶について適用する。

§ 2-20　狭い水道等において長さ 20 メートル未満の動力船が他の動力船の通航を妨げない義務（第6項）

長さ20メートル未満の動力船は，狭い水道又は航路筋の内側でなければ安全に航行することができない他の動力船の通航を妨げてはならない。（図2·17）

◆　長さ20メートル未満の動力船は，早期に，このような他の動力船が安全に通航できる十分な水域をあけるための動作をとらなければならない。同船と衝突のおそれが生じるほど接近した場合であっても，引き続きこの動作をとらなければならない。（p.219参照）

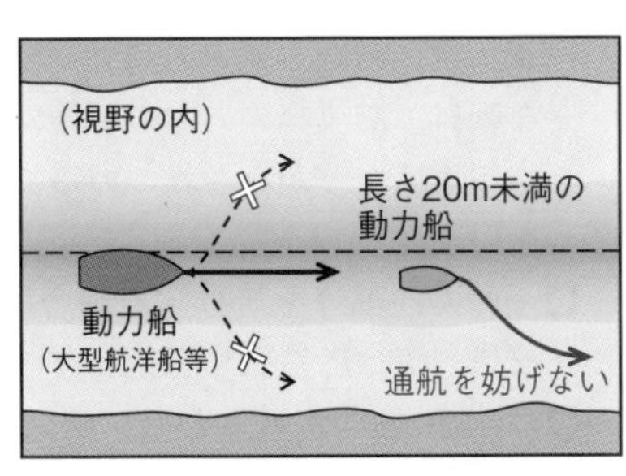

図 2·17　長さ20m未満の動力船が他の動力船の通航を妨げない義務

◆　この規定の「他の動力船」は，長さ20メートル以上で狭い水道等の内側でなければ安全に航行することができない船舶であり，狭い水道等の外側でも航行できる船舶は該当しない。後者の船舶の場合には，この規定の適用はない。

◆　この規定は，第7項により「視野の内にある船舶」に適用される。

◆　第7項（視野の内にある船舶に適用）の規定については，すでに第2項から第6項までの規定において述べたとおりである。

《第9条》
8　船舶は，障害物があるため他の船舶を見ることができない狭い水道等のわん曲部その他の水域に接近する場合は，十分に注意して航行しなければならない。
9　船舶は，狭い水道においては，やむを得ない場合を除き，びょう泊をしてはならない。

§ 2-21　わん曲部等に接近する場合の注意航行（第8項）

すべての船舶は，視界の良否にかかわらず，障害物があるため他の船舶を見ることができない狭い水道又は航路筋のわん曲部その他の水域に接近する

場合は，十分に注意して航行しなければならない。(図 2･18)

◆ 「十分に注意する」とは，出会い頭に会わないように，わん曲部等に接近するときから，右側端航行の厳守，厳重な見張り，機関用意，投錨用意，速力の調整，慎重な転針，潮流等の外力の影響に対する考慮などがなされていることをいう。

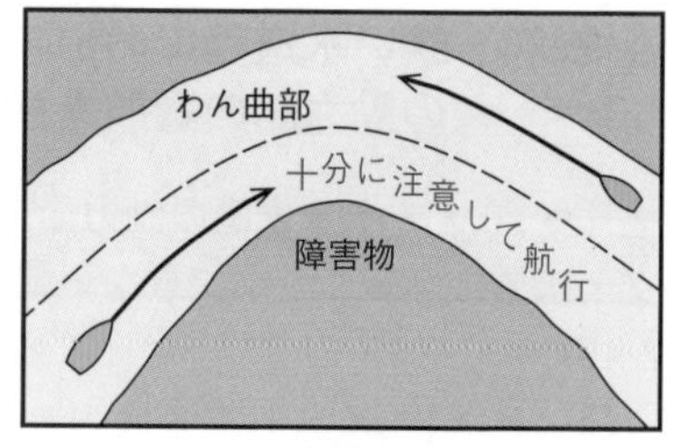

図 2･18 わん曲部等に接近する場合の注意航行

◆ わん曲部等を航行する場合は，第 34 条第 6 項の規定により，わん曲部信号又は応答信号を行わなければならないことになっている。

◆ 「その他の水域」とは，例えば，直状の航路筋であるが，側方の島の陰になって他の船舶を見ることができないような水域である。

§ 2-22 狭い水道における錨泊の制限 (第 9 項)

すべての船舶は，視界の良否にかかわらず，狭い水道においては，やむを得ない場合を除き，錨泊をしてはならない。(図 2･19)

◆ この規定は，船舶の通路である狭い水道において，船舶交通の障害となる錨泊を原則として禁止したものである。

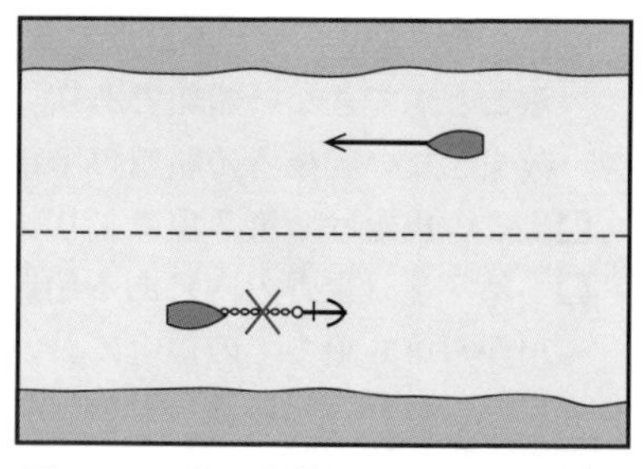
図 2･19 狭い水道における錨泊の制限

§ 2-23 狭い水道等の出入口等における航行

(1) 狭い水道等の出入口における航行

図 2･20 のように狭い水道又は航路筋の出入口を入ろうとする場合は，B 船のように出入口から相当の距離を隔てたところから狭い水道等の方向に向かう態勢で入るべきで，D 船のようにショートカット（近道）して入ることは注意義務（船員の常務）違反である。

この図の船舶がすべて動力船であるとすると，(1)図では，横切り関係が成

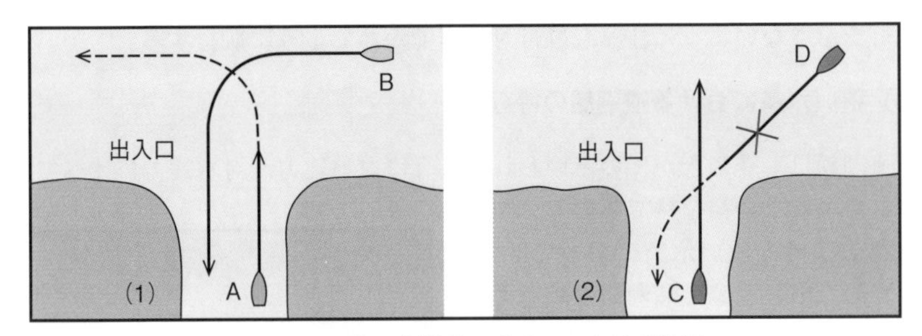

図 2･20　狭い水道等の出入口における航行

立しＡ船が避航船となる。一方，(2)図のような場合は，Ｄ船は違法航行船であり，横切り関係とは認めがたく，注意義務により互いに衝突回避動作をとる。特に，Ｄ船は停止してＣ船の航過を待つべきである。Ｃ船にとっては迷惑なことで，Ｄ船のような違法航行は絶対にしてはならない。

(2)　狭い水道等における横切り関係等

狭い水道等で，図 2･21 の(1)図又は(2)図のような場合（本条第５項の「横切りの制限」に該当しない場合とする。）において，動力船同士が衝突するおそれがあるときは，横切り関係となり，Ａ船がＢ船に対し，またＣ船がＤ船に対し，それぞれ避航船となる。

(3)図では，Ｅ船とＦ船とはそれぞれ右側端に寄ってわん曲部をこれに沿って航行すれば安全にかわる場合で，両船がともに動力船とすると一見横切り関係のように見えるが，そうではない。このような場合，変針について注意すべきことは，Ｅ船は，Ｆ船に対してできるだけ速やかに右転して紅灯を示し紅灯対紅灯でかわるようにし，一方，Ｆ船は，左転するがＥ船に対して

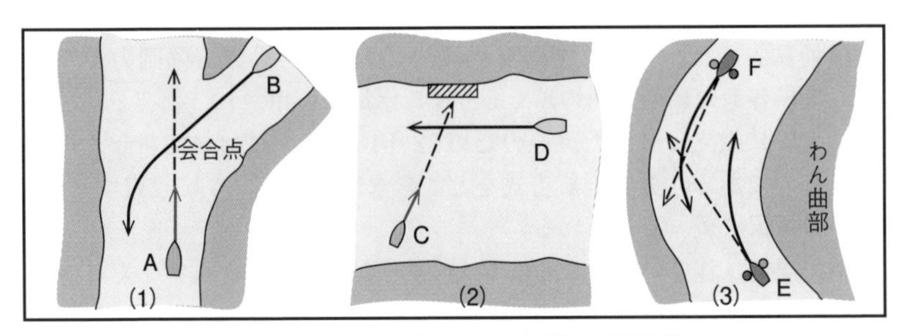

図 2･21　狭い水道等における横切り関係等

緑灯を示さないように注意し紅灯対紅灯でかわるように航行する。

(3) 狭い水道における逆潮船の待避

逆潮船は，舵効(き)きがよいといわれるように対地速力が対水速力に比べて遅いため運航上余裕を持てるので，図2･22のような狭い水道においては，逆潮船は広い水域で順潮船が航過するまで待避すべきである。これは，船員が長い間行ってきた慣行であって，船員の常務である。しかし，一方順潮船は，逆に舵効きの悪い状態にあることに十分に注意して航行しなければならない。

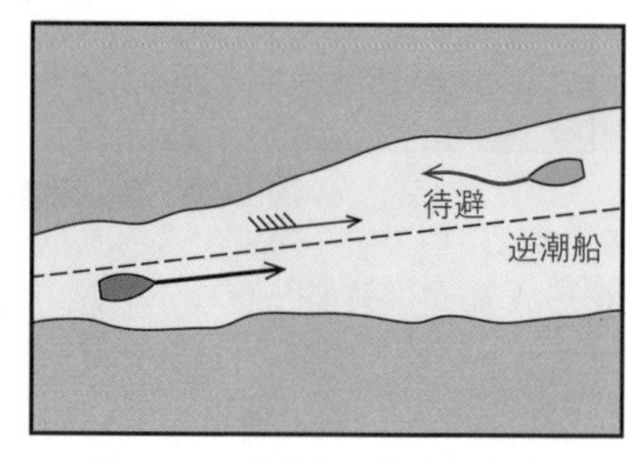

図 2･22 逆潮船が順潮船を待避

第10条 分離通航方式

> 第10条 この条の規定は，1972年の海上における衝突の予防のための国際規則に関する条約（以下「条約」という。）に添付されている1972年の海上における衝突の予防のための国際規則（以下「国際規則」という。）第1条（d）の規定により国際海事機関が採択した分離通航方式について適用する。

§ 2-24 分離通航方式の採択（第10条第1項）

分離通航方式は，従来，国際海事機関（IMO）の勧告（強制力がない。）として世界各地の船舶交通のふくそうする水域で採用され，衝突予防・座礁防止に大いに役立ってきた。そのため72年国際規則において新しく規則化されたものである。分離通航方式をどこの水域にどのように設定するかは，同機関の採択によって行われる。

本条に規定されている分離通航方式の航法は，同機関が採択した「分離通航方式」の水域に適用される。

◆ 反航状態における衝突の発生率は極めて高く，しかも相対速度が大きいため損害も大きいのを常とする。最も注意すべきは，反航状態の衝突である。分離通航方式の目的は，船舶交通のふくそう化や船舶の大型化・高速化，危険物積載船の増加に対処して，このように最も危険な状態である反航又はほとんど反航の状態を減少させ，交通の流れに秩序を持たせることにある。

§ 2-25　通航の分離の方法

通航の分離の方法には，次のようなものがある。

(1) 分離帯又は分離線による通航の分離（図2・23）

この方法は，反航する交通の流れの間に，分離帯又は分離線を設けることによって通航を分離させるものである。なお，分離線は，狭水道や制約された水域において可航水域をより広くするため，分離帯の代わりに用いられるものである。

この方法は，分離通航方式として最も多く採用されているものである。

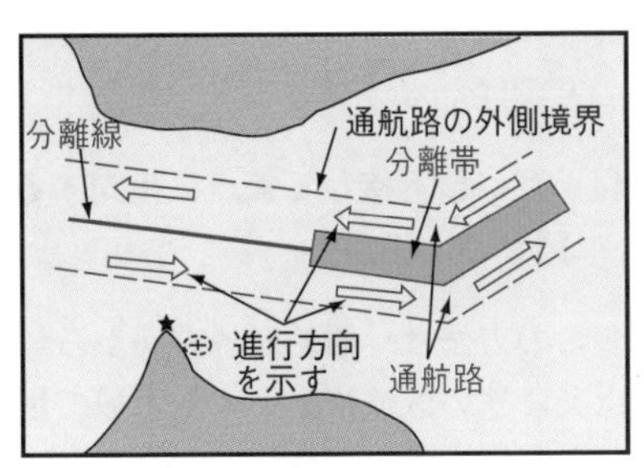

図 2・23　分離帯又は分離線による通航の分類

(2) 自然の障害物等による通航の分離（図2・24）

この方法は，島，浅所，岩礁などの障害物が，自由な航行を制限し，反航する交通の流れを自然に分離する特定の水域で用いるものである。

例えば，「Dover Strait 及び付近水域分離通航方式」は，一部において，浅瀬（Ridge という瀬）の障害物による分離帯を設けている。

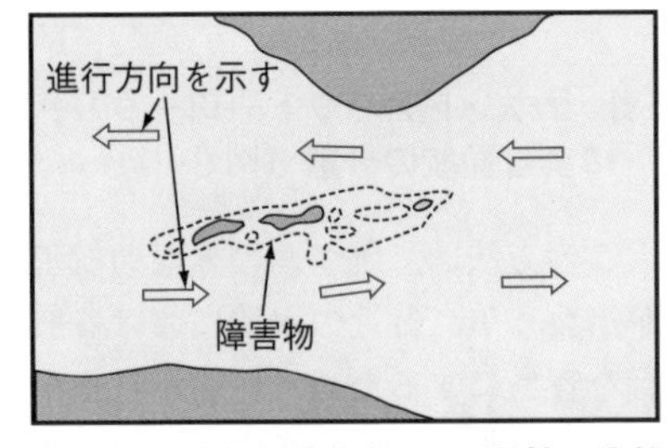

図 2・24　自然の障害物による通航の分離

(3) 沿岸通航帯の設定による通過交通と地域的交通との分離 (図2・25)

この方法は，通過交通に使用される分離通航帯から地域的交通を離しておくために，分離通航帯と陸岸との間にある水域を沿岸通航帯として指定することができるものである。

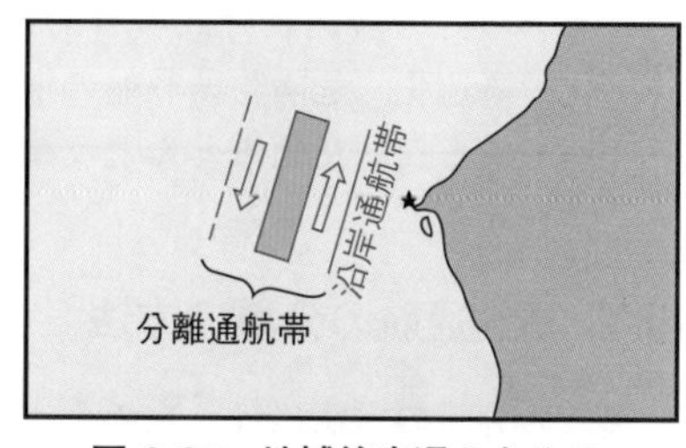

図 2・25 地域的交通のための沿岸通航帯

例えば，「Gotland島沖分離通航方式」は，分離通航帯のほか，この沿岸通航帯を設けている。

◘ 「分離通航帯」とは，分離線，分離帯，障害物などによって，反航する船舶交通を分離する通航方式を設けた水域である。

(4) 互いに近接して焦点に指向する分離通航方式を扇形に分割する方法 (図2・26)

この方法は，船舶が各方向から焦点又は狭い区域に集中する水域で用いられるものである。

例えば，「New York沖分離通航方式」は，この方法を採用したものである。

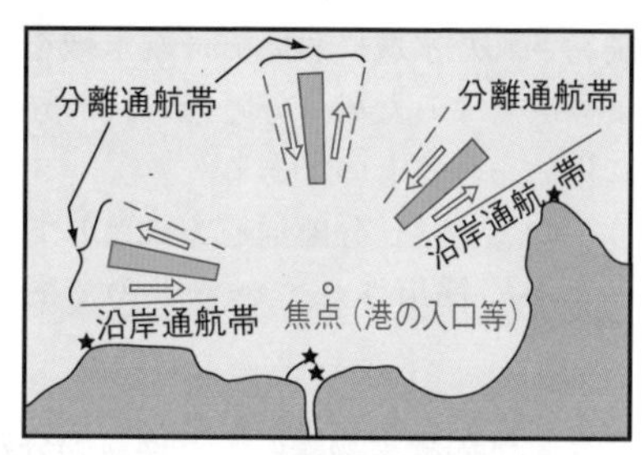

図 2・26 互いに近接して焦点に指向する分離通航方式の扇形分割

(5) ラウンドアバウト (ロータリ) による通航の分離 (図2・27)

この方法は，幾つかの分離通航帯が出会う焦点付近の水域における航行を容易にするため，船舶が目指す分離通航帯に達するまで，円形分離帯又は分離点の周(まわ)りを反時計回りに通航することにしたものである。

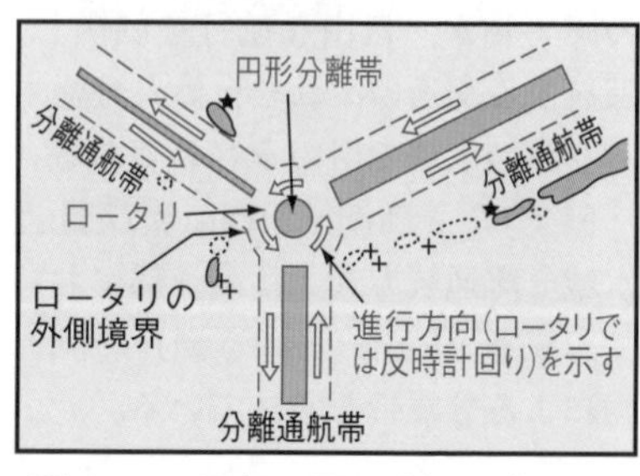

図 2・27 ラウンドアバウト (ロータリ) による通航の分離

例えば，「Finland 湾東海域分離通航方式」は，この方法を採用したものである。

《第10条》

2　船舶は，分離通航帯を航行する場合は，この法律の他の規定に定めるもののほか，次の各号に定めるところにより，航行しなければならない。

(1)　通航路をこれについて定められた船舶の進行方向に航行すること。

(2)　分離線又は分離帯からできる限り離れて航行すること。

(3)　できる限り通航路の出入口から出入すること。ただし，通航路の側方から出入する場合は，その通航路について定められた船舶の進行方向に対しできる限り小さい角度で出入しなければならない。

§ 2-26　分離通航帯を航行する場合の航法（第2項）

すべての船舶は，分離通航帯を航行する場合は，視界の良否にかかわらず，本法の他の規定に定めるもののほか，次に定めるところにより，航行しなければならない。（図2･28）

(1)　通航路をこれについて定められた船舶の進行方向に航行すること（第1号）

◆　通航路とは，その内側では一方通航が定められている限られた水域のことである。

◆　進行方向は，海図に矢印で示されている。

進行方向に逆らって航行することは，極めて危険なことであって，重大な違反となることから，進行方向に航行することは厳格に遵守されなければならない。

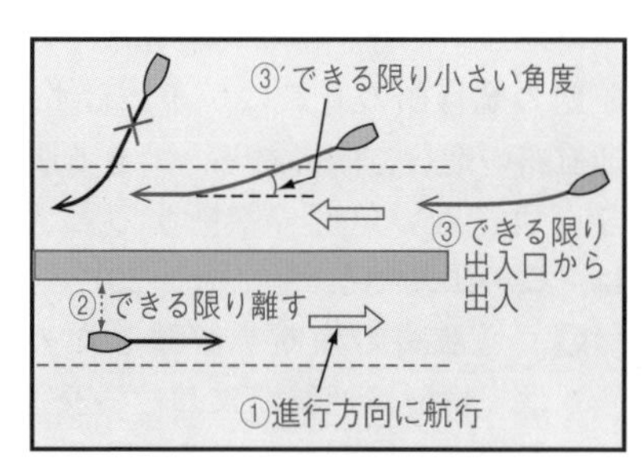

図 2･28　分離通航帯を航行する場合の航法

(2)　分離線又は分離帯からできる限り離れて航行すること（第2号）

◆　これは，分離線上又は分離帯の内を誤って航行し，あるいはそれらに接近して航行して，反航船と危険な状態となることを防ぐためである。

(3) できる限り通航路の出入口から出入すること等（第3号）

できる限り通航路の出入口から出入すること。ただし，通航路の側方から出入する場合は，進行方向に対しできる限り小さい角度で出入しなければならない。

◇ 通航路の出入口に入ろうとする場合は，狭い水道等の場合と同様に，出入口から相当の距離を隔てたところから通航路に向かう態勢で入るべきである。「側方から」とは，いずれの側方からでもとの意味である。

《第10条》
3 船舶は，通航路を横断してはならない。ただし，やむを得ない場合において，その通航路について定められた船舶の進行方向に対しできる限り直角に近い角度で横断するときは，この限りでない。

§ 2-27 通航路の横断の制限（第3項）

すべての船舶は，視界の良否にかかわらず，通航路を横断してはならない。

ただし，やむを得ない場合は，通航路の航行船の有無にかかわらず，通航路の進行方向に対し，できる限り直角に近い角度で横断するときは，この限りでない。（図2・29）

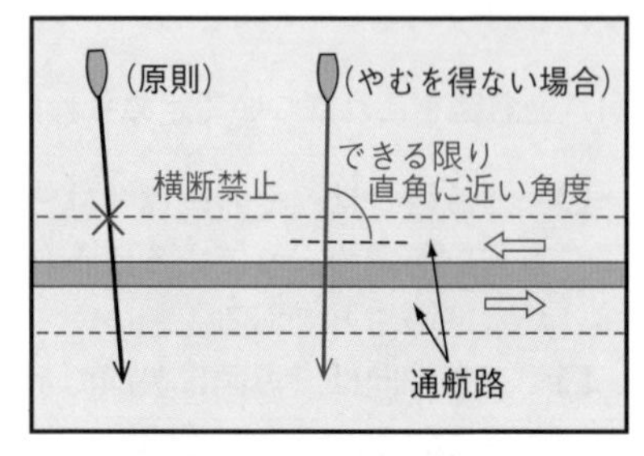

図2・29 通航路の横断の制限

◇ 通航路の横断を制限したのは，横断は通航路における交通の流れを乱すからである。したがって，船舶は，原則として通航路を迂回（うかい）しなければならない。

◇ 「やむを得ない場合」は，横断を認められるが，それは，例えば，極めて長い通航路であるため迂回を実行することが困難であるような場合である。

◇ 横断は「できる限り直角に近い角度」としたのは，通航路内にいる時間をできる限り短くして通航路の航行船と出会う機会を少なくし，かつ，横断船であることを他船にはっきり示すためである。

◇　海上交通安全法の「航路」の航法は，分離通航方式の考え方を大幅に取り入れたもので，東京湾，伊勢湾及び瀬戸内海の航行安全に役立っている。

《第10条》

4　船舶（動力船であって長さ20メートル未満のもの及び帆船を除く。）は，沿岸通航帯に隣接した分離通航帯の通航路を安全に通過することができる場合は，やむを得ない場合を除き，沿岸通航帯を航行してはならない。

§ 2-28　沿岸通航帯の使用の制限（第4項）

船舶（動力船であって長さ20メートル未満のもの及び帆船を除く。）は，視界の良否にかかわらず，沿岸通航帯に隣接した分離通航帯の通航路を安全に通過することができる場合は，やむを得ない場合を除き，沿岸通航帯を航行してはならない。（図2·30）

◇　「沿岸通航帯」とは，分離通航帯の陸側の境界と付近海岸との間の指定された水域で，通常通過交通には使用されず，地域的交通，つまり沿岸の交通のためのものである。

◇　図2·30に示すように通航路を安全に通過（通過交通）することができる船舶（A）は，かっこ書規定の船舶を除き，原則として，沿岸通航帯を使用してはならない。

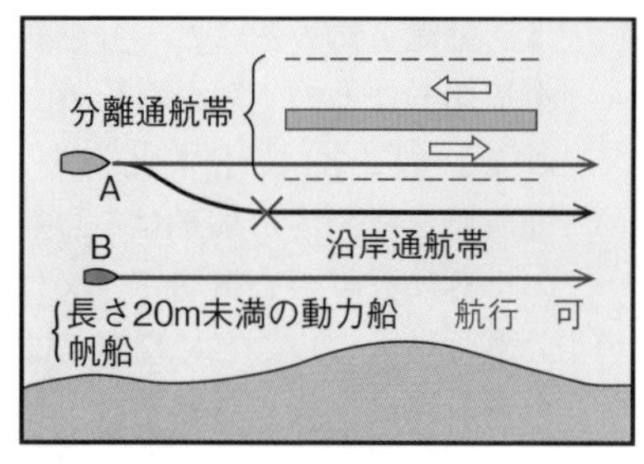

図2·30　沿岸通航帯の使用の制限

ただし，「やむを得ない場合」（具体的には，沿岸通航帯内にある港，沖合の設備又は構造物，パイロット・ステーションその他の場所に出入りする場合や切迫した危険を避ける場合等）は，沿岸通航帯を使用することができる。

【注】　国際規則では，第10条（d）項第ii号で，沿岸通航帯を使用することができる場合を具体的に規定している。

◇　かっこ書規定の船舶（B）は，沿岸通航帯の使用の制限から除外されているから，あらゆる場合において沿岸通航帯を使用することができる。

《第10条》

5　通航路を横断し，又は通航路に出入する船舶以外の船舶は，次に掲げる場合その他やむを得ない場合を除き，分離帯に入り，又は分離線を横切ってはならない。
⑴　切迫した危険を避ける場合
⑵　分離帯において漁ろうに従事する場合

§ 2-29　分離帯に入ること等の制限（第5項）

通航路横断船・通航路出入船以外の船舶は，視界の良否にかかわらず，次に掲げる場合その他やむを得ない場合を除き，分離帯に入り，又は分離線を横切ってはならない。(図2･31)

⑴　切迫した危険を避ける場合（A船）

⑵　分離帯において漁ろうに従事する場合（B船）

◆　通航路横断船・通航路出入船は，分離帯に入ること・分離線を横切ることの制限から除外される。図2･32に示すとおり，通航路を横断する船舶は，L船のように分離線を横切る（又は分離帯に入る）ことになり，また通航路に出入する船舶は，第2項第3号ただし書規定（通航路の側方から出入）の動作をとる場合において，M船又はN船のような航行をするときに，分離帯に入り，又は分離線を横切ることになる。

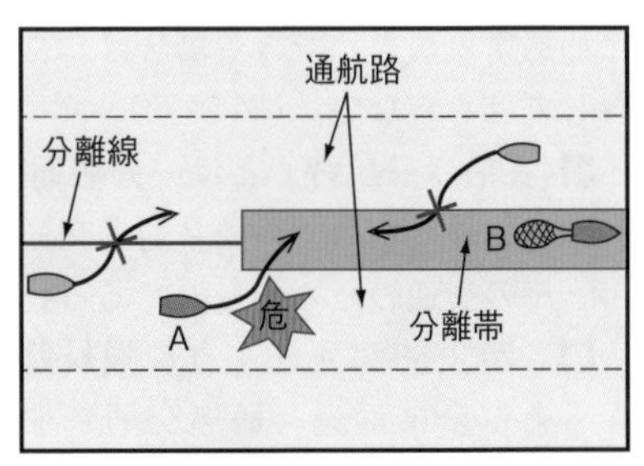

図 2･31　分離帯に入ること・分離線を横切ることの制限

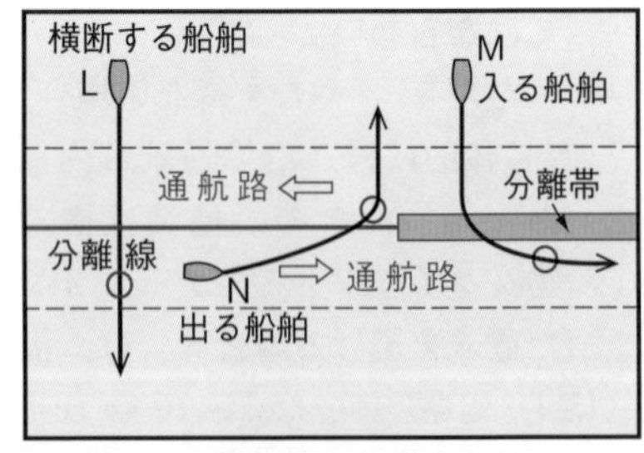

図 2･32　通航路横断船・出入船

《第10条》

6　航行中の動力船は，通航路において帆船の進路を避けなければならない。ただし，この規定は，帆船が通航路をこれに沿って航行している動力船の安全な通航を妨げることができることとするものではない。

7　航行中の船舶は，通航路において漁ろうに従事している船舶の進路を避けなければならない。ただし，この規定は，漁ろうに従事している船舶が通航路をこれに沿って航行している他の船舶の通航を妨げることができることとするものではない。

8　長さ20メートル未満の動力船は，通航路をこれに沿って航行している他の動力船の安全な通航を妨げてはならない。

9　前三項の規定は，第4条の規定にかかわらず，互いに他の船舶の視野の内にある船舶について適用する。

§ 2-30　通航路における動力船，帆船，漁ろう船及び小型動力船に関する航法（第6項～第9項）

(1)　通航路における帆船と動力船との航法（第6項）

⑴　動力船が帆船を避航する義務（第6項本文）

航行中の動力船（漁ろうに従事している船舶を除く（第9条第2項）。）は，通航路において帆船を避航しなければならない。

⑵　帆船が動力船の安全な通航を妨げない義務（第6項ただし書）

本文規定⑴は，帆船が通航路をこれに沿って航行している動力船の安全な通航を妨げることができることとするものではない。（図2･33）

◘　ただし書規定の意味は，帆船は通航路航行の動力船の安全な通航を妨げてはならない（国際規則）ということである。（p.219参照）

◘　この帆船には，ヨットも多く含まれるが，ただし書規定による安全な通航を妨げない義務を負っていることに注意を要する。

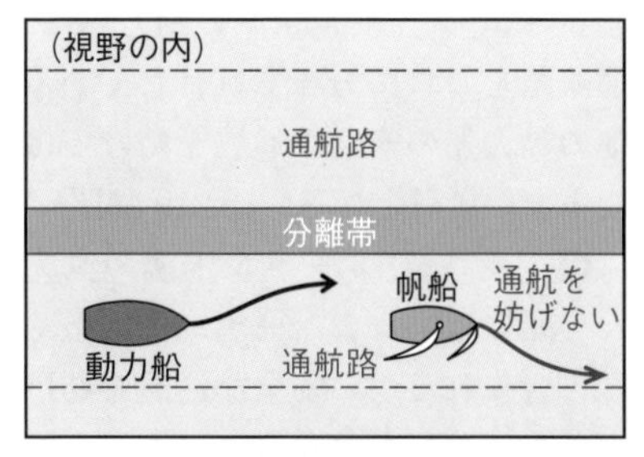

図2･33　帆船が動力船の安全な通航を妨げない義務

◆ 本項の規定は，第9項により「視野の内にある船舶」に適用される。

(2) 通航路における漁ろう船と他の船舶との航法（第7項）

(1) 漁ろう船以外の船舶が漁ろう船を避航する義務（第7項本文）

航行中の船舶（漁ろうに従事している船舶を除く（第9条第3項）。）は，通航路において漁ろうに従事している船舶を避航しなければならない。

(2) 漁ろう船が他の船舶の通航を妨げない義務（第7項ただし書）

本文規定(1)は，漁ろうに従事している船舶が通航路をこれに沿って航行している他の船舶の通航を妨げることができることとするものではない。（図2·34）

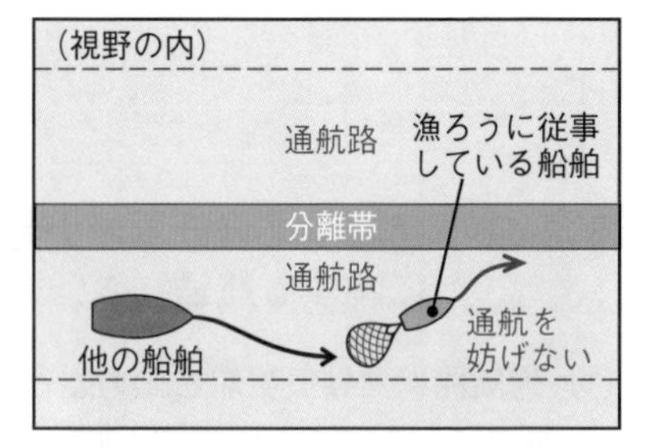

図 2·34 漁ろうに従事している船舶が他の船舶の通航を妨げない義務

◆ ただし書規定の意味は，漁ろう船は通航路航行の他船の通航を妨げてはならない（国際規則）ということである。（p.219参照）

◆ 本項の規定は，第9項により「視野の内にある船舶」に適用される。

(3) 長さ20メートル未満の動力船が通航路航行の他の動力船の安全な通航を妨げない義務（第8項）

長さ20メートル未満の動力船は，通航路をこれに沿って航行している他の動力船の安全な通航を妨げてはならない。（図2·35）（p.219参照）

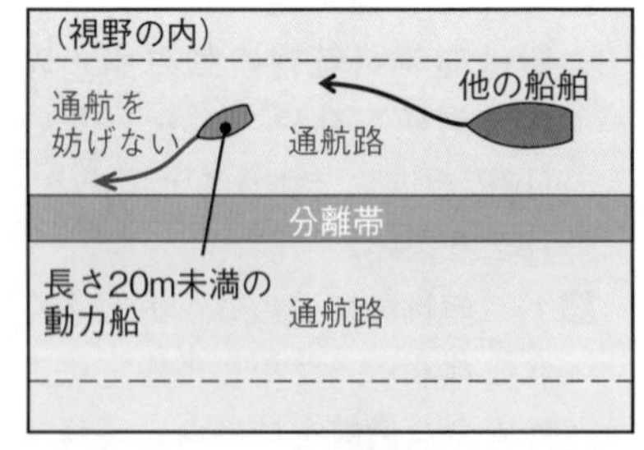

図 2·35 長さ20m未満の動力船が他の動力船の安全な通航を妨げない義務

◆ 長さ20メートル未満の動力船にはプレジャーボートも多く含まれるが，安全な通航を妨げない義務を負うことに注意を要する。

◆ この規定は，第9項により

「視野の内にある船舶」に適用される。

(4) 視野の内にある船舶に適用（第9項）

第6項から第8項までの規定は，前述したとおり，互いに他の船舶の視野の内にある船舶に適用される。

【注】 (1) 国際規則第10条（分離通航方式）には，本条の第6項及び第7項の「本文規定」に相当する条文はない。国際規則において，これに相当するものは，同規則第18条にのみ定められている。

(2) 第6項及び第7項は，「本文規定」のほか，「ただし書規定」も視野の内にある船舶に適用され，また第8項も同様に適用されることが，第9項に定められているが，国際規則には，これに相当する規定はない。(p.33【注】参照)

《第10条》

10　船舶は，分離通航帯の出入口付近においては，十分に注意して航行しなければならない。

11　船舶は，分離通航帯及びその出入口付近においては，やむを得ない場合を除き，びょう泊をしてはならない。

12　分離通航帯を航行しない船舶は，できる限り分離通航帯から離れて航行しなければならない。

§ 2-31　分離通航帯の出入口付近等における注意航行等（第10項～第12項）

(1) 分離通航帯の出入口付近における注意航行（第10項）

すべての船舶は，視界の良否にかかわらず，分離通航帯の出入口付近においては，十分に注意して航行しなければならない。(図2·36)

◆ 出入口付近は，船舶交通が集中したり，交差したりする水域で衝突の危険が発生しやすいから，十分に注意して航行することを強調したものである。

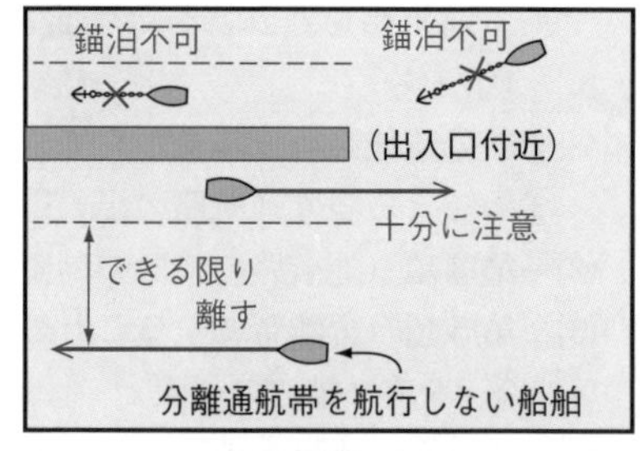

図2·36　分離通航帯の出入口付近等における注意航行等

(2) 錨泊の制限（第 11 項）

すべての船舶は，視界の良否にかかわらず，分離通航帯及びその出入口付近においては，やむを得ない場合を除き，錨泊をしてはならない。（図 2・36）

(3) 分離通航帯を航行しない船舶の航行（第 12 項）

分離通航帯を航行しない船舶は，視界の良否にかかわらず，できる限り分離通航帯から離れて航行しなければならない。（図 2・36）

《第 10 条》

13 第 2 項，第 3 項，第 5 項及び第 11 項の規定は，操縦性能制限船であって，分離通航帯において船舶の航行の安全を確保するための作業又は海底電線の敷設，保守若しくは引揚げのための作業に従事しているものについては，当該作業を行うために必要な限度において適用しない。

§ 2-32 一定の操縦性能制限船の第 10 条第 2 項等の規定の適用緩和（第 13 項）

操縦性能制限船であって，分離通航帯において①船舶の航行の安全を確保するための作業又は②海底電線の敷設・保守・引揚げのための作業に従事しているものについては，視界の良否にかかわらず，当該作業を行うために必要な限度において，本条の次の航法規定は適用しない。

(1) 第 2 項（分離通航帯を航行する場合の航法）
　① 通航路をこれについて定められた船舶の進行方向に航行すること（第 1 号）
　② 分離線又は分離帯からできる限り離れて航行すること（第 2 号）
　③ できる限り通航路の出入口から出入すること等（第 3 号）
(2) 第 3 項（通航路の横断の制限）
(3) 第 5 項（分離帯に入ること等の制限）
(4) 第 11 項（錨泊の制限）

◆ これらの操縦性能制限船（例えば，浚渫船，測量船，設標船，ケーブル船）は，図 2・37 に示すように，上記の航法規定の適用を必要な限度において緩和される。

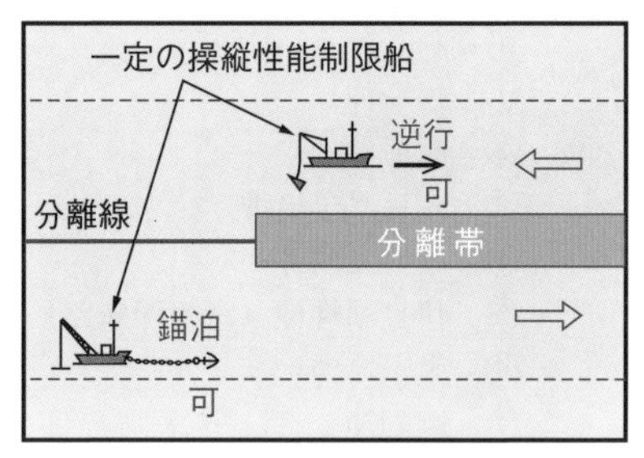

図 2·37　一定の操縦性能制限船の航法規定の適用緩和

《第10条》

14　海上保安庁長官は，第1項に規定する分離通航方式の名称，その分離通航方式について定められた分離通航帯，通航路，分離線，分離帯及び沿岸通航帯の位置その他分離通航方式に関して必要な事項を告示しなければならない。

§ 2–33　分離通航方式の名称等に関する告示（第14項）

海上保安庁長官は，分離通航方式の名称や分離通航方式に関して必要な事項を告示しなければならない。

◘　本項の規定に基づいて，国際海事機関が採択した第1項の分離通航方式に関し，「分離通航方式に関する告示」（p.217参照）が定められている。

◘　同告示によると，分離通航方式は，当初（昭和52年）世界の水域の74か所に設定されていたが，その後年々増え続け，現在では約160か所に設定されている。

◘　分離通航方式は，外国及び日本が発行している所定の海図にも記載されている。したがって，同告示・水路書誌・水路通報などにより同方式の新設・改廃の情報を入手するほか，海図の改補や最新の海図の購入などにも留意しなければならない。

◘　日本の周辺海域には，船舶交通のふくそうするところが存在するが，現在のところ，分離通航方式は設定されていない。

【注】　日本船長協会は，東京湾口と紀伊水道との間の海域のうち，下記の8か所において自主的に分離通航方式（平成14年9月1日改訂）を設定している。

これは，法的拘束力はないが，衝突予防のため，多くの船舶の利用が切望されている。

① 剱埼沖
② 洲埼沖
③ 大島風早埼沖
④ 神子元島沖
⑤ 伊良湖岬沖（深水深航路）
⑥ 大王埼沖
⑦ 潮岬沖
⑧ 日ノ御埼沖及び伊島沖

（日本船長協会ホームページアドレス　https://captain.or.jp/）

第２節　互いに他の船舶の視野の内にある船舶の航法

第 11 条　適用船舶

> 第 11 条　この節の規定は，互いに他の船舶の視野の内にある船舶について適用する。

§ 2–34　視野の内にある船舶に適用される航法（第 11 条）

第２節の規定，すなわち下記の航法規定は，互いに他の船舶の視野の内にある（§ 1–14）船舶に適用される。

⑴　帆船（第 12 条）
⑵　追越し船（第 13 条）
⑶　行会い船（第 14 条）
⑷　横切り船（第 15 条）
⑸　避航船（第 16 条）
⑹　保持船（第 17 条）
⑺　各種船舶間の航法（第 18 条）

◘　第２節の規定は，視野の内にある船舶に適用されるものであるから，視界制限状態（§ 1–15）であっても，互いに他の船舶を視覚によって見ることができる状態（視野の内）になったときには，この第２節の航法規定が適用されることになる。（§ 2–60 参照）

第 12 条　帆　船

> 第 12 条　２隻の帆船が互いに接近し，衝突するおそれがある場合における帆船の航法は，次の各号に定めるところによる。ただし，第９条第３項，第 10 条第７項又は第 18 条第２項若しくは第３項の規定の適用がある場合は，この限りでない。
> ⑴　２隻の帆船の風を受けるげんが異なる場合は，左げんに風を受ける帆船は，右げんに風を受ける帆船の進路を避けなければならない。
> ⑵　２隻の帆船の風を受けるげんが同じである場合は，風上の帆船は，風下の帆船の進路を避けなければならない。
> ⑶　左げんに風を受ける帆船は，風上に他の帆船を見る場合において，

当該他の帆船の風を受けるげんが左げんであるか右げんであるかを確かめることができないときは，当該他の帆船の進路を避けなければならない。
2　前項第2号及び第3号の規定の適用については，風上は，メインスル（横帆船にあっては，最大の縦帆）の張っている側の反対側とする。

§ 2-35　帆船の航法（第12条）

(1)　帆船の航法（第1項）

互いに視野内にある2隻の帆船が接近し，衝突するおそれがある場合における帆船の航法は，次の各号に定めるところによる。

(1)　風を受ける舷が異なる場合は，左舷に風を受ける帆船（左舷開きの帆船）は，右舷に風を受ける帆船（右舷開きの帆船）を避航しなければならない。（第1号）　（図2·38）

(2)　風を受ける舷が同じである場合は，風上の帆船は，風下の帆船を避航しなければならない。（第2号）　（図2·39）

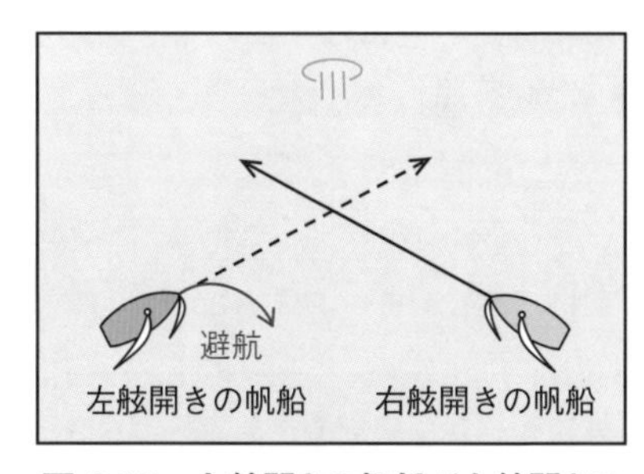

図 2·38　左舷開きの帆船が右舷開きの帆船を避航

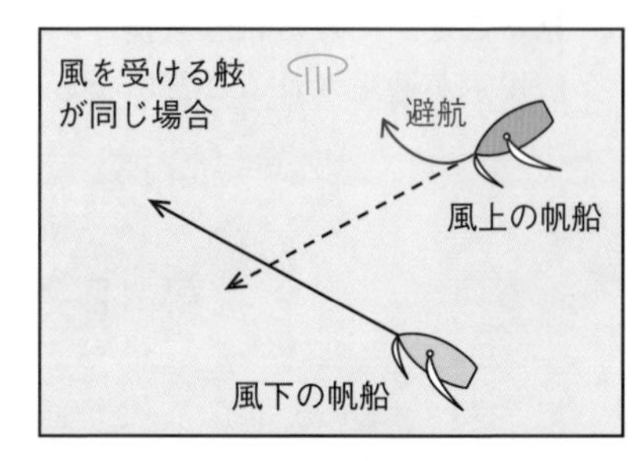

図 2·39　風上の帆船が風下の帆船を避航

(3)　左舷開きの帆船は，風上の帆船の風を受ける舷が左舷であるか右舷であるかを確かめることができないときは，風上の帆船を避航しなければならない。（第3号）

◆　第1号の航法は，右側航行（左舷対左舷・右転）という航法の原則に基づいて定められたものであり，また，第2号の航法は，風上の帆船の方が避航しやすいので，操縦容易な船舶が操縦困難な船舶を避けるという航法の自然的原則（p.222 参照）に基づいて定められたものである。

◘ 第1号の右舷開きの帆船及び第2号の風下の帆船は，それぞれ保持船（第17条）となる。

◘ 第3号の規定は，例えば，左舷開きの帆船は，夜間風上の他の帆船が左舷開きか右舷開きかを確かめることができない場合があるが，その場合は，他の帆船（風上）を避航しなければならないと定めたものである。

このような場合には，左舷開きの帆船（風下）は，もし風上の帆船が左舷開きであったとすると，第2号の規定により同船も避航動作をとることになるから，このことに十分に注意し，見張りを厳重にして避航動作をとる必要がある。

◘ ただし書規定に定めているとおり，次の規定の適用がある場合は，帆船の航法の規定は，適用されない。

① 狭い水道等における漁ろう船と他の船舶との航法（第9条第3項）

② 通航路（分離通航方式）における漁ろう船と他の船舶との航法（第10条第7項）

③ 帆船が，㋑運転不自由船，㋺操縦性能制限船又は㋩漁ろう船（帆船）を避航する航法（第18条第2項）

④ 漁ろう船（帆船）が，㋑運転不自由船又は㋺操縦性能制限船（帆船）を避航する航法（第18条第3項）

例えば，③において，右舷開きの帆船は，漁ろう船が左舷開きの帆船であっても，本条でなく，第18条第2項により，これを避航しなければならない。

(2) 風上の判定（第2項）

第1項第2号及び第3号の規定を適用する場合，風上はメインスル（横帆船にあっては，最大の縦帆）の張っている側の反対側とする。

◘ 例えば，図2･40のような風の場合は，この規定がないと風上・風下の判断は困難であるが，この規定により判定ができる。

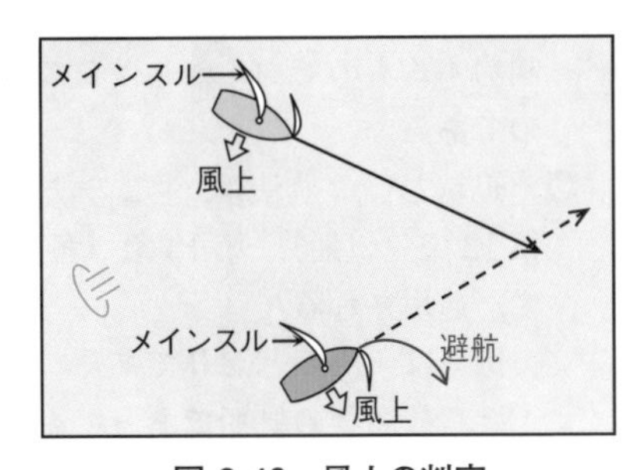

図2･40　風上の判定

第13条 追越し船

> **第13条** 追越し船は，この法律の他の規定にかかわらず，追い越される船舶を確実に追い越し，かつ，その船舶から十分に遠ざかるまでその船舶の進路を避けなければならない。
>
> 2 船舶の正横後22度30分を超える後方の位置（夜間にあっては，その船舶の第21条第2項に規定するげん灯のいずれをも見ることができない位置）からその船舶を追い越す船舶は，追越し船とする。
>
> 3 船舶は，自船が追越し船であるかどうかを確かめることができない場合は，追越し船であると判断しなければならない。

§ 2-36 追越し船の避航義務（第13条第1項）

(1) 追越し船は，この法律の他の規定にかかわらず，互いに視野の内にある場合，追い越される船舶を避航しなければならない。

(2) 追越し船は，追い越される船舶を確実に追い越し，かつ，その船舶から十分に遠ざかるまで避航義務を免除されない。（図2･41）

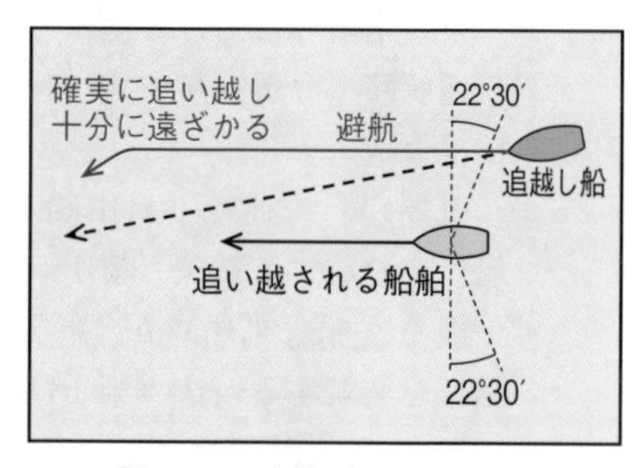

図2･41 追越し船の避航義務

追越し船と追い越される船舶は，操縦に難易はなくほぼ同一の状態にあるが，より大きな速力で追い越すことにより追い越される船舶の行動を制約するものであるから，この航法は，追越し船に避航義務を課したものである。

◆ 追越し船の航法は，「この法律の他の規定にかかわらず」，すなわち，第12条（帆船），第18条（各種船舶間の航法）などの規定にかかわらず，適用される。

例えば，次のとおりである。

① 右舷開きの帆船であっても，左舷開きの帆船を追い越すときは，第12条第1項第1号にかかわらず，これを避航しなければならない。

② 帆船であっても，動力船を追い越すときは，第18条第1項にかかわらず，これを避航しなければならない。

③ 漁ろう船であっても，動力船又は帆船を追い越すときは，第18条第1項又は第2項にかかわらず，これを避航しなければならない。

◘ 追越し船と追い越される船舶との間の方位にいかなる変化があっても，追越し関係が横切り関係（動力船対動力船）などに変わるものでなく（国際規則），追越し船の避航義務は，追い越される船舶を確実に追い越し，かつ，十分に遠ざかるまで継続する。

◘ 追い越される船舶は，保持船（第17条）となる。

§ 2-37　追越し船の判定（第2項・第3項）

(1) 追越し船の定義（第2項）

船舶の正横後22度30分を超える後方の位置（夜間にあっては，舷灯（第21条第2項）のいずれをも見ることができない位置）からその船舶を追い越す船舶は，追越し船とする。

◘ 夜間，舷灯を見ることができない位置とは，いいかえると船尾灯のみを見ることができる位置である。

【注】 22度30分は，従来の2点である。1点は，90° × 1/8 = 11度15分である。

(2) 疑わしい場合は追越し船と判断（第3項）

船舶は，自船が追越し船であるかどうかを確かめることができない場合は，追越し船であると判断しなければならない。

◘ 前方の船舶の正横後22度30分の限界付近では，自船はその付近にいるのかどうか，追越しか横切りかなど判断に迷う場合がある。これは特に昼間に発生しやすいが，このような場合は，追越し船であると判断して動作をとらなければならないことを定めたものである。

§ 2-38　追い越す場合の注意すべき事項

(1) 他の船舶を確実に追い越し，十分に遠ざかるまでその船舶を避航する。その間に両船の方位にどのような変化があっても避航義務を負う。

(2) 他の船舶を安全な距離を保って追い越す。過度に接近すると，2船間の相互作用によって接触する危険を生ずる。

⑶ 他の船舶を追い越して十分に遠ざかるまで，その船首方向を横切ってはならない。

⑷ 安全に追い越す余地の少ないときは，追越しを断念する。

⑸ 一般に，他の船舶をその船尾後方から追い越す場合は，他の船舶の左舷側を追い越すのがよい。

これは，他の船舶が第3船と衝突のおそれが生じ衝突回避の動作をとる場合に，右転して避航することが多く，右舷側を追い越すとその進路を妨げることになるからである。

⑹ 狭い水道や航路筋で他の船舶を追い越す場合は，特に次のことに注意する。

① なるべく幅の広い，できれば直状水路で，反航船のいない時期を選ぶ。そして，船舶の大小にもよるが，他の船舶の左舷側を追い越す。

② わん曲部で追い越すことは，十分な余地がある場合以外は，避けるべきである。

③ 追い越すために狭い水道や航路筋の左側に進出し反航船の航行を妨げるようなことは，許されない。

④ 追い越される船舶に追越し同意の動作をとってもらって追い越す場合は，第9条第4項の規定（§ 2-18）を遵守して，これを追い越す。

⑺ 動力船は，帆船を追い越す場合は，そのときの状況（風圧差，第3船の有無など。）を考えて風上側を追い越すか風下側を追い越すかを決める。

⑻ 避航動作として転針したときは，操船信号を行う。また，必要な場合には，警告信号や注意喚起信号を行う。

⑼ 特例（港則法・海上交通安全法）が定める追越しに関する特別な規定がある場合は，その規定が優先して適用される。

第14条 行会い船

> **第14条** 2隻の動力船が真向かい又はほとんど真向かいに行き会う場合において衝突するおそれがあるときは，各動力船は，互いに他の動力船の左げん側を通過することができるようにそれぞれ針路を右に転じ

なければならない。ただし，第9条第3項，第10条第7項又は第18条第1項若しくは第3項の規定の適用がある場合は，この限りでない。

§ 2-39　行会い船の互いに右転による衝突回避（第14条第1項）

互いに視野の内にある2隻の動力船が次に掲げる状況であるときは，各動力船は，互いに他の動力船の左舷側を通過することができるように，それぞれ針路を右に転じなければならない。

(1)　真向かいに行き会う場合において衝突するおそれがあるとき。

(2)　ほとんど真向かいに行き会う場合において衝突するおそれがあるとき。

（図2･42）

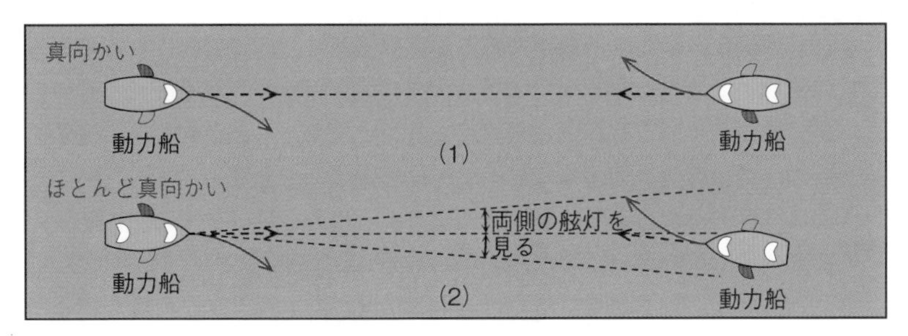

図 2･42　行会い船は互いに右転して衝突回避

- この航法は，右側航行（左舷対左舷・右転）という航法の原則に基づいて定めたものである。
- 行会いは，相対速力が極めて大きく，万一衝突した場合の損害も大きいのを常とすることに十分に注意しなければならない。
- 両船がとる右転の動作は，十分に余裕のある時期に，大角度で，安全な距離を保って通過することができるものでなければならない。

  要するに，動作は，「早目に，離して，はっきりと」（俗に3H航法と呼ぶ。）とらなければならない。

  右転しているときは，短音1回（発光信号は任意）の操船信号（第34条）を行う。
- ただし書規定に定められているとおり，次の航法の規定の適用がある場合は，その規定が，行会い船の航法に優先して適用される。

  ①　狭い水道等における漁ろう船と他の船舶との航法（第9条第3項）

② 通航路（分離通航方式）における漁ろう船と他の船舶との航法（第10条第7項）

③ 動力船が，㋑運転不自由船，㋺操縦性能制限船，㋩漁ろう船（動力船）を避航する航法（第18条第1項）

④ 漁ろう船が，㋑運転不自由船，㋺操縦性能制限船を避航する航法（第18条第3項）

例えば，③において，広い水域で，動力船（A）と動力船である漁ろう船（B）とが真向かいに反航する状態においては，本条でなく，第18条第1項により，A船がB船を避航しなければならない。この場合，B船は保持船（第17条）となる。

《第14条》

2 動力船は，他の動力船を船首方向又はほとんど船首方向に見る場合において，夜間にあっては当該他の動力船の第23条第1項第1号の規定によるマスト灯2個を垂直線上若しくはほとんど垂直線上に見るとき，又は両側の同項第2号の規定によるげん灯を見るとき，昼間にあっては当該他の動力船をこれに相当する状態に見るときは，自船が前項に規定する状況にあると判断しなければならない。

3 動力船は，自船が第1項に規定する状況にあるかどうかを確かめることができない場合は，その状況にあると判断しなければならない。

§ 2-40 行会いの状況の判断（第2項・第3項）

(1) 行会いの状況（第2項）

動力船は，次の状態の場合には，自船が行会いの状況にあると判断しなければならない。（図2·43）

（夜間）

⑴ 他の動力船を船首方向に見る場合において，

① マスト灯2個を垂直線上か，ほとんど垂直線上に見るとき，又は

② 両側の舷灯を見るとき。

⑵ 他の動力船をほとんど船首方向に見る場合において，

① マスト灯2個を垂直線上か，ほとんど垂直線上に見るとき，又は

② 両側の舷灯を見るとき。

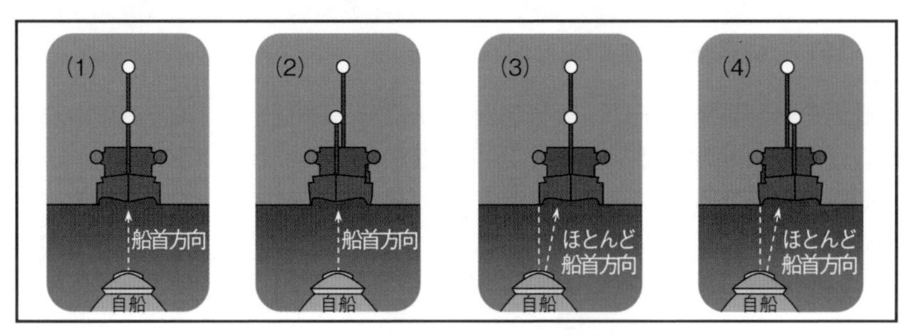

図 2·43　行会いの状況と判断する場合

（昼間）

夜間（上記）に相当する状態に見るとき。（例えば，ほとんど船首方向において他の動力船のマストを一直線上又はほとんど一直線上に見る。）

◆　この規定により，例えば，夜間に次のような状態である場合は，行会いの状況ではない。（図 2·44）

①　自船の紅色の舷灯が他の動力船の紅色の舷灯に対する場合

②　自船の緑色の舷灯が他の動力船の緑色の舷灯に対する場合

③　自船の船首方向又はほとんど船首方向に他の動力船の緑色の舷灯を見ないでその紅色の舷灯を見る場合

④　自船の船首方向又はほとんど船首方向に他の動力船の紅色の舷灯を見ないでその緑色の舷灯を見る場合

⑤　他の動力船の両側の舷灯を自船の船首方向又はほとんど船首方向以外の方向に見る場合

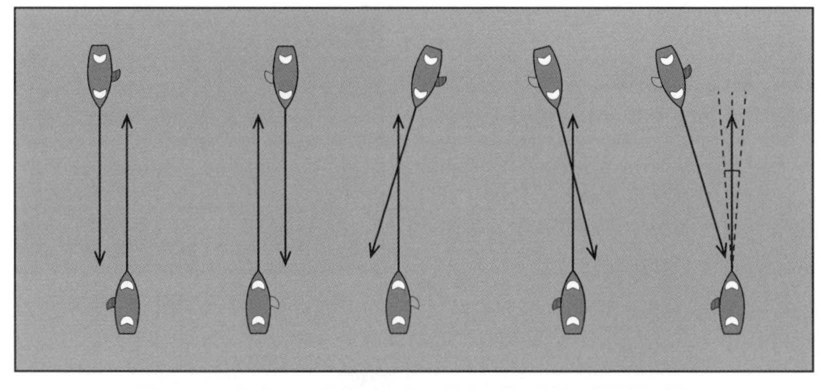

図 2·44　行会いの状況ではない場合（相手船の視認灯火）

(2) 疑わしい場合は行会い船と判断（第3項）

動力船は，自船が行会いの状況にあるかどうかを確かめることができない場合は，行会いの状況にあると判断して動作をとらなければならない。

◆ これは，「ほとんど真向かい」の限界付近において生ずるもので，追越しの限界付近の場合（§ 2–37）と同様に，疑わしい場合の判断の混乱を避けるための重要な規定である。

§ 2–41　行会い船の航法と他の航法との相違

行会い船の航法は，他の避航に関する航法（追越し船の航法，横切り船の航法など。）と比べて，次の2つの点において相違している。

(1) 両船は，平等の立場で互いに衝突回避の動作をとる。

◆ 他の航法規定では，避航船と保持船とに分かれて動作をとる。

(2) 衝突回避の動作として，「他の動力船の左舷側を通過することができるように右転しなければならない」と具体的に定めている。

§ 2–42　舷灯の船首方向における射光の交差

舷灯は，その射光が正船首方向から各舷正横後22度30分までの間を照らすように舷側に装置されるもの（第21条第2項）であるから，正船首方向においては，理論上，左右の舷灯の間隔分だけいずれの舷灯も視認できない領域が存在することになる。(図3・2参照)

しかし，実際には舷灯の光は，正船首方向から外側へ1度から3度までの範囲内においてしゃ断されなければならないため（施行規則第5条第4項），射光は反対舷にも及び，上記のような視認できない領域が生じないようになっている（図2・45)。また，舷灯のガラスを通して発散する光もあり，その光は弱いながら近距離では更に反対の舷に及ぶ。

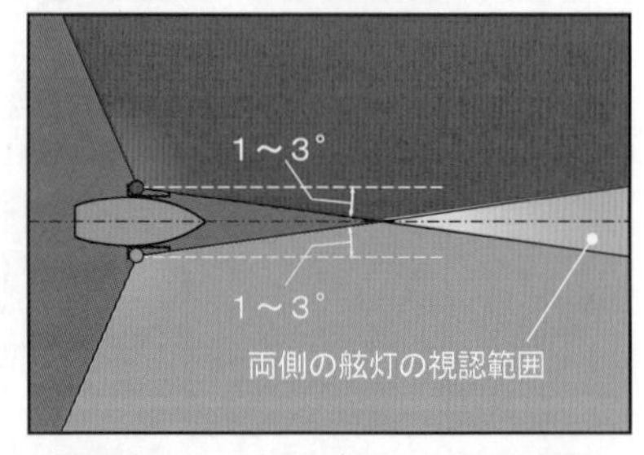

図 2・45　両側の舷灯の視認範囲

§ 2-43　危険な見合い関係

「ほとんど真向かい」の限界付近においては，「行会い」か，「横切り」か，あるいはそのまま進んでかわりゆく「行過ぎ」なのか，その判断に迷う場合がある。このように行会いかどうか疑わしい場合は，第3項により，行会いの状況にあると判断して早期に大角度に右転しなければならない。

もし一方の船舶が見合いに対する判断を誤ると，適用する航法が両船で一致せず危険である。

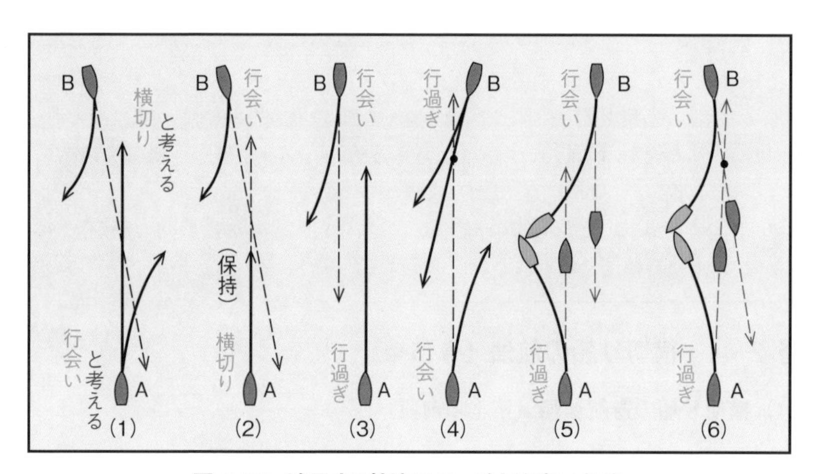

図 2･46　適用する航法の不一致と衝突の危険

図2･46は，そのような場合を示しており，次の2つのケースに分かれる。

(a) 幸いにも両船の接近が免れるケース

図の(1)，(2)，(3)及び(4)の場合がこれに該当する。

(b) 判断の不一致が危険に直結するケース

図の(5)及び(6)の場合がこれに該当する。最も注意すべき危険な状況で，次の悪条件が重なるときに起こりやすい。

1) 互いの針路が平行か，又は平行に近い状態で交差しており，両船が航過するときの距離が近い状況にある。

2) 両船は，右舷対右舷でかわりそうな状況にある。

すなわち，航法の大原則である右側航行（左舷対左舷，右転）に反するような見合い関係の場合に危険な状況が生じやすい。

◘ このように判断の迷いやすい場合に，①操舵の未熟や外力による保針の不安定，②舷灯の装置の不良（消灯や設置不良），③衝突回避動作の緩慢などが加わると，ますます判断を困難にするから，保針等に注意しなければならない。

第15条 横切り船

第15条 2隻の動力船が互いに進路を横切る場合において衝突するおそれがあるときは，他の動力船を右げん側に見る動力船は，当該他の動力船の進路を避けなければならない。この場合において，他の動力船の進路を避けなければならない動力船は，やむを得ない場合を除き，当該他の動力船の船首方向を横切ってはならない。

2 前条第1項ただし書の規定は，前項に規定する2隻の動力船が互いに進路を横切る場合について準用する。

§ 2-44 横切り船の航法（第15条）

(1) 横切り船の避航義務（第1項前段）

互いに視野の内にある2隻の動力船が互いに進路を横切る場合において衝突するおそれがあるときは，他の動力船を右舷側に見る動力船は，他の動力船を避航しなければならない。（図2･47）

◘ この航法は，右側航行という航法の原則に基づいて定められたものである。

◘ 「互いに進路を横切る」とは，2隻の動力船の進路が船首方向において交差していることを意味する。

◘ 他の動力船は，保持船（第17条）となる。

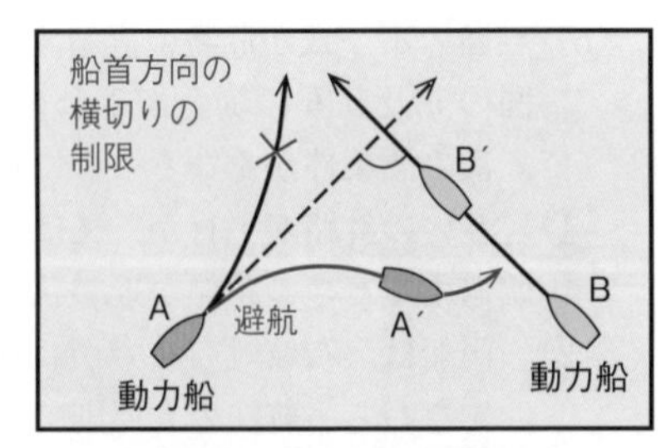

図2･47 横切り船の航法

(2) 船首方向の横切りの制限（第1項後段）

避航する動力船は，やむを得ない場合を除き，他の動力船の船首方向を横切ってはならない。（図2·47）

◘ 通常，船首方向を横切らないで避航することは，古来，船員が行ってきた慣行である。いたずらに船首方向を横切ることは，針路・速力を保持しなければならない保持船に不安を抱かせ，また，船尾をかわる場合に比べて，当然のことながら衝突の危険性を大きくするものである。

◘ 「やむを得ない場合」とは，他の動力船の船首方向を横切ること以外に避航する方法がないような場合を指す。

(3) 横切り船の航法を適用しない場合（第2項）

前条（行会い船）第1項ただし書の規定は，前項（第1項）に規定する2隻の動力船が互いに進路を横切る場合について準用する。

つまり，次に掲げる航法規定の適用がある場合は，その規定が横切り船の航法に優先して適用される。

① 狭い水道等における漁ろう船と他の船舶との航法（第9条第3項）

② 通航路（分離通航方式）における漁ろう船と他の船舶との航法（第10条第7項）

③ 動力船が，㋑運転不自由船，㋺操縦性能制限船，㋩漁ろう船（動力船）を避航する航法（第18条第1項）

④ 漁ろう船が，㋑運転不自由船，㋺操縦性能制限船を避航する航法（第18条第3項）

例えば，③において，動力船（A）と動力船である漁ろう船（B）とが互いに進路を横切って衝突するおそれがある場合に，A船は，B船を右舷側に見ようが左舷側に見ようが，本条でなく，第18条第1項により，B船を避航しなければならない。B船は，保持船（第17条）となる。

§ 2-45　横切り船の避航方法

横切り船は，避航動作をとる場合には，第16条（避航船）及び第8条（衝突を避けるための動作）の規定を遵守したものでなければならないが，その避航方法としては，具体的には次のようなものがある。

(1) 右転して他の動力船の船尾をかわる方法

図2·48の(1)の場合のように，両船の針路の交差角（θ）が大きい場合に適する。右転しているときは，操船信号を行う。

(2) 機関の使用又は転針を併用する方法

同図の(2)の場合のように，交差角（θ）が大約直角程度である場合に適するもので，速力を減じるか，機関と転針を併用する。あるいは大角度に左転することもある。転針し，又は機関を後進にかけているときは，操船信号を行う。

(3) 激左転する方法

同図の(3)の場合のように，交差角（θ）が小さく右転の余地が十分でない場合に適するもので，激左転して1回転しているうちに他の動力船を通過させるか，又は機関を使用して避航する。転針しているときは，操船信号を行う。

◆ 特殊な状況の場合で，水深が投錨に適するときは，錨を使用することも考慮しなければならない。

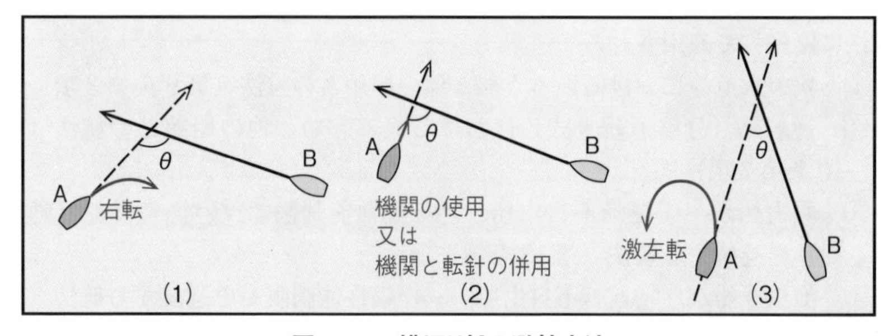

図2·48 横切り船の避航方法

§ 2-46　見合い関係の区分

動力船対動力船の視野の内における一般的な見合い関係は，次のとおり区分される。（図2･49）

(1)　追越し（第13条）
(2)　行会い（第14条）
(3)　横切り（第15条）

◆　このほかに，「行過ぎ」といわれるものがあるが，これは，両船がそのまま進んで無難（ぶなん）にかわりゆく，航法規定を適用する必要のない場合のことである。

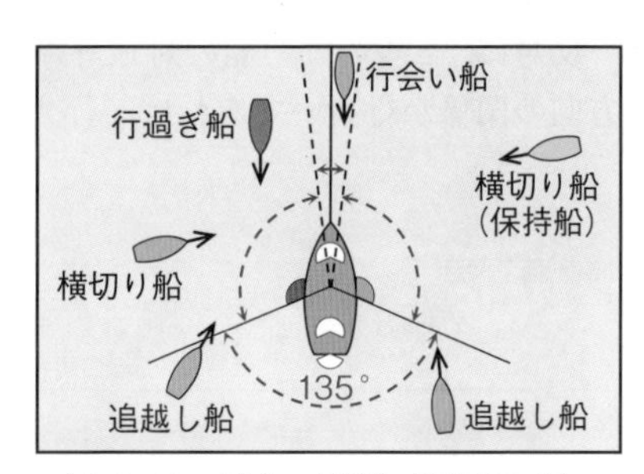

図 2･49　見合い関係（視野の内）の区分

§ 2-47　衝突するおそれがある特殊な場合

(1)　後進中の動力船との衝突のおそれ

図2･50のような場合で衝突するおそれがあるときに適用される航法は，2隻の動力船の進路がともに船首方向で交差している場合でないから，第15条でなく，注意義務（第38条・第39条）によって互いに衝突を避けるための動作をとる。

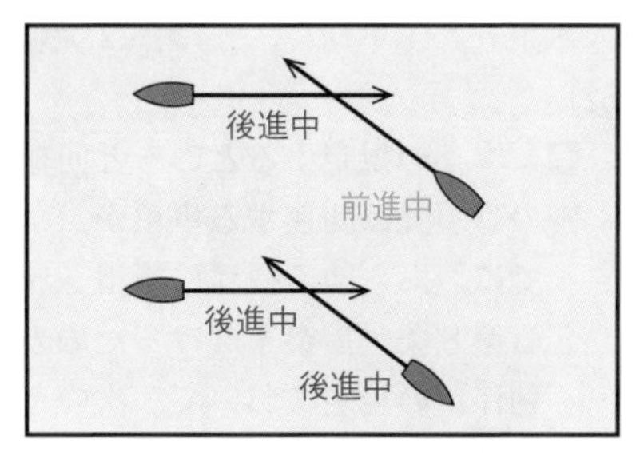

図 2･50　後進中の動力船との衝突のおそれ

(2)　対地針路と見合い関係

2隻の動力船が風潮流などの影響を受けたため，図2･51のように対地針路が一直線上（又はほとんど一直線上）を反航して接近してくるような場合で衝突するおそれがあるときがある。

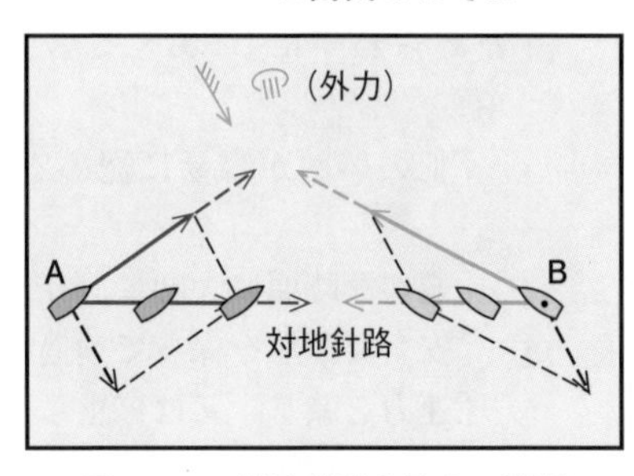

図 2･51　対地針路と見合い関係

対地針路では両船は行会いのように見えるが，適用される航法は見合い関係が成立した当初の船首方向の関係によって決まるから，この場合は，横切り関係である。

反対に，2隻の動力船の対地針路が横切りのように見えても，当初の船首方向の関係が行会いであれば，行会い船の航法が適用される。

第16条　避航船

> 第16条　この法律の規定により他の船舶の進路を避けなければならない船舶（次条において「避航船」という。）は，当該他の船舶から十分に遠ざかるため，できる限り早期に，かつ，大幅に動作をとらなければならない。

§ 2-48　避航船の動作（第16条）

避航船は，互いに視野の内にある他の船舶から十分に遠ざかるため，できる限り，①早期に，かつ，②大幅に動作をとらなければならない。（図2・52）

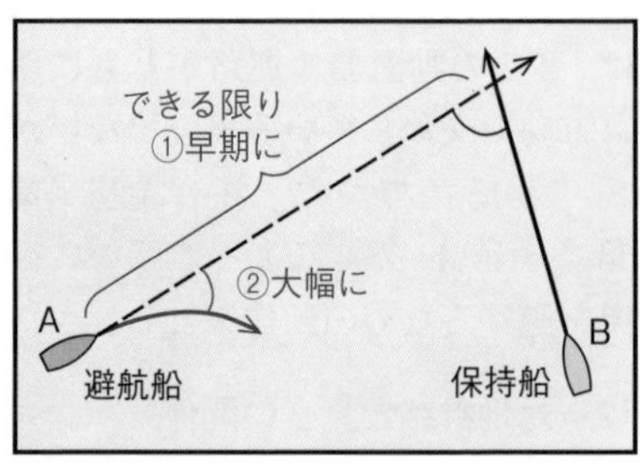

図2・52　避航船の動作

◆ 本条の規定するところと同様の事項又は関連する事項が，すでに，あらゆる視界に適用される第8条（衝突を避けるための動作）の規定において，次のとおり定められている。

① 「十分に余裕のある時期に，ためらわずに」（第8条第1項）
② 「他の船舶が容易に認めることができるように大幅に」（同条第2項）
③ 「適切な時期に大幅に」（広い水域での針路の変更）（同条第3項）
④ 「安全な距離を保って通過することができるよう」（同条第4項）
⑤ 「速力を減じ，又は停止し」（同条第5項）

しかし，避航船の動作は，保持船の動作（第17条）とともに衝突を避けるための重要な動作で，しかも，いわば能動的な動作である。したがって，この動作を「早期に，かつ，大幅に」とることは，衝突予防上緊要なことであるので，本条は，特にこれを強調したものである。

◘　避航船は，「この法律の規定により他の船舶の進路を避けなければならない船舶」であるが，それは次のものを指す。

①　右舷開きの帆船に対する左舷開きの帆船（第12条第1項）
②　風を受ける舷が同一の場合の風下の帆船に対する風上の帆船（〃）
③　風を受ける舷が不明の風上の帆船に対する左舷開きの帆船（〃）
④　追越し船（第13条）
⑤　横切り船（第15条）
⑥　運転不自由船，操縦性能制限船，漁ろう船又は帆船に対する動力船（第18条第1項）（第9条第2項本文・第3項本文，第10条第6項本文・第7項本文）
⑦　運転不自由船，操縦性能制限船又は漁ろう船に対する帆船（第18条第2項）（第9条第3項本文，第10条第7項本文）
⑧　運転不自由船又は操縦性能制限船に対する漁ろう船（第18条第3項）
⑨　注意義務により他の船舶を避航する船舶（第38条・第39条）
⑩　特例（港則法・海上交通安全法）により他の船舶を避航する船舶（第40条・第41条）

第17条　保持船

> **第17条**　この法律の規定により2隻の船舶のうち1隻の船舶が他の船舶の進路を避けなければならない場合は，当該他の船舶は，その針路及び速力を保たなければならない。

§ 2-49　針路及び速力の保持（第17条第1項）

互いに視野の内にある2隻の船舶のうち1隻が避航船である場合は，他の船舶（保持船）は，針路及び速力を保たなければならない。（図2･53）

◘　保持義務を課したのは，相手の避航船が不安なく有効な避航動作をとることができるようにするためである。

避航義務と保持義務とは，共に衝突を避けるためのものであって，動作の内容は異なるものの，両者の義務は対等であり，軽重はない。

◆ 保持船となるのは，「この法律の規定により避航船となる場合」（§ 2-48）における「他の船舶」が，これに該当する。

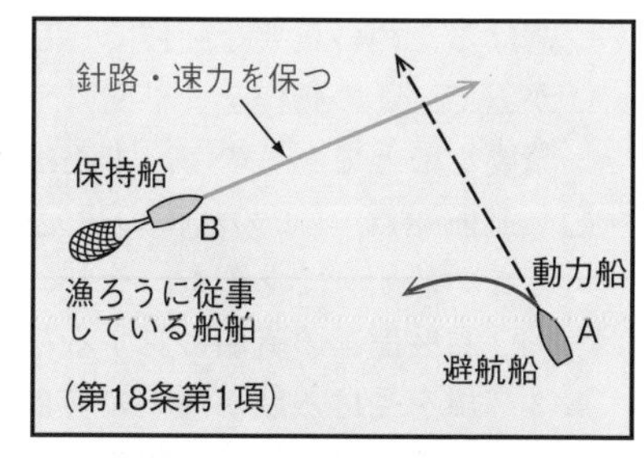

図 2・53　針路及び速力の保持

§ 2-50「針路及び速力を保つ」

「針路及び速力を保つ」とは，保持船がその時の状況に応じた運航をするためにとっている針路及び速力を保つことである。保持船は，未熟な操舵により船首を左右に振ったり，機関の回転数をいたずらに増減するなど，避航船から見て理解できないような動作をとってはならない。

上記の解釈から，次のような場合は針路又は速力を保ったことになる。

(1)　狭い水道又は航路筋のわん曲部に沿って右側端に寄って航行するため，変針する。

(2)　港や狭い水道の入口に接近したため，速力を減ずる。

(3)　前路に発見した障害物を避けるため，変針したり変速したりする。

(4)　風浪が激しいため，針路や速力が若干変化する。

《第 17 条》

2　前項の規定により針路及び速力を保たなければならない船舶（以下この条において「保持船」という。）は，避航船がこの法律の規定に基づく適切な動作をとっていないことが明らかになった場合は，同項の規定にかかわらず，直ちに避航船との衝突を避けるための動作をとることができる。この場合において，これらの船舶について第 15 条第 1 項の規定の適用があるときは，保持船は，やむを得ない場合を除き，針路を左に転じてはならない。

§ 2-51　保持船のみによる衝突回避動作（第2項）

(1) 保持船のとることができる衝突回避動作（第2項前段）

保持船は，避航船が本法の規定に基づく適切な動作をとっていないことが明らかになった場合は，保持義務（第1項）の規定にかかわらず，直ちに避航船との衝突を避けるための動作をとることができる。（図2･54）

◆ 保持船の保持義務の履行に対して，避航船が，第16条（避航船）及び第8条（衝突を避けるための動作）の規定を遵守して避航動作をとれば，安全的確に衝突を避けることができる。

しかし，もし避航船が避航の動作をとらないか，とっても緩慢であるなど適切な動作でない場合，保持船は不安にかられる。

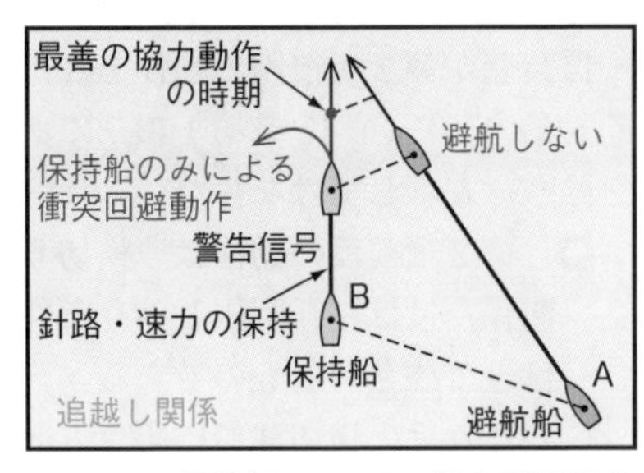

図2･54　保持船のみによる衝突回避動作

したがって，第2項前段の規定は，このような場合には，最善の協力動作（第3項）をとる前に，保持義務から離れ，直ちに保持船のみによって衝突を避けるための動作をとることを許したものである。

◆ 保持船は，この動作をとるまでに，避航船の動静をよく見張り，避航動作について疑いを示すため警告信号（第34条）を行わなければならない。

◆ 「衝突を避けるための動作」は，とることができるもので強制ではない。

その時期は，避航船が本法の規定に基づいて適切な動作をとっていないこと（例えば，早期にかつ大幅に動作をとらないとか，安全な距離を保って通過できるように動作をとらないなど。）が保持船にとって明らかになった場合に，直ちにとることができるものである。

この動作は任意であるが，例えば，保持船が大型船であるような場合には，その最短停止距離が長く旋回圏も大きいので，第3項が適用される時期で最善の協力動作をとっても衝突を回避するには不十分であると考えられるときは，この規定により衝突を避けるための動作をとるべきである。

◆ 保持船が第2項の動作をとったからといって，避航船は，その義務を免除されるものでないこと（国際規則）に十分に注意しなければならない。

避航船は，保持船がこのような動作をとることにならないように，できる限り，早期に，かつ大幅に避航動作をとることが肝要である。

(2) 横切り関係における左転の制限（第2項後段）

保持船が第2項前段の動作をとる場合において，両船が横切り関係（動力船対動力船）（第15条第1項）であるときは，保持船は，やむを得ない場合を除き，左転してはならない。(図2･55)

◆ 第2項前段の動作は，横切り関係だけは左転制限という条件付きで許されるものである。

これは，横切り船は船首方向の横切りの制限（第15条）の規定もあり（図2･47），右転して避航することが多く，保持船の左転は避航船に接近する危険をはらむからである。

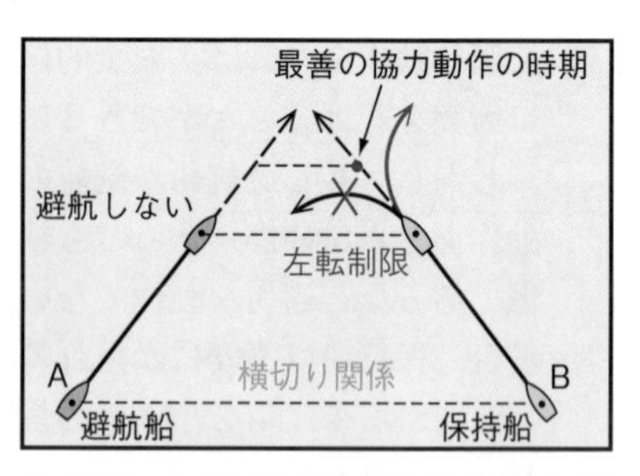

図 2･55　左転の制限（横切り関係のみ）

《第17条》
3　保持船は，避航船と間近に接近したため，当該避航船の動作のみでは避航船との衝突を避けることができないと認める場合は，第1項の規定にかかわらず，衝突を避けるための最善の協力動作をとらなければならない。

§ 2–52　最善の協力動作（第3項）

保持船は，避航船と間近に接近したため，避航船の動作のみでは避航船との衝突を避けることができないと認める場合は，保持義務（第1項）の規定にかかわらず，衝突を避けるための最善の協力動作をとらなければならない。(図2･56)

◆ 最善の協力動作は強制である。

この動作をとるのは，避航船が避航動作を怠ることによる場合がほとんどで，保持船にとっては迷惑なことであるが，法はあくまでも衝突を予防するために保持船に課した義務である。

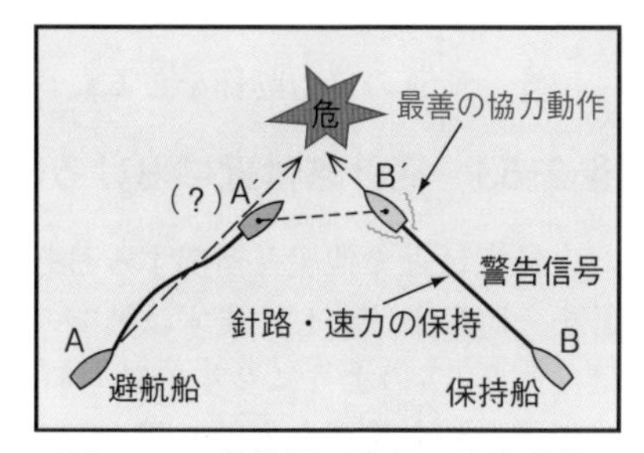

図 2·56　保持船の最善の協力動作

◆　保持船は，万一この動作に移らなければならない場合は，その状態に至るまでに避航船に対して，早く避航動作をとるように警告信号（第34条）を行っていなければならない。

◆　最善の協力動作をとる場合の時期及び方法は，次のとおりである。

① 時期は，「避航船の動作のみでは避航船との衝突を避けることができないと認める場合」で，運航者が判断するが客観的に認められる時期でなければならない。

② 方法は，船舶の運用上の適切な慣行に従ったもので，切迫した危険を避ける十分な確実性を持ったものでなければならない。一般には，停止する（行き足を止める。）ことであって，転針よりは機関を全速力後進にかけるのがよいとされている。しかし，状況によっては転針を併用して危険回避の効果を上げ，場合によっては投錨を併用するのがよい。

◆　この動作をとる時期は，避航船の動作のみでは衝突を避けることができないと認める時期であるから，もし，避航船が比較的小型で，一方保持船が大型であればあるほど，この規定の時期では，大型船（保持船）が動作をとっても，その操縦性能上，もうどうにもならなくなる矛盾を持っている。したがって，このような場合には，特に第17条第2項の保持船のみによる衝突回避動作をとることを考慮しなければならない。

第2項又は第3項の動作をとる場合には，自船の最短停止距離や旋回性能など操縦性能について，十分に把握しておかなければならない。

◆　本条が定める保持船の動作には，次の3つがある。

① 針路及び速力を保持する義務（第1項）

② 避航船が本法の規定に基づく適切な動作をとっていないことが明らかになった場合は，保持船のみによって衝突を避けるための動作（ただし，横切り関係においては左転制限）をとることができる。（任意）

（第２項）

③ 最善の協力動作をとる義務（第３項）

§ 2–53 変針点付近における衝突のおそれ

変針点付近で他船と衝突するおそれがある場合は，予定変針点における変針を一時棚上げとし，まずは衝突のおそれを解消しなければならない。例えば，図2･57のように２隻の動力船が航路筋でない海域を航行中に，変針点付近で横切り関係となった場合，航法規定に従い，A船は避航動作をとり，一方B船は針路及び速力を保持する。そして，衝突のおそれが解消したのち，予定の航路を航行するため変針するようにする。

変針点付近で行会い関係を生じた場合も，同様にまず航法規定を履行して衝突のおそれを解消しなければならない。

また，逆に２船間に衝突するおそれがない場合に，予定変針点で変針することにより，新たに衝突するおそれが生ずる状態を誘発してはならず，これらは変針点付近において留意すべきことである。

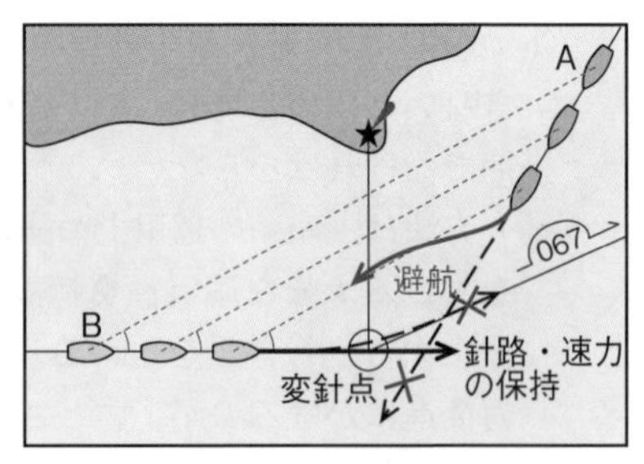

図 2･57 変針点付近において衝突のおそれがある場合

第18条 各種船舶間の航法

第18条 第９条第２項及び第３項並びに第10条第６項及び第７項に定めるもののほか，航行中の動力船は，次に掲げる船舶の進路を避けなければならない。

(1) 運転不自由船
(2) 操縦性能制限船
(3) 漁ろうに従事している船舶
(4) 帆船

§ 2-54　動力船の避航義務（第18条第1項）

航行中の動力船（漁ろうに従事している船舶を除く（第9条第2項）。）は，第9条（第2項・第3項）及び第10条（第6項・第7項）に定めるもののほか，互いに視野の内にある次に掲げる船舶を避航しなければならない。（図2･58）

(1)　運転不自由船
(2)　操縦性能制限船
(3)　漁ろうに従事している船舶
(4)　帆船

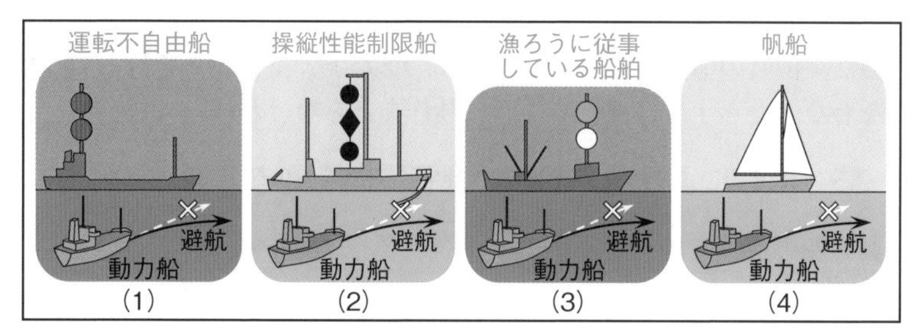

図 2･58　動力船が避航しなければならない船舶

◆　条文に明示されているとおり，次の規定が適用される場合は，それぞれの規定による。

①　狭い水道等における帆船と動力船との航法（第9条第2項）
②　狭い水道等における漁ろう船と他の船舶との航法（第9条第3項）
③　通航路（分離通航方式）における帆船と動力船との航法（第10条第6項）
④　通航路（分離通航方式）における漁ろう船と他の船舶との航法（第10条第7項）

例えば，②において，漁ろう船は，狭い水道の内側を航行している動力船の通航を妨げる場合は，第18条第1項でなく，第9条第3項（ただし書規定）により，その通航を妨げない動作をとらなければならない。

◆　本条は，種類の異なる船舶間の航法を操縦の難易に応じて系統立てて，一括して定めたものである。

◘ 追越し船の航法は，第13条に「追越し船は，この法律の他の規定にかかわらず避航せよ」と定められているとおり，本条の各規定に優先して適用される。

◘ 本条（第1項～第3項）の規定により避航義務を負う船舶は，第16条（避航船）及び第8条（衝突を避けるための動作）の規定を遵守して，早期に大幅に，安全な距離を保って通過することができるように動作をとらなければならない。

一方，避航してもらう船舶は，保持船（第17条）となる。運転不自由船や操縦性能制限船は，操縦性能が制限されているが，それなりに針路及び速力を保持することに努めなければならない。

◘ 動力船は，漁ろう船を避航する場合は，灯火又は形象物により，その漁法，漁具の方向・長さなどを知り，また，よく見張りを行って，網やなわなどから十分に離れるように動作をとらなければならない。

§ 2-55 舷灯により他の船舶の進行方向を知る方法

(1) 動力船の進行方向

舷灯の射光範囲は，正船首方向から左右いずれかの舷へ10点であるから，他船（動力船）の左舷灯を見た場合は，同船の針路は観測した方位の反方位から右回りに10点までの範囲内にあり，右舷灯を見た場合は左回りに10点までの範囲内にある。

◘ 図2·59(1)に示すように，他船（帆船以外）の左舷灯をNEの方向に見たとすると，同船の針路は，SWから右回りにNNWまでの10点の範囲にあることになる。

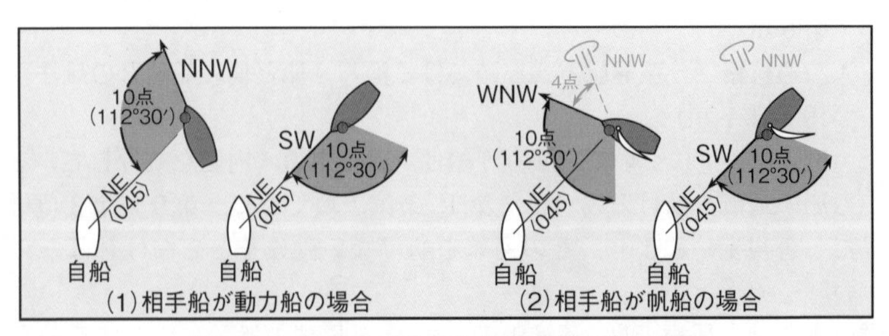

図2·59 舷灯の見え方と他の船舶の進行方向

(2) 帆船の進行方向

帆船は，風上に切り上がることができる限界の風位がある。ヨットのような縦帆船では船首から4点，横帆船では6点程度といわれており，帆船の進行方向を舷灯の観測方位から推測する場合には，その範囲を考慮するとともに，帆船は風下に落とされ易い点に注意する必要がある。

◆ 図2･59(2)に示すように，風向がNNWで他船（縦帆船）の左舷灯をNEの方向に見た場合，同船が切り上がることができる限界はWNWであるから，針路はWNWからSWまでの6点の範囲にあることになる。

【注】 90度＝8点，1点＝11度15分，10点＝112度30分

《第18条》

2　第9条第3項及び第10条第7項に定めるもののほか，航行中の帆船（漁ろうに従事している船舶を除く。）は，次に掲げる船舶の進路を避けなければならない。

(1)　運転不自由船

(2)　操縦性能制限船

(3)　漁ろうに従事している船舶

§ 2-56　帆船の避航義務（第2項）

航行中の帆船（漁ろうに従事している船舶を除く。）は，第9条（第3項）及び第10条（第7項）に定めるもののほか，互いに視野の内にある次に掲げる船舶を避航しなければならない。(図2･60)

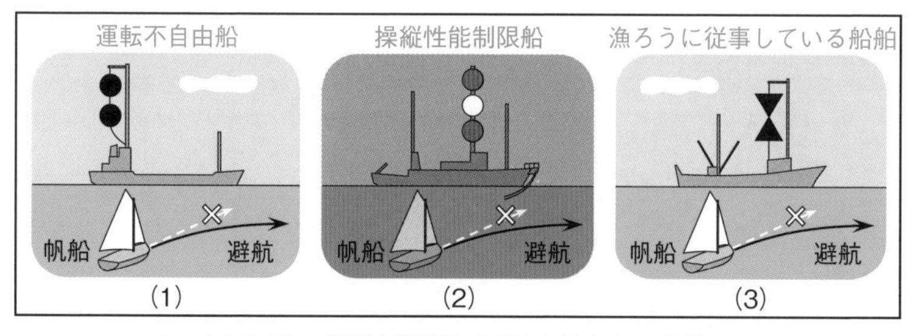

図2･60　帆船が避航しなければならない船舶

(1)　運転不自由船

(2) 操縦性能制限船
(3) 漁ろうに従事している船舶

◆ 条文に明示されているとおり，次の規定の適用がある場合は，それぞれの規定による。
① 狭い水道等における漁ろう船と他の船舶との航法（第9条第3項）
② 通航路（分離通航方式）における漁ろう船と他の船舶との航法（第10条第7項）

《第18条》
3 航行中の漁ろうに従事している船舶は，できる限り，次に掲げる船舶の進路を避けなければならない。
(1) 運転不自由船
(2) 操縦性能制限船

§ 2-57 漁ろうに従事している船舶の避航義務（第3項）

航行中の漁ろうに従事している船舶は，できる限り，互いに視野の内にある次に掲げる船舶を避航しなければならない。（図2・61）
(1) 運転不自由船
(2) 操縦性能制限船

◆「できる限り」とあるのは，漁法によっては著しく操縦性能を制限されることがあることを考慮したものである。

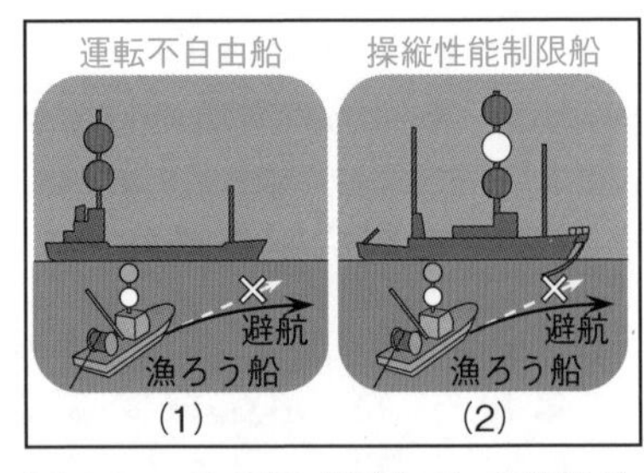

図 2・61 漁ろうに従事している船舶が避航しなければならない船舶

《第18条》
4 船舶（運転不自由船及び操縦性能制限船を除く。）は，やむを得ない場合を除き，第28条の規定による灯火又は形象物を表示している喫水制限船の安全な通航を妨げてはならない。
5 喫水制限船は，十分にその特殊な状態を考慮し，かつ，十分に注意して航行しなければならない。

§ 2-58　喫水制限船に関する航法（第4項・第5項）

(1) 船舶が喫水制限船の安全な通航を妨げない義務（第4項）

船舶（運転不自由船及び操縦性能制限船を除く。）は，動力船，帆船，漁ろう船などを問わずすべて，やむを得ない場合を除き，互いに視野の内にある喫水制限船（第28条の灯火又は形象物を表示）の安全な通航を妨げてはならない。（図2･62）

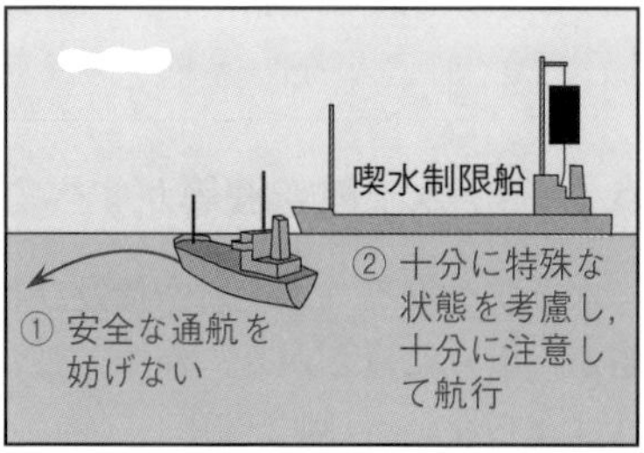

◘　この規定は，進路から離れることが著しく制限されている喫水制限船が他の航法規定によることは，むしろ危険であることを考慮して定められたものである。

◘　第28条に規定する灯火及び形象物は，次のとおりである。

①　紅色の全周灯3個　連掲
　　最も見えやすい場所

②　黒色の円筒形の形象物　1個　最も見えやすい場所

図 2･62　喫水制限船に関する航法

◘　運転不自由船及び操縦性能制限船以外の船舶は，その時の状況により必要な場合には，早期に，喫水制限船が安全に通航できる十分な水域をあけるための動作をとらなければならない。

　運転不自由船及び操縦性能制限船以外の船舶は，喫水制限船と衝突のおそれが生ずるほど接近した場合であっても，引き続き十分な水域をあけるための動作をとらなければならない。（p.219参照）

◘　「やむを得ない場合」は，狭義に解釈すべきもので，安全な通航を妨げない動作をとることが安易に緩和されるものではない。

◘　喫水制限船と運転不自由船・操縦性能制限船との航法は，互いに操縦の難易に応じて衝突回避の動作をとらなければならない。

(2) 喫水制限船の注意航行等（第5項）

喫水制限船は，十分にその特殊な状態を考慮し，かつ，十分に注意して航行しなければならない。（図2･62）

◆ この規定は，他の船舶に安全な通航を妨げない動作をとってもらう喫水制限船は，当然のことながら，自船の特殊な状態を考慮し，十分に注意して航行しなければならないことを命じたものである。

「十分に注意する」とは，機関用意・投錨用意とし，操縦性能（停止惰力等）や可航水深幅・浅水影響などを考慮して安全な速力に減じ，適切な見張りを行い，規定の信号を励行することなどに注意することである。

《第18条》
6 水上航空機等は，できる限り，すべての船舶から十分に遠ざかり，かつ，これらの船舶の通航を妨げないようにしなければならない。

§ 2-59 水上航空機等がすべての船舶の通航を妨げない義務（第6項）

水上航空機等（水上航空機及び特殊高速船）は，できる限り，すべての船舶から十分に遠ざかり，かつ，これらの船舶の通航を妨げないようにしなければならない。（図2･63）

◆ 本条は，水上航空機及び特殊高速船（表面効果翼船）に関する航法の根本原則を示したものである。

水上航空機及び表面効果翼船は，いかなる場合においても，この根本原則を念頭に置いて安全な運航を心掛けなければならない。

図 2･63 水上航空機等が船舶の通航を妨げない義務

(1) 水上航空機の航法

(1) すべての船舶の通航を妨げない義務

水上航空機は，船舶と比べて構造及び性能が著しく異なり，また離水又は着水するときに多くは滑走するものであるから，船舶のように軽快な動作をとりにくい。

したがって，本項は，水上航空機に対し，すべての船舶から十分に遠ざかり，その通航を妨げてはならない義務を課したものである。

⑵　水上を航行中は動力船として動作をとる義務

　これについて，本項は規定していないが，水上航空機は，水上を航行している状態のときは，定義（第3条第2項）の規定により動力船であるから，動力船として第2章航法の規定に従って動作をとらなければならない。

(2) 表面効果翼船の航法

⑴　すべての船舶の通航を妨げない義務

　水上航空機が離水後は上空を飛行するのに対して，表面効果翼船は，離水又は着水するときに滑走するほか，水面に接近して飛行するもので，一般的な船舶よりもかなり高速であるため同船が注意を怠ると衝突（激突）の危険が増大する。

　したがって，本項は，表面効果翼船に対し，同船が①離水若しくは着水のため滑走し，又は②水面に接近して飛行している状態[注]のときは，他のすべての船舶から十分に遠ざかり，その通航を妨げてはならない義務を課したものである。

【注】　表面効果翼船が通航不阻害の義務を負うのは，上記の①又は②の状態のときであるが，これについては，§1–8で述べたとおりであり，また，国際規則第18条（f）項が明文で示しているところである。

⑵　水上を航行中は動力船として動作をとる義務

　これについて，本項は規定していないが，表面効果翼船は，水上を航行している状態のときは，定義（第3条第2項）の規定により動力船であるから，動力船として第2章航法の規定に従って動作をとらなければならない。

◘　水上航空機及び表面効果翼船は，それぞれの特異な性能にかんがみ，他のすべての船舶と衝突のおそれが生じないように通航不阻害の義務を遵守することが先決である。

【注】「航法に関する原則」については，p.222を参照されたい。

第3節　視界制限状態における船舶の航法

第19条　この条の規定は，視界制限状態にある水域又はその付近を航行している船舶（互いに他の船舶の視野の内にあるものを除く。）について適用する。
2　動力船は，視界制限状態においては，機関を直ちに操作することができるようにしておかなければならない。
3　船舶は，第1節の規定による措置を講ずる場合は，その時の状況及び視界制限状態を十分に考慮しなければならない。

§ 2-60　視界制限状態に適用される航法（第19条第1項）

第3節（第19条のみ）の規定，すなわち下記の航法規定は，視界制限状態にある水域又はその付近を航行している船舶であって互いに他の船舶の視野の内にないものに適用される。

(1)　機関用意（第2項）
(2)　第1節（あらゆる視界の状態における船舶の航法）の規定による措置を講ずる場合の注意（第3項）
(3)　レーダーのみにより他の船舶を探知した船舶の動作（第4項）
(4)　レーダーのみにより他の船舶を探知した船舶が針路の変更を行う場合の制限（第5項）
(5)　霧中信号を聞いた場合等の舵効のある最低速力・停止・注意航行（第6項）

◆　「その付近」とは，自船は比較的視界が利く水域にあるが，付近に視界制限状態の水域が存在する場合である。例えば，スコールやフォグバンク（霧堤）の存在する水域の付近である。

◆　視界制限状態であっても，接近して互いに他の船舶の視野の内となり，見合い関係が生じたときは，本条でなく，第2節の規定が適用される。

◆　互いに他の船舶の視野の内にない場合，例えば，レーダーのみにより他船を探知している場合は，追越し船の航法，行会い船の航法，横切り船の航法，避航船や保持船の動作など第2節の規定の適用はない。

なお，操船信号や警告信号は，第34条の規定により，視野の内にない場合は行ってはならないことになっている。

§ 2-61　視界制限状態における機関用意（第2項）

動力船は，視界制限状態においては，機関を直ちに操作することができるようにしておかなければならない。（図2･64）

◇　視界制限状態では，近い距離でないと他船の姿を見ることができず，またレーダーを使用していても探知困難な物件が近くに接近していることもある。よって，この規定は，当然のことながら，動力船に対し，機関を直ちに操作することができるようにしておくことを命じたものである。

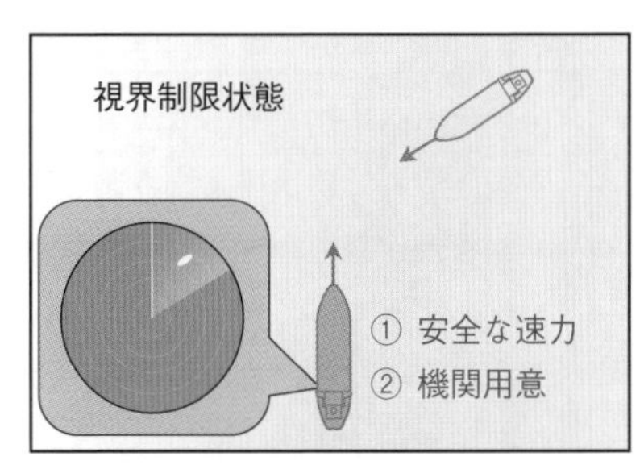

図 2･64　視界制限状態における機関用意等

◇　すべての船舶は，第6条に規定するとおり，視界の状態，船舶交通のふくそうの状況，自船の操縦性能などを考慮して，安全な速力で航行しなければならない。過去の霧中の衝突事件をみると，「安全な速力」違反によるものが多いので，このことに注意を要する。

レーダーは，極めて有効な航行援助装置で霧中の衝突及び乗揚げの防止に大いに寄与しているが，注意すべきは，これを過信せず適切に使用することである。レーダーは，目にとって代わることはできない。

【注】 国際規則では第19条（b）項で，図2･64に示すとおり，「機関用意」のほか，第6条の「安全な速力」を重ねて規定しており，視界制限時におけるその重要性を強調している。

§ 2-62　第1節の規定による措置を講ずる場合の注意（第3項）

すべての船舶は，視界制限状態において，第1節（あらゆる視界の状態における船舶の航法）の規定による措置を講ずる場合は，その時の状況及び視界制限状態を十分に考慮しなければならない。

◇　第1節の航法規定は，視界制限状態にも適用されるが，その場合には，視界良好時とは異なり，衝突予防の大敵である視界不良という悪条件が加わる。第3項の規定は，この点及びその時の状況を十分に考慮して第1節の規定を履行するように注意したものである。

例えば，狭い水道は霧中でも右側端に寄って航行しなければならないが，視界制限状態で安全に右側端航行できるかどうかを，慎重に検討し判断する必要がある。安全でない場合は，視界が回復するまで待つことを考えなければならない。

《第19条》

4 他の船舶の存在をレーダーのみにより探知した船舶は，当該他の船舶に著しく接近することとなるかどうか又は当該他の船舶と衝突するおそれがあるかどうかを判断しなければならず，また，他の船舶に著しく接近することとなり，又は他の船舶と衝突するおそれがあると判断した場合は，十分に余裕のある時期にこれらの事態を避けるための動作をとらなければならない。

§ 2-63 レーダーのみにより探知した船舶の動作（第4項）

(1)「著しく接近すること」等を判断する義務（第4項前段）

他の船舶の存在をレーダーのみにより探知した船舶は，次のことを判断しなければならない。

(1) 他の船舶に著しく接近することとなるかどうか。

(2) 他の船舶と衝突するおそれがあるかどうか。

◘ 「レーダーのみ」により探知した場合であるから，他船を視認する前又は他船の霧中信号を聞く前で，一般に遠距離においてである。

◘ 「著しく接近すること」とは，§ 2-11に述べたとおりである。

◘ レーダー装備船は，レーダーを使用して遠距離に他船を探知し，著しく接近すること，又は衝突するおそれを判断する義務がある。

判断する場合は，第7条第2項の規定に従い，レーダープロッティングその他の系統的な観察等（例えば，自動衝突予防援助装置（ARPA）による観察）を行うことにより，レーダーを適切に用いて行わなければならない。

(2)「著しく接近すること」等を避ける動作をとる義務（第4項後段）

レーダーのみにより探知した船舶は，①他の船舶に著しく接近することとなり，又は②他の船舶と衝突するおそれがあると判断した場合は，十分に余裕のある時期に，これらの事態を避けるための動作（針路，速力又はその両方の変更）をとらなければならない。

◆ レーダー装備船は，他船の存在をレーダーのみにより探知し，著しく接近することとなり又は衝突のおそれがあると判断した場合は，これらの事態を回避するための動作をとる義務がある。

◆ 動作として，変針し又は変速する場合は，第8条第2項に規定しているとおり，他船が容易に認めることができるように大幅に行わなければならない。

視界制限状態でレーダーのみで探知している他船に容易に認められるためには，変針の角度は約60度以上がよいとされている。ただし，両船が左舷対左舷の反航の状態であるなど状況が許せば30度以上でもよい。また，変速は思い切って速力に変化をつける。（§ 2-10）

◆「著しく接近すること」等を避ける動作を針路の変更により行う場合は，第5項（§ 2-64）の「制限」に従わなければならない。

◆ 洋上で回避動作をとる場合のレーダーレンジの使い方は，速力や四囲の状況にも左右されるが，一例をあげると，次のとおりである。

① 通常，レーダーレンジを12～24海里程度とし，適宜切り替え，他船の映像を見落とさないように見張りをする。

② 他船の映像を探知したら，プロッティングその他の系統的な観察等を行い，最接近距離や最接近時間，他船の進路・速力等を求める。

③ 著しく接近すること又は衝突のおそれがあると判断した場合は，回避動作をとる。その動作は，十分に余裕のある時期にとらなければならず，遅くとも大約4海里までとされている。

④ 著しく接近することを避けることができなくなった場合，又は霧中信号を聞くに至った場合は，第6項の規定による。（§ 2-65）

《第19条》

5 前項の規定による動作をとる船舶は，やむを得ない場合を除き，次に掲げる針路の変更を行ってはならない。

(1) 他の船舶が自船の正横より前方にある場合（当該他の船舶が自船に追い越される船舶である場合を除く。）において，針路を左に転じること。

(2)　自船の正横又は正横より後方にある他の船舶の方向に針路を転じること。

§ 2-64　レーダーのみにより探知した船舶が針路の変更を行う場合の制限（第5項）

第4項の「著しく接近すること又は衝突のおそれのある事態を避けるための動作」をとる船舶は，その動作を針路の変更で行う場合は，やむを得ない場合を除き，次に掲げる針路の変更を行ってはならない。

(1)　他の船舶が自船の正横より前方にある場合（自船に追い越される船舶である場合を除く。）において，左転すること。（第1号）

(2)　自船の正横又は正横より後方にある他の船舶の方向に転針すること。（第2号）　（図2·65，図2·66）

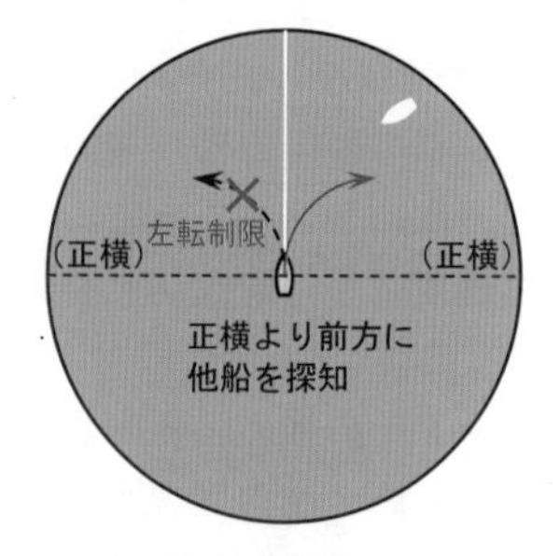

図 2·65　正横より前方の他の船舶に対する転針の制限

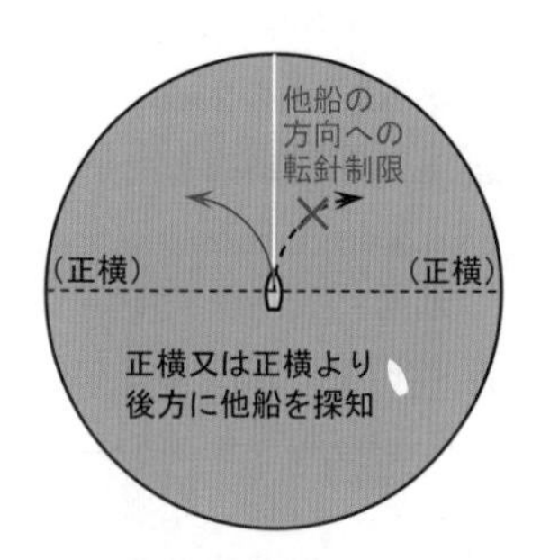

図 2·66　正横又は正横より後方の他の船舶に対する転針の制限

◘　「やむを得ない場合」とは，例えば，右転すると，右方の水域にある第3船に新たに著しく接近することとなるような場合である。このような場合には左転することもあり得るが，十分に余裕のある時期になされなければならない。機関の使用も考慮しなければならない。

◘　第1号の規定の「正横より前方にある」船舶には，正横にある船舶は含まれない。正横にある船舶に対しては，第2号の規定による。

◘　正横より前方にある船舶に対する左転の制限は，航法の大原則である右側航行（右転）を，レーダー装備船の遠距離での衝突回避動作にも大幅に取り入れたものである。

◆　図2･67に，レーダープロッティングの例を示す。「実際の船の動き」において，自船と他船の両方に自船とは逆向きの運動が働くと，自船は静止し他船は黒の矢印のように動くので，レーダー画面上の映像の動きと同じ状態となる。よって，レーダー映像から得られる他船の動きか

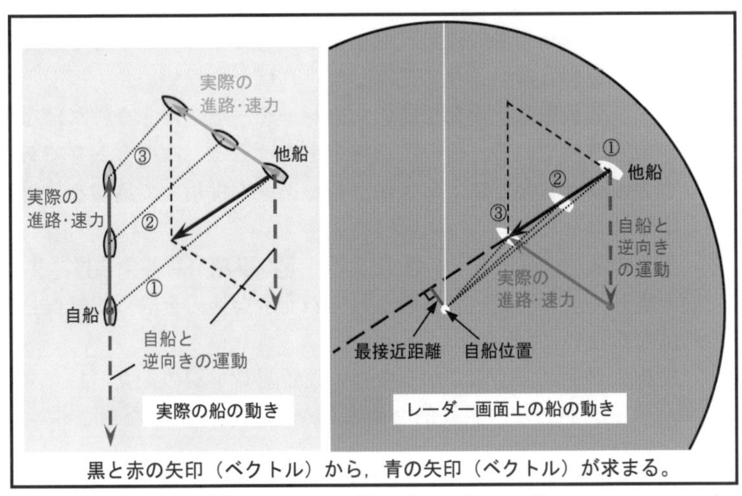

図 2･67　レーダープロッティング

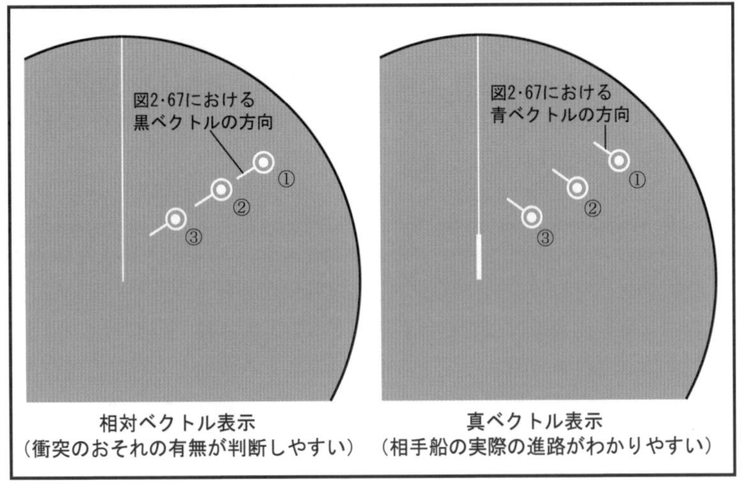

図 2･68　ARPAにおけるベクトル表示の違い

ら，この自船とは逆向きの運動を除いてやれば，他船の実際の進路及び速力が求まる。

◆ ARPAにおいて他船の進路及び速力を示すベクトル表示には，「相対ベクトル表示」と「真ベクトル表示」の2種類がある。前者は図2･67における黒の運動を，後者は同図の青の運動を示している。図2･68に示すように，同一の船の運動に対しても両者は全く意味するところが異なるので，混同しないように注意しなければならない。

◆ レーダー装備船は，衝突予防のためレーダーを活用しなければならない旨が規定されている。その主な規定をあげると，次のとおりである。

① 視覚及び聴覚などによるほか，レーダーも併用して適切な見張りをしなければならない。(第5条)

② 視界の状態，レーダーの性能など一定の事項（第6条後段，§2-5）を考慮して，レーダー装備船としての安全な速力を決めて航行しなければならない。(第6条)

③ 衝突のおそれを早期に知るための長距離レンジの走査，レーダープロッティングなどの系統的な観察等を行わなければならない。(第7条)

④ 衝突を避けるため，レーダープロッティングなどの解析結果に基づき，早期に大幅に有効な動作をとらなければならない。(第8条)

⑤ レーダーのみにより探知した場合は，著しく接近することとなるかどうか又は衝突するおそれがあるかどうかを判断しなければならず，また，そのように判断した場合は，その事態を避けるための動作をとらなければならない。ただし，その動作が転針である場合には一定の制限に従わなければならない。(第19条)

《第19条》

6 船舶は，他の船舶と衝突するおそれがないと判断した場合を除き，他の船舶が行う第35条の規定による音響による信号を自船の正横より前方に聞いた場合又は自船の正横より前方にある他の船舶と著しく接近することを避けることができない場合は，その速力を針路を保つことができる最小限度の速力に減じなければならず，また，必要に応じて停止しなければならない。この場合において，船舶は，衝突の危険がなくなるまでは，十分に注意して航行しなければならない。

§ 2–65　霧中信号を聞いた場合等の舵効のある最低速力・停止・注意航行（第6項）

すべての船舶は，視界制限状態において，他の船舶と衝突するおそれがないと判断した場合を除き，①霧中信号（第35条）を自船の正横より前方に聞いた場合，又は②自船の正横より前方にある他の船舶と著しく接近することを避けることができない場合は，次の動作をとらなければならない。

(1)　速力を針路を保つことができる最小限度の速力（以下「舵効のある最低速力」という。）に減じること。

(2)　必要に応じて停止すること。

(3)　衝突の危険がなくなるまでは，十分に注意して航行すること。

（図2･69）

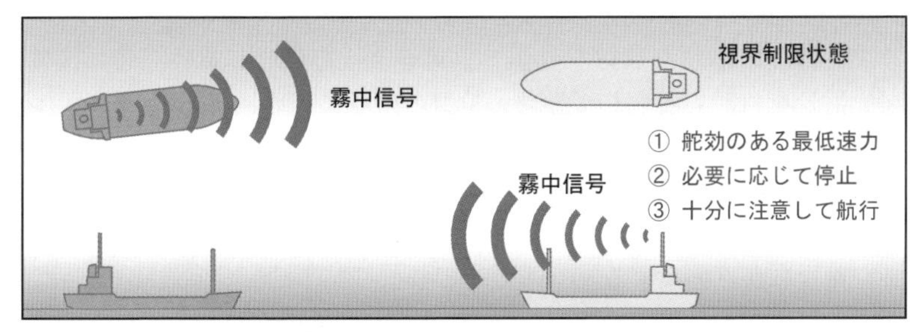

図2･69　霧中信号を聞いた場合又は著しく接近することを避けることができない場合の動作

◆「衝突するおそれがないと判断した場合を除き」とあるのは，レーダーを有効に使用している船舶に対して，より柔軟性を持たせることを考慮したものである。

◆ 音の伝播（ぱ）は，風や波浪，障害物などの影響を受けて非常に複雑となり，ときには音の聞こえない水域も生じる。また，音の大きさは，かならずしも距離の遠近に比例しない。

したがって，霧中信号を聞いて直ちに他船の方位や距離を推定することは危険であり，また音響の有無によって他船の有無を早合点してはならない。霧中信号を何回も慎重に聴取してその船舶の位置の確認に努めなければならない。

◆ 霧中信号を聞いた場合に，衝突のおそれを，つまり他船の位置や動向を確かめないで漫然と転針することは，危険であり，違法とされることが多い。

◇ レーダー装備船は，霧中信号を聞いた場合に，その信号を発している船舶とレーダーによって探知している船舶とは同一のものであるとは限らないことに注意を要する。

◇ 霧中信号を聞いた場合等には，まず舵効のある最低速力に減じなければならないが，すぐ停止することは要求されない。しかし，他船と接近したら必要に応じて機関を後進にかけて直ちに停止，すなわち行き足を完全に止め，場合によっては，投錨を併用する。

◇ 「十分に注意して」航行することは，この場合は単に視界制限状態を航行しているだけでなく，衝突する危険のある他船が近距離に存在している場合であるから，次のように厳重な注意をすることである。もちろん，舵効のある最低速力に減じるなどして航行中である。

① 状況に応じた適切な見張り（第5条）を厳格に行う。特に，霧中信号を何回も聴取して他船の位置の確認に努め（前述），また，レーダー装備船はレーダーに専従の監視員を配置し他船の動向を連続的に監視するなど見張りを強化する。

② 他船と接近するおそれがあると感知した場合は，ためらわず機関を後進にかけ停止する。

③ 昼間でも航海灯を表示（第20条）して他船が自船を視認しやすいようにし，また，霧中信号（第35条）を規定どおり的確に行う。

④ 霧中信号やレーダー情報により，他船が十分な距離のところにあり安全な方向に航行していると判断できた場合は，舵効のある最低速力で航行してよいが，霧中信号が正横後にかわるか，衝突するおそれがなくなるまでは，必要に応じて機関を止めるなどして慎重に航行する。

⑤ 他船の位置や動向を確かめず，又は不十分なレーダー情報に基づいて漫然と転針してはならない。

【注】 霧中の漫然転針

上記⑤のような霧中の漫然とした転針は，重大な危険におちいる。例えば，図2·70のように，霧中，自船（A）が他船（B）の霧中信号を左舷前方に聞いた場合，又はレーダーで突然他船の映像を同方向に探知した場合は，自船はややもすると右転し勝ちである。

その理由は，危険から逃れようとする人間の本能からくるのか，あるいは他船が自船の左舷側を通過すると勝手に決め込む臆測などからくるのであろう。これは留意すべき衝突の1つの型である。（参考文献⑿海難論 p.161）

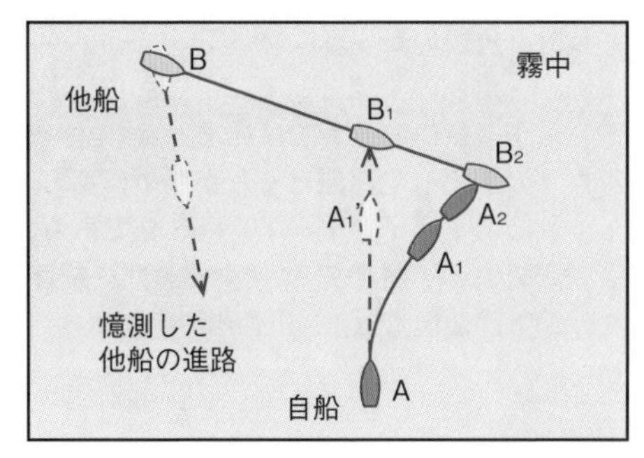

図 2·70　不十分なレーダー情報に基づく転針の危険性

この場合，自船は右転せず直進していたとすると，他船が自船の船首方向を横切るときの両船の位置は A'_1 と B_1 であり，衝突は起きない。言い換えれば自船が右転したために衝突したことになる。これは，他船の位置・動向（特に進路）を確かめないで転針した結果生じたといえる。

第6項の規定の遵守が極めて重要であり，再度述べるが，次の動作を厳守しなければならない。

①　舵効のある最低速力
②　必要に応じて停止
③　十分に注意して航行

〔備考〕 **視界が著しく悪い状態で2船が至近距離で視認し合った場合の処置**

視界制限状態であっても，接近して互いに他の船舶の視野の内となり，見合い関係を生じたときは，本条でなく，第2節の航法規定が適用される。

しかし，視界が著しく悪い状態で，2船が至近距離で初めて互いに視認し合った場合において，第2節の航法規定（避航義務，保持義務等を定めた規定）に従い航行する余裕のないようなときがある。

この場合には，2船は，あくまでも衝突の危険を回避するため，その時の状況に適した処置をとらなければならない（第38条）。このときは，2船は，第6項の規定により，舵効のある最低速力に減じ，又は停止しているはずであるから，僅かでも時間的余裕があり，同処置を臨機に適切にとることができるはずである。

もし，2船又は1船が見張りを怠り，第19条，特に第6項の規定を遵守せず，過大な速力で接近したとすると，重大な結果を招くことになる。

【注】 角度の表し方について

角度の単位としては,「度(°)」「分(′)」「秒(″)」が一般的であるが, 航海の分野では従来「点(pt:ポイント)」も用いられており, 航海灯の水平射光範囲はそれが基礎にある。1ポイントは360度の1/32で, すなわち1ポイント = 11度15分である。航海灯の水平射光範囲をポイントで表すと, 図2·71に示すとおり, 舷灯は10ポイント, マスト灯は20ポイント, 船尾灯は12ポイントである。

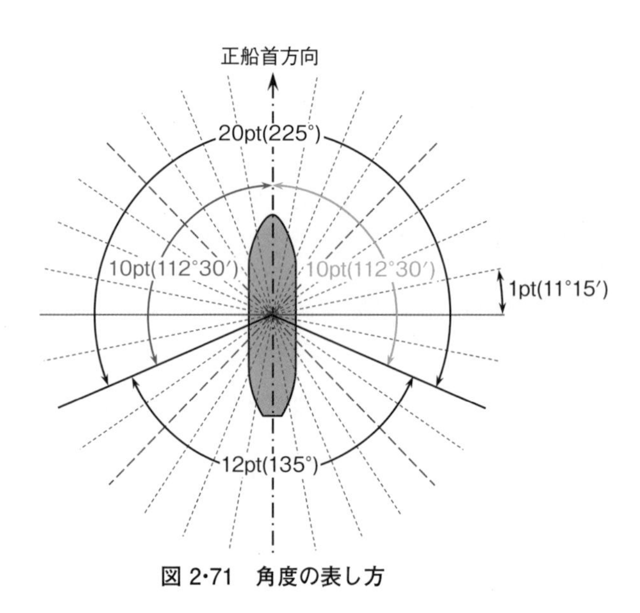

図 2·71 角度の表し方

第3章　灯火及び形象物

第20条　通　則

> 第20条　船舶（船舶に引かれている船舶以外の物件を含む。以下この条において同じ。）は，この法律に定める灯火（以下この項及び次項において「法定灯火」という。）を日没から日出までの間表示しなければならず，また，この間は，次の各号のいずれにも該当する灯火を除き，法定灯火以外の灯火を表示してはならない。
> ⑴　法定灯火と誤認されることのない灯火であること。
> ⑵　法定灯火の視認又はその特性の識別を妨げることとならない灯火であること。
> ⑶　見張りを妨げることとならない灯火であること。
> 2　法定灯火を備えている船舶は，視界制限状態においては，日出から日没までの間にあってもこれを表示しなければならず，また，その他必要と認められる場合は，これを表示することができる。

§ 3-1　灯火の表示（第20条第1項前段・第2項）

(1)　日没から日出までの間における灯火の表示義務

船舶（引かれている物件を含む。）は，法定灯火（本法に定める灯火，すなわち航海灯，錨泊灯など。）を日没から日出までの間表示しなければならない。

(2)　日出から日没までの間における灯火の表示

⑴　視界制限状態における表示義務

法定灯火を備えている船舶は，視界制限状態においては，日出から日没までの間にあっても，これを表示しなければならない。

◘　例えば，昼間，スコールが来た場合とか，霧の発生で視界が制限された場合である。

(2)　その他必要と認められる場合の表示

法定灯火を備えている船舶は，その他必要と認められる場合は，これを表示することができる。（任意規定）

◆　例えば，昼間，日食で一時的に夜間のように暗くなった場合である。

◆　必要と認められる場合の表示は任意規定であるが，衝突を予防する本法の目的から判断して，積極的に表示すべきである。

§ 3-2　表示してはならない「法定灯火以外の灯火」（第1項後段）

第1項後段の規定は，日没から日出までの間において同項各号（第1項第1号～第3号）のいずれにも該当する灯火を除き，「法定灯火以外の灯火」を表示することを禁止している。

つまり，次の灯火を表示することを禁止している。

(1)　法定灯火と誤認される灯火

◆　例えば，船室の窓に緑色又は紅色のカーテンをつるし強い室内灯を点けたため，あたかも舷灯であるかのように他船に誤認させる場合である。

(2)　法定灯火の視認又はその特性の識別を妨げる灯火

◆　例えば，①強力な作業灯を掲げたため法定灯火が視認しにくい場合とか，②法定灯火の特性，すなわち，その視認圏や数などの識別を妨げる灯火で，船尾灯のそばに白色の作業灯をつるしたため，他船から見て船尾灯の視認圏外であるのに，あたかも船尾灯であるかのように識別を妨げる場合である。

(3)　見張りを妨げる灯火

◆　例えば，他船を眩惑（げんわく）させるような強力な集魚灯や探照灯を使用したり，甲板上でみだりに作業灯を点けたりする場合である。特に，視界制限状態にあるときは，弱い灯火でも見張りの妨げとなるものである。

《第20条》

3　船舶は，昼間においてこの法律に定める形象物を表示しなければならない。

4　この法律に定めるもののほか，灯火及び形象物の技術上の基準並びにこれらを表示すべき位置については，国土交通省令で定める。

§ 3-3　形象物の表示（第3項）

船舶は，昼間において，本法に定める形象物を表示しなければならない。

◇　形象物は，日出から日没までではなく，昼間に表示されなければならない。したがって，薄明時は灯火とともに表示されるべきものである。

◇　船舶が灯火又は形象物を表示するのは，互いに自船の存在，船舶の種類，状態，大きさなどを示すためである。見合い関係にある場合の適用すべき航法も，これによって決められる。

§ 3-4　灯火・形象物の技術上の基準等（第4項）

灯火及び形象物の技術上の基準並びにこれらを表示すべき位置については，本法に定めるもののほかは，国土交通省令（施行規則）で定められる。

◇　国際規則は，第3章においては，灯火及び形象物について，船員が当直中他船を確認するのに必要な主要事項を規定し，これらの技術上の基準や表示位置など構造的・艤装的な事項については，附属書（国内法では国土交通省令）を設けてこれに規定し，船員に分かりやすいように内容を区分している。これは，第4章の音響信号設備についても，同様である。

第21条　定　義

第21条　この法律において「マスト灯」とは，225度にわたる水平の弧を照らす白灯であって，その射光が正船首方向から各げん正横後22度30分までの間を照らすように船舶の中心線上に装置されるものをいう。

2　この法律において「げん灯」とは，それぞれ112度30分にわたる水平の弧を照らす紅灯及び緑灯の1対であって，紅灯にあってはその射光が正船首方向から左げん正横後22度30分までの間を照らすように左げん側に装置される灯火をいい，緑灯にあってはその射光が正船首方向から右げん正横後22度30分までの間を照らすように右げん側に装置される灯火をいう。

3　この法律において「両色灯」とは，紅色及び緑色の部分からなる灯火であって，その紅色及び緑色の部分がそれぞれげん灯の紅灯及び緑灯と同一の特性を有することとなるように船舶の中心線上に装置されるものをいう。

4　この法律において「船尾灯」とは，135度にわたる水平の弧を照らす白灯であって，その射光が正船尾方向から各げん67度30分までの間を照らすように装置されるものをいう。

§ 3-5　マスト灯（第21条第1項）

「マスト灯」とは，225度にわたる水平の弧を照らす白灯であって，その射光が正船首方向から各舷正横後22度30分までの間を照らすように船舶の中心線上に装置されるものをいう。（図3·1）

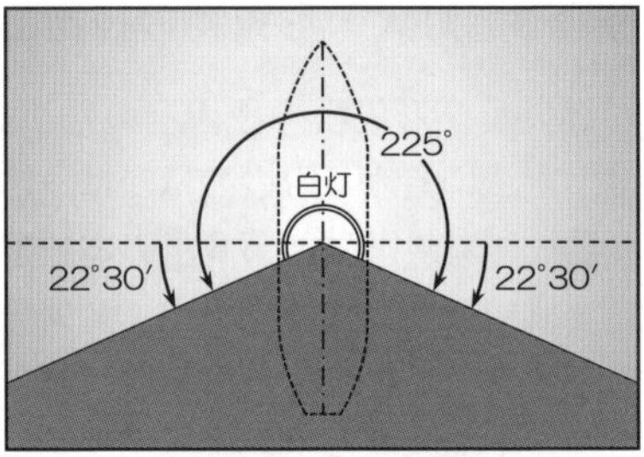

225°
白灯
22°30′
22°30′

図3·1　マスト灯

§ 3-6　舷　灯（第2項）

「舷灯」とは，それぞれ112度30分にわたる水平の弧を照らす紅灯及び緑灯の1対（つい）であって，紅灯にあってはその射光が正船首方向から左舷正横後22度30分までの間を照らすように左舷側に装置される灯火をいい，緑灯にあってはその射光が正船首方向から右舷正横後22度30分までの間を照らすように右舷側に装置される灯火をいう。（図3·2）

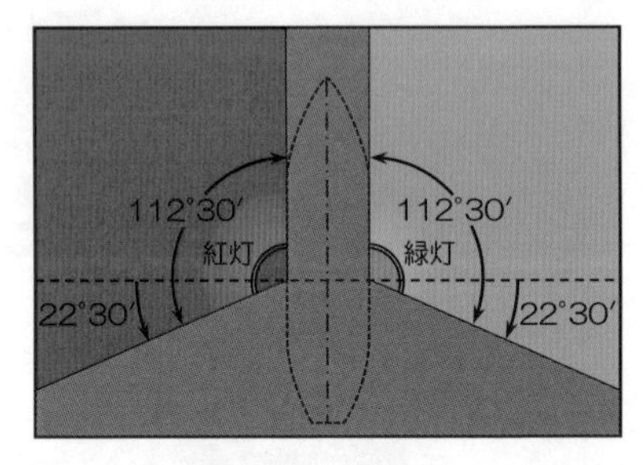

◆　長さ20メートル以上の船舶が掲げる舷灯は，黒色のつや消し塗装を施した内側隔板を取り付けたものでなければならない（則第7条）。

112°30′
112°30′
紅灯
緑灯
22°30′
22°30′

図3·2　舷　灯

◘　灯火の光度及び射光範囲の境界付近における光のしゃ断については，則第5条に定められている。舷灯の船首方向のしゃ断に関しては，§2–42を参照のこと。

§3–7　両色灯（第3項）

「両色灯」とは，紅色及び緑色の部分からなる灯火であって，その紅色及び緑色の部分がそれぞれ舷灯の紅灯及び緑灯と同一の特性を有することとなるように船舶の中心線上に装置されるものをいう。（図3·3）

◘　両色灯は，長さ20メートル未満の船舶が舷灯の代わりに掲げることができるものである。

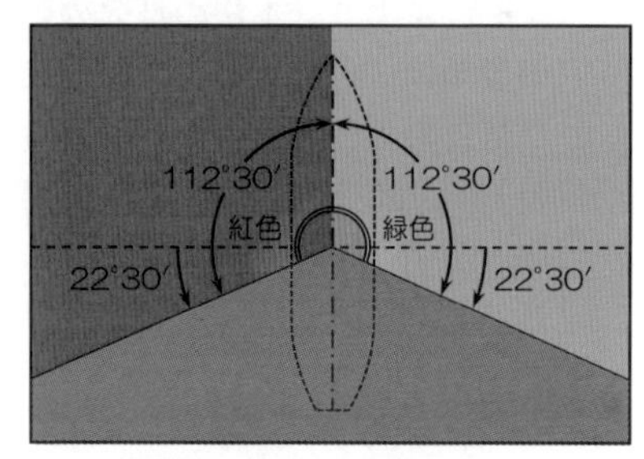

図3·3　両色灯

§3–8　船尾灯（第4項）

「船尾灯」とは，135度にわたる水平の弧を照らす白灯であって，その射光が正船尾方向から各舷67度30分までの間を照らすように装置されるものをいう。（図3·4）

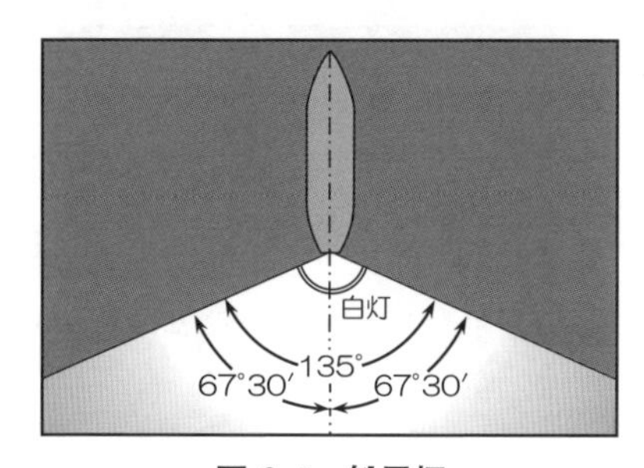

図3·4　船尾灯

《第21条》
5　この法律において「引き船灯」とは，船尾灯と同一の特性を有する黄灯をいう。
6　この法律において「全周灯」とは，360度にわたる水平の弧を照らす灯火をいう。
7　この法律において「せん光灯」とは，一定の間隔で毎分120回以上のせん光を発する全周灯をいう。

§3–9　引き船灯（第5項）

「引き船灯」とは，船尾灯と同一の特性を有する黄灯をいう。（図3·5）

◘　黄色の灯火は，従来の白色，紅色及び緑色の灯火に加えて，72年国際規則から新たに定められたものである。

それにより，本法の灯火の色の種類は，白色，紅色，緑色及び黄色の4色となった。これらの灯火の色度の基準については，施行規則に定められている。（則第2条）

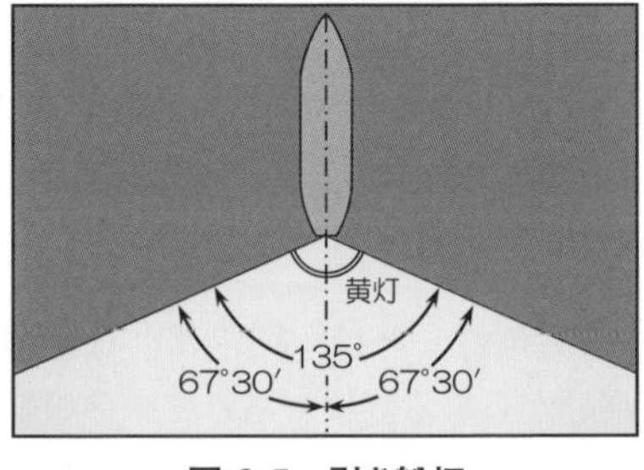

図3･5　引き船灯

§ 3–10　全周灯（第6項）

「全周灯」とは，360度にわたる水平の弧を照らす灯火をいう。（図3･6）

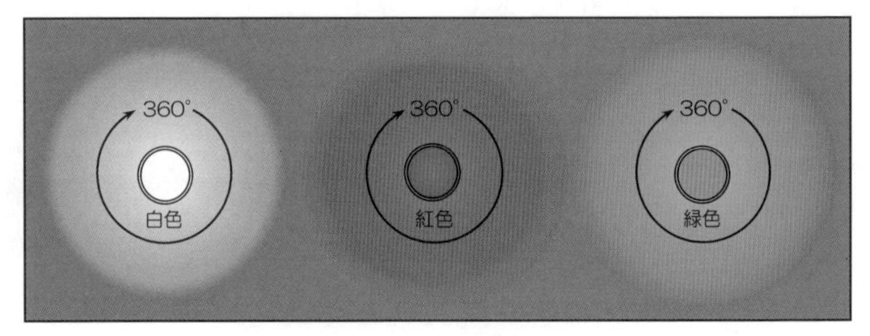

図3･6　全周灯

◆　図3･6には黄色の全周灯を掲げていないが，黄色を用いることに定められている灯火は，法においては引き船灯（135度）（§ 3–9）とエアクッション船の閃(せん)光灯（全周灯）（§ 3–11）だけである。

なお，施行規則には，きんちゃく網漁ろう船が黄色の灯火（全周灯）2個（1秒ごとに交互に閃光を発する。）連掲の表示ができるという規定がある。（則第16条）

◆　全周灯は，射光が全周から全く妨げられないように掲げることが困難な場合もあるので，施行規則は，①水平射光範囲がマストその他の構造物によって6度を超えて妨げられないような位置に掲げること，②錨泊灯はできる限り高い位置でよいこと，③1個の全周灯のみでは上記①の位置とすることができない場合は，2個の全周灯を，隔板を取り付けることその他の方法により1海里の距離から1個の灯火として見えるよう

にすることをもって足りることなどを定めている。(則第14条)

§ 3-11　閃光灯（第7項）

「閃光灯」とは，一定の間隔で毎分120回以上の閃光を発する全周灯をいう。(図3·7)

図 3·7　閃光灯

◘　閃光灯の色は，本法では黄色（エアクッション船）及び紅色（表面効果翼船）の2色である。閃光を発する装置は，電球を点滅する方法や反射鏡を回転する方法などによって行っている。

◘　閃光灯の毎分の閃光周期を120回以上の速い周期としているのは，航路標識の閃光周期と明確に区別するためである。

§ 3-12　形象物

本法に定める形象物の種類並びに色及び大きさは，次のとおりである。

(1) 形象物の種類

⑴　球形の形象物
⑵　円すい形の形象物
⑶　円筒形の形象物
⑷　ひし形の形象物
⑸　鼓(つづみ)形の形象物

(2) 形象物の色及び形状

⑴　色（則第8条）
　形象物の色は，すべて黒色である。
⑵　形状（則第8条・法第26条第1項第4号）
　形象物の形状（直径，高さ等）は，図3·8のとおりである。

◘　長さ20メートル未満の船舶が掲げる形象物の大きさは，その船舶の大きさに適したものとすることができる。(則第8条)

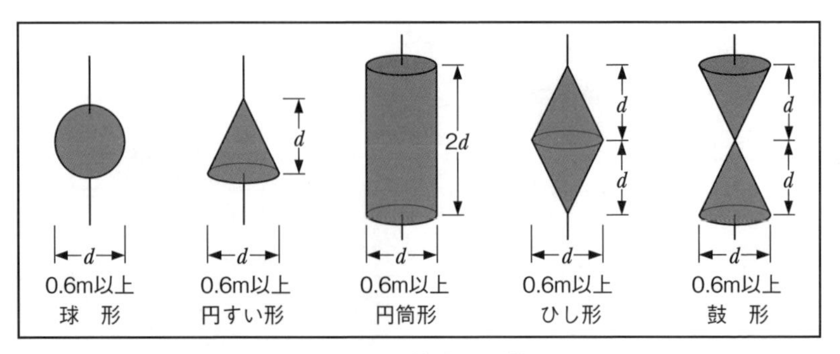

図 3·8　形象物の形状

◆　形象物は，実際には，図3·9のようなものが用いられている。

昼間は形象物によって適用すべき航法が決まるから，他船からよく視認されるように的確に表示しなければならない。

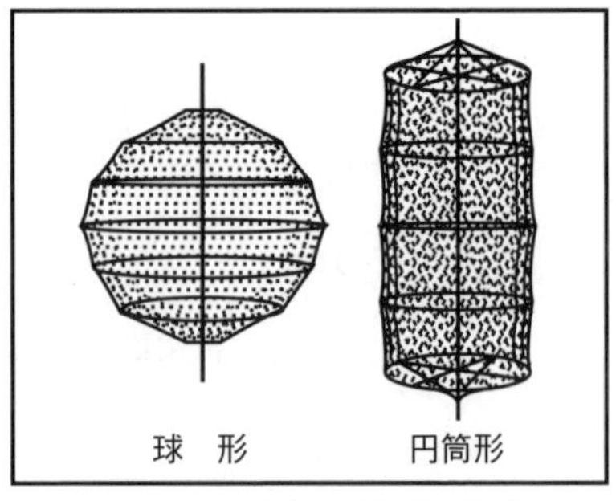

図 3·9　網製の形象物（例）

第22条　灯火の視認距離

第22条　次の表の左欄に掲げる船舶その他の物件が表示する灯火は，同表中欄に掲げる灯火の種類ごとに，同表右欄に掲げる距離以上の視認距離を得るのに必要な国土交通省令で定める光度を有するものでなければならない。

長さ50メートル以上の船舶（他の動力船に引かれている航行中の船舶であって，その相当部分が水没しているため視認が困難であるものを除く。）	マスト灯	6海里
	げん灯	3海里
	船尾灯	3海里
	引き船灯	3海里
	全周灯	3海里

長さ12メートル以上50メートル未満の船舶（他の動力船に引かれている航行中の船舶であって，その相当部分が水没しているため視認が困難であるものを除く。）	マスト灯	5海里(長さ20メートル未満の船舶にあっては,3海里)
	げん灯	2海里
	船尾灯	2海里
	引き船灯	2海里
	全周灯	2海里
長さ12メートル未満の船舶（他の動力船に引かれている航行中の船舶であって，その相当部分が水没しているため視認が困難であるものを除く。）	マスト灯	2海里
	げん灯	1海里
	船尾灯	2海里
	引き船灯	2海里
	全周灯	2海里
他の動力船に引かれている航行中の船舶その他の物件であって，その相当部分が水没しているため視認が困難であるもの	全周灯	3海里

§ 3-13　灯火の視認距離（第22条）

灯火は，船舶の長さ等に応じて定められた距離（第22条に規定する「表」の距離）以上の視認距離を有するものでなければならない。

つまり，灯火の視認距離は，表3･1に掲げるものでなければならない。

この視認距離を得るに必要な光度は，施行規則（則第4条）に定められている。

表3・1　灯火の視認距離

長さ等＼灯火	50メートル以上（水没被曳航船舶を除く。）	12メートル以上50メートル未満（水没被曳航船舶を除く。）	12メートル未満（水没被曳航船舶を除く。）	水没被曳航船舶・物件
マスト灯	6海里以上	5海里（20メートル未満は3海里）以上	2海里以上	—
舷灯	3 〃	2海里以上	1 〃	—
船尾灯	3 〃	2 〃	2 〃	—
引き船灯	3 〃	2 〃	2 〃	—
全周灯	3 〃	2 〃	2 〃	3海里以上

【注】　船舶設備規程は，灯火（船灯及び操船信号灯）について，①同規程第9

号表（属具表）に掲げるものを備え付け（第146条の3），②その灯火等の要件は告示（航海用具の基準を定める告示）による旨（第146条の4）を定めている。これらの定めは，もちろん本法及び施行規則に定めるものに適合している。

灯火の種類は，例えば，マスト灯は，第1種マスト灯（6海里以上），第2種マスト灯（5海里以上）及び第3種マスト灯（3海里以上）に分けられている。なお，我が国では，長さ20メートル未満の船舶には，12メートル未満の区分はなく，すべて少なくとも第3種マスト灯（3海里以上）を設備することに定めている。

§ 3-14　灯火・形象物を連掲する場合の垂直間隔等（施行規則）

第3章の規定により，2個又は3個の灯火・形象物を垂直線上に掲げる場合があるが，施行規則は，これらの垂直間隔等について，図3·10及び図3·11のとおり定めている。(則第12条・第17条・第8条ただし書)

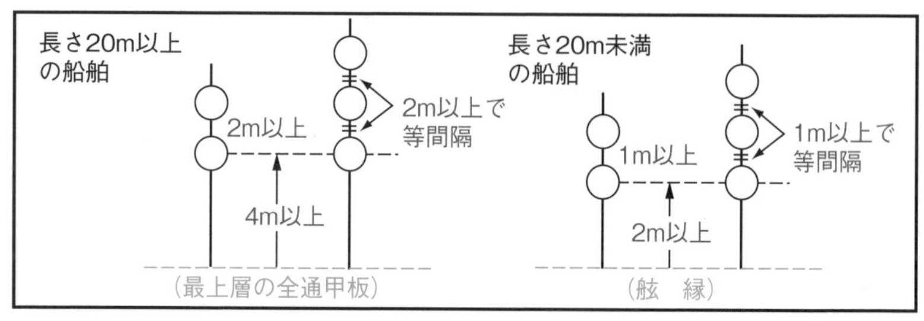

図 3·10　灯火を連掲する場合の垂直間隔等（ただし，引き船灯を掲げる場合の船尾灯（下方）の「高さ」については適用しない。）

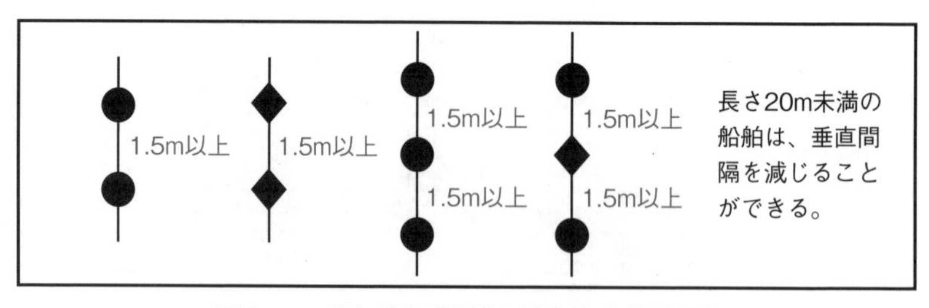

図 3·11　形象物を連掲する場合の垂直間隔等

第23条　航行中の動力船

第23条　航行中の動力船（次条第1項，第2項，第4項若しくは第7項，第26条第1項若しくは第2項，第27条第1項から第4項まで若しくは第6項又は第29条の規定の適用があるものを除く。以下この条において同じ。）は，次に定めるところにより，灯火を表示しなければならない。

(1) 前部にマスト灯1個を掲げ，かつ，そのマスト灯よりも後方の高い位置にマスト灯1個を掲げること。ただし，長さ50メートル未満の動力船は，後方のマスト灯を掲げることを要しない。

(2) げん灯1対（長さ20メートル未満の動力船にあっては，げん灯1対又は両色灯1個。第4項及び第5項並びに次条第1項第2号及び第2項第2号において同じ。）を掲げること。

(3) できる限り船尾近くに船尾灯1個を掲げること。

§ 3-15　航行中の動力船の灯火（第23条第1項）

(1) マスト灯

① 前部マスト灯　1個

② 後部マスト灯　1個　①のマスト灯より後方の高い位置

ただし，長さ50メートル未満の動力船は，後部マスト灯を掲げることを要しない。

(2) 舷灯　1対

（長さ20メートル未満の動力船は，舷灯1対又は両色灯1個）

(3) 船尾灯　1個　できる限り船尾近く　（図3･12，図3･13）

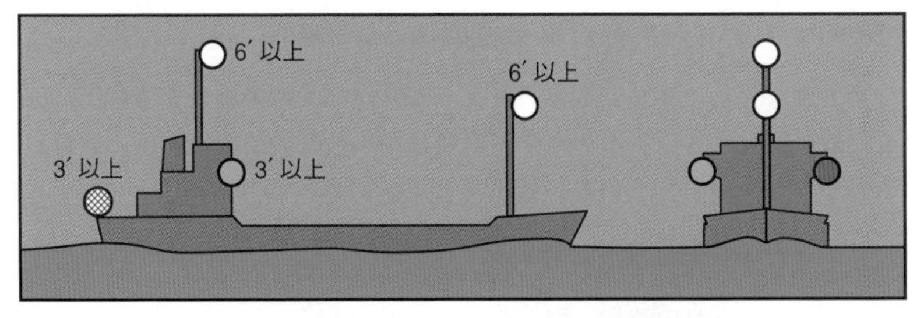

図3･12　航行中の動力船（長さ50m以上）の灯火

【注】　この図において，船尾灯に網かけを付してあるのは，正横から見た場合に同灯の光は見えないが，点灯されていることを示すものである。（以下，灯火の図において同様である。）

◘　船尾灯を掲げる位置は，「できる限り船尾近くに」と定められているが，これは船舶の構造上又は作業の性質上，船尾に掲げることができないものがあることを考慮したためである。この規定は，船尾灯を掲げることに定められている他のすべての船舶についても同じである。

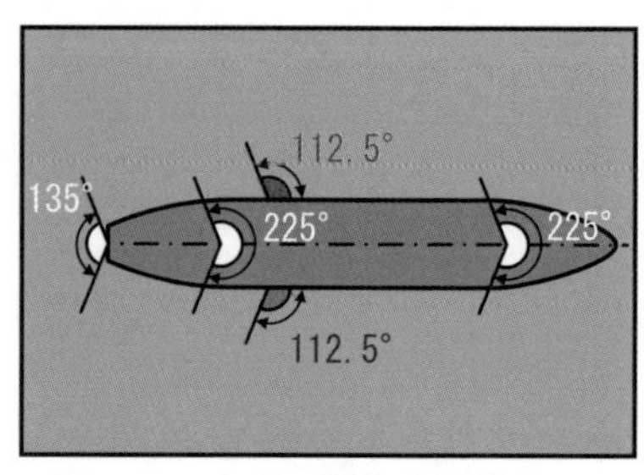

図 3･13　灯火の射光範囲（航行中の動力船）

なお，本書では，船尾灯であることを明確にするため，できるだけ船尾に図示している。

◘　適用除外

本項のかっこ書規定に適用除外が明示されているとおり，この動力船には，引き船など次に掲げる船舶である場合は除かれる。これらの場合には，それぞれの規定の灯火又は形象物を表示する。

①　曳航船等（結合型押し船列等を除く。）（第24条第1項・第2項・第4項・第7項）
②　漁ろう船（第26条第1項・第2項）
③　運転不自由船（第27条第1項）
④　操縦性能制限船（第27条第2項～第4項・第6項）
⑤　水先船（第29条）

なお，この適用除外は，第2項以下の動力船についても同じである。

§ 3-16　マスト灯・舷灯等の位置等（施行規則）

マスト灯（又は本条第6項等のマスト灯と同一の特性を有する灯火）の①垂直位置，②マスト灯の間の水平距離等及び③舷灯の位置などは，施行規則に次のとおり定められている。（図 3･14，図 3･15）

(1)　マスト灯の垂直位置（則第9条）

(1)　前部マスト灯の位置（則第9条第1項）

① 長さ20メートル以上の動力船（③を除く。）…… 船体上の高さ（灯火の直下の最上層の全通甲板からの高さをいう。）が6メートル（船舶の最大の幅が6メートルを超えるものは，その幅）以上であること。ただし，その高さは，12メートルを超えることを要しない。（第1号）

② 長さ20メートル未満の動力船 …… 舷縁上の高さが2.5メートル以上であること。ただし，長さ12メートル未満の動力船は，この限りでない。（第2号）

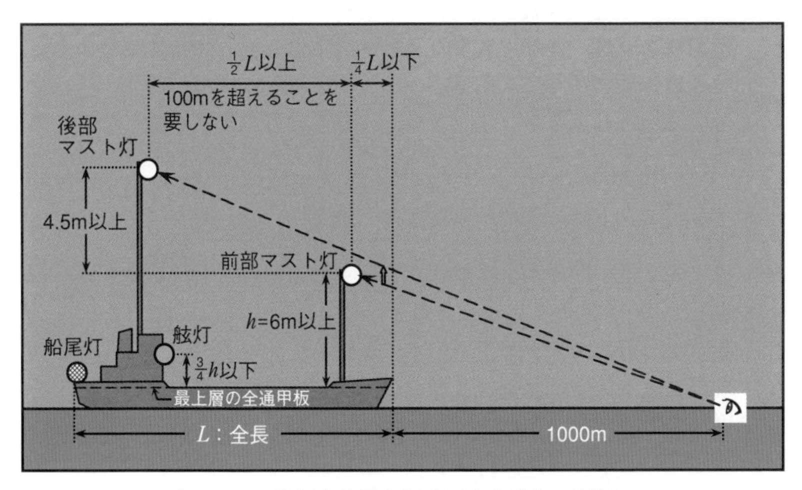

図 3·14　航行中の動力船の灯火の位置・間隔

③ 長さ20メートル以上の動力船であって海上保安庁長官が告示で定めるもの …… 船体上の高さが，前部マスト灯と舷灯を頂点とする二等辺三角形を当該船舶の船体中心線に垂直な平面に投影した二等辺三角形の底角が27度以上となるものであること。（第3号）（図3·15）

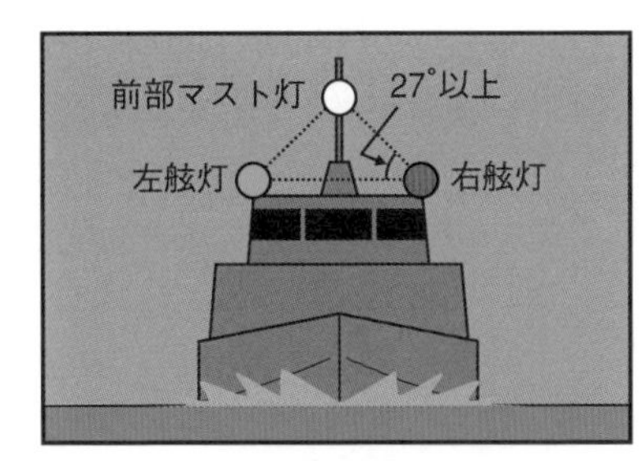

図 3·15　高速船の前部マスト灯の高さの緩和

上記の告示で定める動力船とは，最強速力が同告示で定める値以上の，いわゆる「高速船」（§ 1–7【注】参照）といわれるものである。（同告示は，p.216【注】参照）

(2) 後部マスト灯の位置（則第9条第2項）

後部マスト灯の位置は，前部マスト灯よりも4.5メートル以上上方でなければならず，かつ，通常のトリムの状態において，船首から1,000メートル離れた海面から見たときに前部マスト灯と分離して見える高さであること。

(3) マスト灯と他の灯火・構造物との関係（則第9条第4項）

前部マスト灯，後部マスト灯又はマスト灯と同一の特性を有する灯火の位置は，他のすべての灯火（操船信号灯等一定のものを除く。）よりも上方でなければならなず，かつ，これらの灯火及び妨害となる上部構造物によって，その射光が妨げられないような高さであること。

(2) 動力船のマスト灯の間の水平距離等（則第10条）

(1) 両マスト灯の間の水平距離は，L（船舶の長さ）× $^1/_2$ 以上であること。ただし，100メートルを超えることを要しない。
(2) 船首から前部マスト灯までの水平距離は，$^1/_2\,L$ 以下であること。
(3) 前部マスト灯のみを掲げる場合は，船体中央部より前方の位置であること。ただし，長さ20メートル未満の動力船は，この限りでない。
(4) 前項(3)のただし書規定の場合は，できる限り前方の位置であること。

(3) 動力船の舷灯等の位置（則第11条）

(1) 舷灯
① 前部マスト灯（マスト灯と同一の特性を有する灯火を含む。以下この条において同じ。）の船体上の高さの $^3/_4$ 以下であること。
② 甲板の照明灯により射光が妨げられるような低い位置でないこと。
③ 前部マスト灯又は全周灯（本条第4項）を舷縁上2.5メートル未満の高さに掲げる場合は，①にかかわらず，その前部マスト灯又は全周灯よりも1メートル以上下方にあること。
④ 前部マスト灯よりも前方になく，かつ，舷側又はその付近にあること。（長さ20メートル以上の動力船が掲げる舷灯に限る。）

(2) 両色灯及び両色灯と同一の特性を有する灯火

前部マスト灯よりも1メートル以上下方にあること。

§ 3–17　後部マスト灯を掲げた場合の利点

(1)　舷灯をまだ視認できない距離において，前部マスト灯と後部マスト灯との開き加減によつて，その船舶のおよその進行方向を知ることができる。
(2)　舷灯を視認できる距離において，舷灯のみでは分かりにくい小角度の変針も，2つのマスト灯の開き加減の変化によって知ることができる。
(3)　2つのマスト灯の間の水平距離はL（船舶の長さ）× ½ 以上であること，及び長さ50メートル以上の動力船はかならず掲げなければならない灯火であることから，船舶のおよその大きさを判断するのに役立つ。

§ 3–18　航行中の長さ50メートル未満の動力船の灯火（第1項）

航行中の動力船のうち，長さ50メートル未満のものは，第1項及び第22条（灯火の視認距離）並びに施行規則（§ 3–16）の規定により，船舶の長さに応じて，図3·16，図3·17又は図3·18に示すように灯火の表示を緩和することができる。

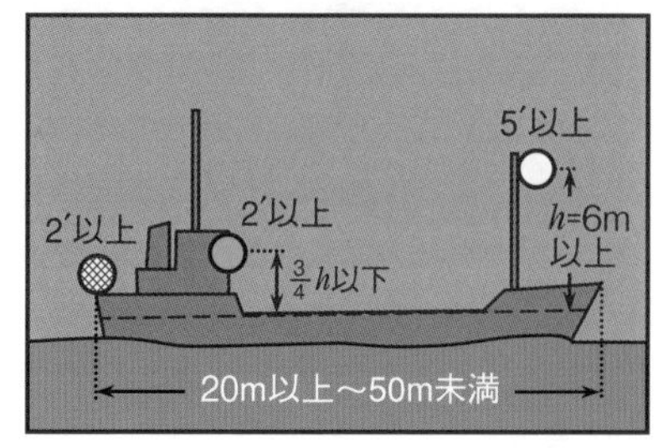

図3·16　航行中の長さ50m未満の動力船の灯火

【注】(1)　図3·17において，長さ20メートル未満（12メートル以上）の船舶の場合は，マスト灯は舷縁上2.5メートル以上の高さでよく，また舷灯でなく両色灯を掲げるときは，マスト灯より1メートル以上下方の高さとなる。
(2)　動力船は，その長さによって，表示すべき灯火の視認距離や位置・間隔などが異なるが，これは，動力船だけでなく，次条以下のすべての種類の船舶についても同様である。

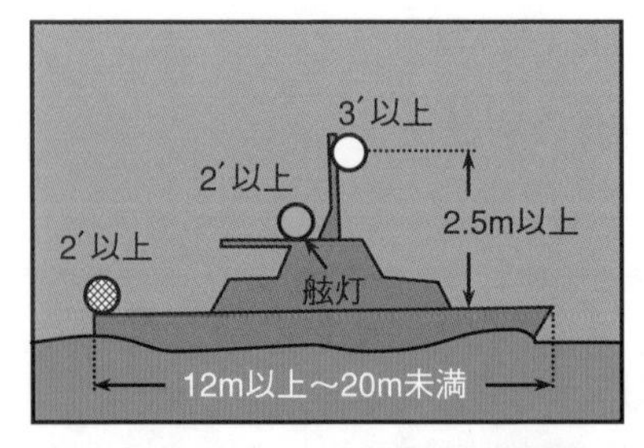

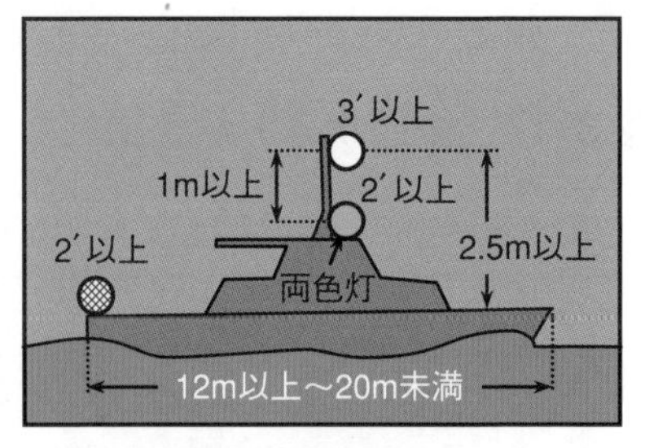

図 3･17　航行中の長さ12m以上20m未満の動力船の灯火

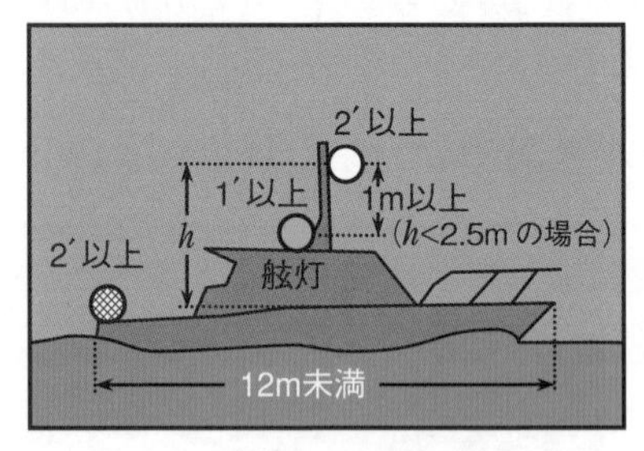

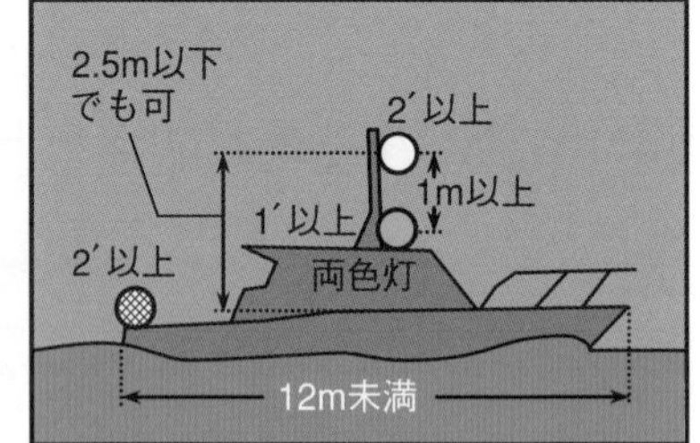

図 3･18　航行中の長さ12m未満の動力船の灯火

《第23条》
2　水面から浮揚した状態で航行中のエアクッション船（船体の下方へ噴出する空気の圧力の反作用により水面から浮揚した状態で移動することができる動力船をいう。）は，前項の規定による灯火のほか，黄色のせん光灯1個を表示しなければならない。

§ 3–19　浮揚状態で航行中のエアクッション船の灯火（第2項）

(1)　航行中の動力船の灯火（第1項）

(2)　黄色の閃光灯（§ 3–11）1個（図3･19）

図 3･19　浮揚状態で航行中のエアクッション船の灯火

◆　エアクッション船とは，かっこ書規定に定義されているとおりである。同船は，水面との摩擦が少なく高速で移動することができ，また陸上でも移動することができる。その具体例としては，ホバークラフトがある。

◘　黄色の閃光灯は，航行中のエアクッション船が，風の影響を受けやすい浮揚状態にあることを示すもので，同船が浮揚状態にない場合は，第1項の航行中の動力船の灯火のみを表示する。

《第23条》

3　特殊高速船（その有する速力が著しく高速であるものとして国土交通省令で定める動力船をいう。）は，第1項の規定による灯火のほか，紅色のせん光灯1個を表示しなければならない。

§ 3-20　滑走中又は水面に接近して飛行中の表面効果翼船（特殊高速船）の灯火（第3項）

(1)　航行中の動力船の灯火（第1項）

(2)　紅色の閃光灯（§ 3-11）　1個　（図3・20）

◘　表面効果翼船が，航行中の動力船の灯火のほか，紅色の閃光灯1個の表示するのは，第3項かっこ書規定の国土交通省令（則第21条の2）により，次に掲げる状態のときに限られる。（§ 1-8参照）

①　離水若しくは着水に係る滑走の状態

②　水面に接近して飛行している状態

したがって，同船が水上を航行中は，動力船として，航行中の動力船の灯火のみを表示し，紅色の閃光灯を表示してはならない。

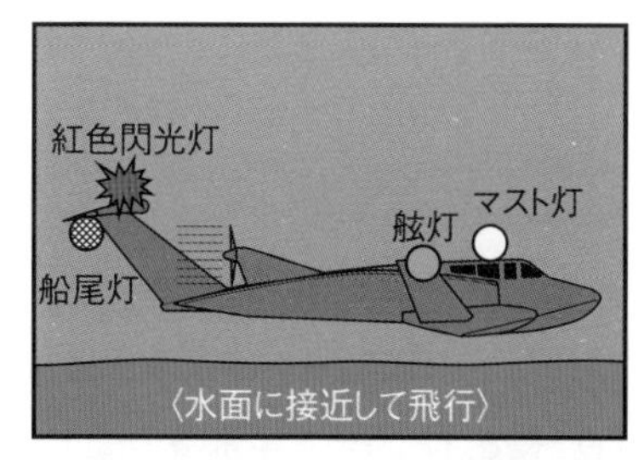

図3・20　滑走中・水面に接近して飛行中の表面効果翼船の灯火

【注】　紅色の閃光灯は，表面効果翼船が超高速で移動している上記の状態のときの表示であるから，すべての船舶に前広に視認される強力な灯火のものでなければならないが，その視認距離は長さ50メートル以上の表面効果翼船は3海里以上，長さ50メートル未満のものは2海里以上と定められている。（第22条及び船舶設備規程）

《第23条》

4　航行中の長さ12メートル未満の動力船は，第1項の規定による灯火の表示に代えて，白色の全周灯1個及びげん灯1対を表示することができる。

5　航行中の長さ7メートル未満の動力船であって，その最大速力が7ノットを超えないものは，第1項又は前項の規定による灯火の表示に代えて，白色の全周灯1個を表示することができる。この場合において，その動力船は，できる限りげん灯1対を表示しなければならない。

6　航行中の長さ12メートル未満の動力船は，マスト灯を表示しようとする場合において，そのマスト灯を船舶の中心線上に装置することができないときは，マスト灯と同一の特性を有する灯火1個を船舶の中心線上の位置以外の位置に表示することをもって足りる。

7　航行中の長さ12メートル未満の動力船は，両色灯を表示しようとする場合において，マスト灯又は第4項若しくは第5項の規定による白色の全周灯を船舶の中心線上に装置することができないときは，その両色灯の表示に代えて，これと同一の特性を有する灯火1個を船舶の中心線上の位置以外の位置に表示することができる。この場合において，その灯火は，前項の規定によるマスト灯と同一の特性を有する灯火又は第4項若しくは第5項の規定による白色の全周灯が装置されている位置から船舶の中心線に平行に引いた直線上又はできる限りその直線の近くに掲げるものとする。

§ 3-21　航行中の長さ12メートル未満の動力船の灯火の表示緩和（第4項～第7項）

(1) 長さ12メートル未満の動力船の灯火（第4項）

第1項の規定による灯火の表示に代えて，次の灯火を表示することができる。（図3·21）

⑴　白色の全周灯　1個

⑵　舷灯1対又は両色灯　1個

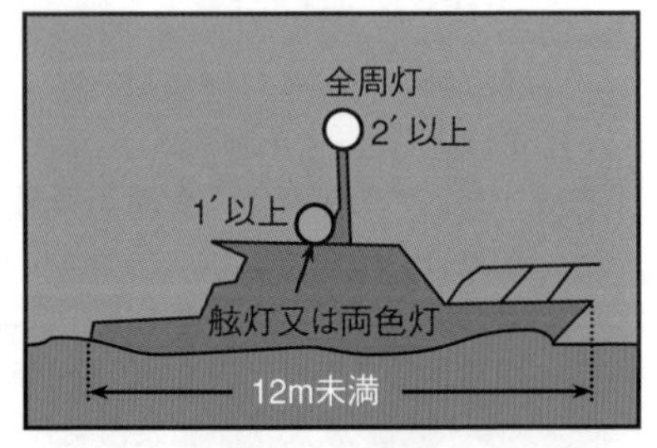

図3·21　航行中の長さ12m未満の動力船の灯火の表示緩和

◆　この場合の白色の全周灯は，マスト灯と船尾灯に代えて表示できるものである。

(2) 長さ7メートル未満の動力船で最大速力が7ノットを超えないものの灯火（第5項）

第1項又は第4項の規定による灯火の表示に代えて，次の灯火を表示することができる。（図3·22）

(1) 白色の全周灯　1個

(2) できる限り舷灯1対又は両色灯　1個

◆ 小型の動力船で低速のものに限って，更に表示を緩和したものである。

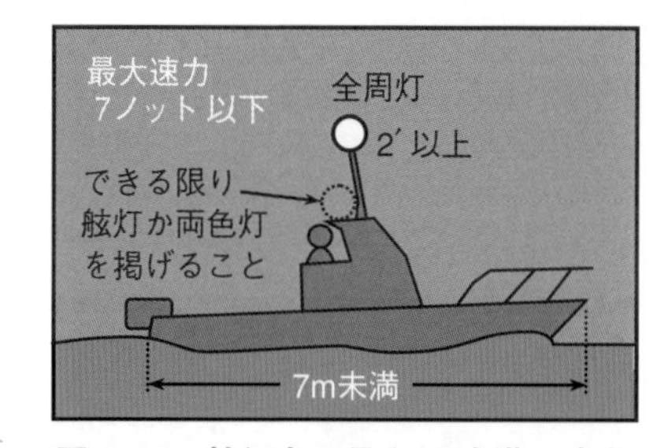

図3·22　航行中の長さ7m未満・速力7ノット以下の動力船の灯火

(3) 長さ12メートル未満の動力船のマスト灯・両色灯の位置の緩和（第6項・第7項）

(1) マスト灯の位置の緩和（第6項）

長さ12メートル未満の動力船は，マスト灯を船舶の中心線上に装置することができないときは，それ以外の位置に表示することをもって足りる。（図3·23）

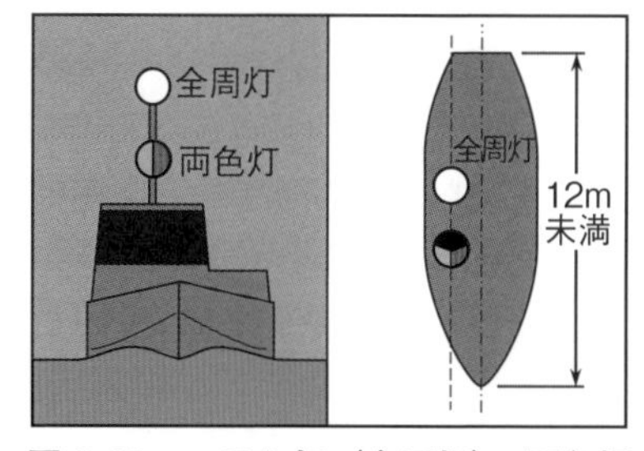

図3·23　マスト灯（全周灯）・両色灯の位置の緩和

◆「マスト灯と同一の特性を有する灯火」とあるのは，マスト灯そのものは第21条第1項の規定により船舶の中心線上に装置されるものと定義されているからである。

(2) 両色灯の位置の緩和（第7項）

両色灯を表示しようとする場合に，マスト灯又は白色の全周灯（第4項・第5項）を船舶の中心線上に装置することができないときは，それ以外の位置に表示することができる。この場合は，図3·23に示すとおり，マスト灯又は白色の全周灯が装置されている位置から船舶の中心線に平行に引いた直線上又はできる限りその直線の近くに掲げるものとする。

◆ 「両色灯と同一の特性を有する灯火」とあるのは，両色灯そのものは第21条第3項の規定により船舶の中心線上に装置されるものと定義されているからである。

◆ 本条の航行中の動力船には，昼間の形象物についての規定はない。

第24条　航行中のえい航船等

第24条　船舶その他の物件を引いている航行中の動力船（次項，第26条第1項若しくは第2項又は第27条第1項から第4項まで若しくは第6項の規定の適用があるものを除く。以下この項において同じ。）は，次に定めるところにより，灯火又は形象物を表示しなければならない。

(1)　次のイ又はロに定めるマスト灯を掲げること。ただし，長さ50メートル未満の動力船は，イに定める後方のマスト灯を掲げることを要しない。

イ　前部に垂直線上にマスト灯2個（引いている船舶の船尾から引かれている船舶その他の物件の後端までの距離（以下この条において「えい航物件の後端までの距離」という。）が200メートルを超える場合にあっては，マスト灯3個）及びこれらのマスト灯よりも後方の高い位置にマスト灯1個

ロ　前部にマスト灯1個及びこのマスト灯よりも後方の高い位置に垂直線上にマスト灯2個（えい航物件の後端までの距離が200メートルを超える場合にあっては，マスト灯3個）

(2)　げん灯1対を掲げること。

(3)　できる限り船尾近くに船尾灯1個を掲げること。

(4)　前号の船尾灯の垂直線上の上方に引き船灯1個を掲げること。

(5)　えい航物件の後端までの距離が200メートルを超える場合は，最も見えやすい場所にひし形の形象物1個を掲げること。

§ 3-22　航行中の引き船（動力船）の灯火・形象物（第24条第１項）

(1) 灯火（図3･24，図3･25）

⑴　(イ)又は(ロ)のマスト灯

(イ)
① 前部マスト灯　２個連掲
（曳航物件の後端までの距離が200メートルを超える場合は，マスト灯　３個　連掲）
② 後部マスト灯　１個　①のマスト灯よりも後方の高い位置
ただし，長さ50メートル未満の動力船は，後部マスト灯を掲げることを要しない。

(ロ)
① 前部マスト灯　１個
② 後部マスト灯　２個　連掲　①のマスト灯よりも後方の高い位置（曳航物件の後端までの距離が200メートルを超える場合は，マスト灯　３個　連掲）

⑵　舷灯　１対
（長さ20メートル未満の動力船は，舷灯１対又は両色灯１個）

⑶　船尾灯１個　できる限り船尾近く

⑷　引き船灯　１個　船尾灯の上方に

◘　連掲の２個又は３個のマスト灯は，⑴により，前部又は後部のいずれでもよいことになる。図3･24は前部に，図3･25は後部に掲げた場合を示している。

【注】　図の引かれ船（物件）の灯火については，第４項に規定されている。（後述）

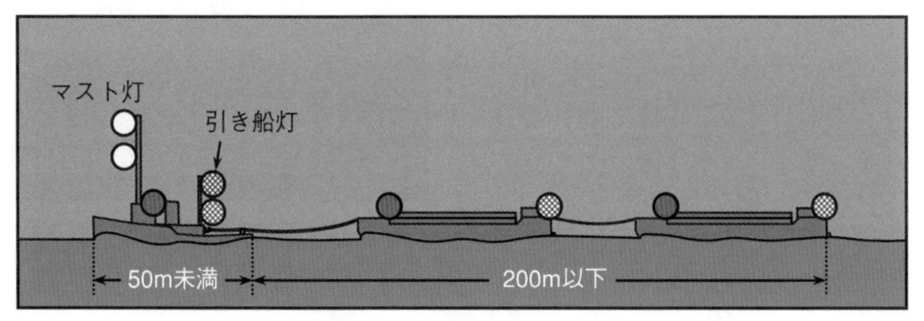

図 3･24　航行中の引き船列の灯火（200m以下の曳航）

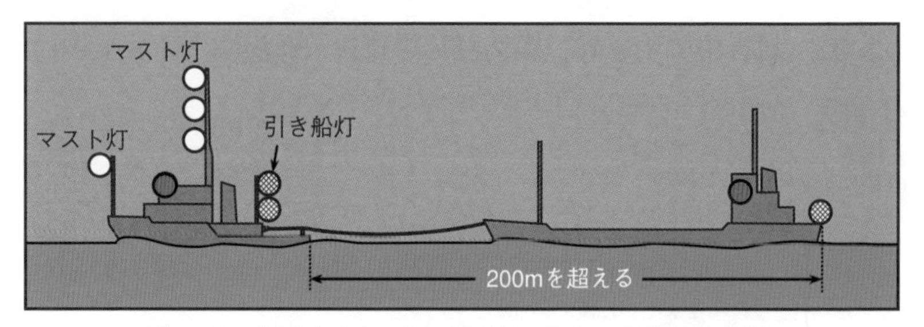

図 3·25　航行中の引き船列の灯火（200mを超える曳航）

◆　前部マスト又は後部マストに連掲の2個又は3個のマスト灯のうちいずれか1個は，動力船の前部マスト灯又は後部マスト灯と同一の位置に掲げることに定められている。

また，後部マストにマスト灯を連掲する場合は，上記の規定のほか，連掲のマスト灯の最も下方のものの位置が前部マスト灯よりも4.5メートル以上上方でなければならないことに定められている。

これは，第2項の押し船・引き船（接舷）の後部に連掲する2個のマスト灯についても同じである。(則第9条)

◆　(1)の(イ)の後部（後方）又は(ロ)の前部に掲げるマスト灯1個は，引き船列の進行方向を識別させるもので，特に引かれているものが物件で灯火を掲げていない場合に有効なものである。

◆　引き船灯（黄色）は，追越し船などがこれを掲げている船舶を船尾側から見た場合に引き船であることを容易に識別させるためのものである。(図3·26)

特に，この引き船灯は，引かれているものが船舶でなく物件であって灯火を掲げていないときなどに有効である。

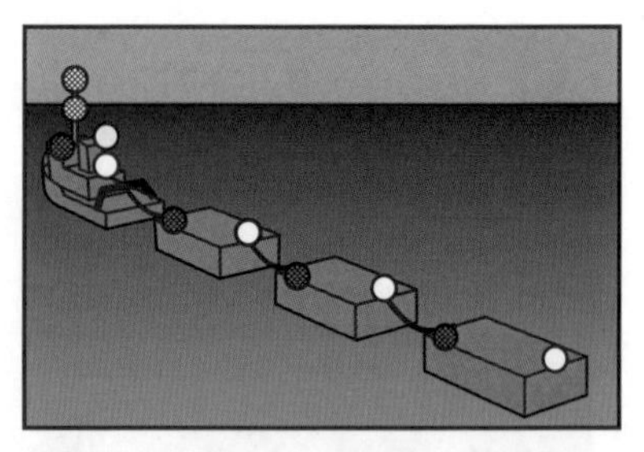

図 3·26　引き船列の灯火（船尾側）

(2) 形象物（図3·27）

曳航物件の後端までの距離が200メートルを超える場合
黒色のひし形の形象物　1個　最も見えやすい場所

【注】 図の引かれ船（物件）の形象物については，第4項に規定されている。（後述）

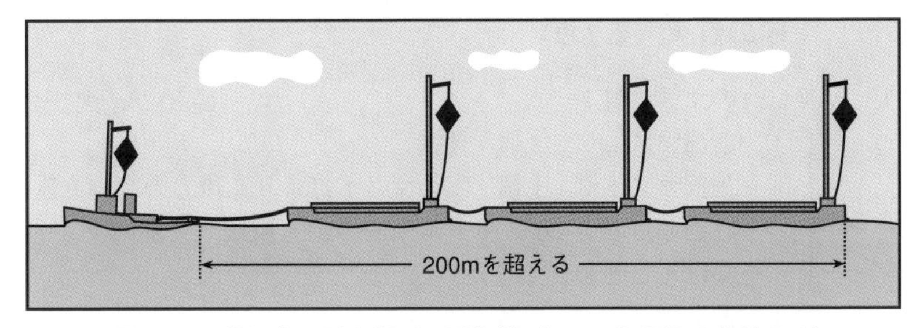

図 3･27　航行中の引き船列の形象物（200mを超える曳航のみ）

◘ 適用除外

本項のかっこ書規定に適用除外が明示されているとおり，この引き船には，次に掲げる船舶である場合は除かれる。これらの場合には，それぞれの規定の灯火又は形象物を表示する。

① 船舶・物件を接舷して引いている動力船（第2項）
② 漁ろう船（第26条第1項・第2項）
③ 運転不自由船（第27条第1項）
④ 操縦性能制限船（第27条第2項～第4項・第6項）

《第24条》

2 船舶その他の物件を押し，又は接げんして引いている航行中の動力船（第26条第1項若しくは第2項又は第27条第1項，第2項若しくは第4項の規定の適用があるものを除く。以下この項において同じ。）は，次に定めるところにより，灯火を表示しなければならない。

(1) 次のイ又はロに定めるマスト灯を掲げること。ただし，長さ50メートル未満の動力船は，イに定める後方のマスト灯を掲げることを要しない。

イ　前部に垂直線上にマスト灯2個及びこれらのマスト灯よりも後方の高い位置にマスト灯1個

ロ　前部にマスト灯1個及びこのマスト灯よりも後方の高い位置に垂直線上にマスト灯2個

(2) げん灯1対を掲げること。

(3) できる限り船尾近くに船尾灯1個を掲げること。

§ 3-23 航行中の押し船（動力船）又は接舷して引いている動力船の灯火（第2項）

⑴ ㈠又は㈡のマスト灯 （図3･28，図3･29）

㈠
- ① 前部マスト灯 2個 連掲
- ② 後部マスト灯 1個 ①のマスト灯よりも後方の高い位置

  ただし，長さ50メートル未満の動力船は，後部のマスト灯を掲げることを要しない。

㈡
- ① 前部マスト灯 1個
- ② 後部マスト灯 2個 連掲 ①のマスト灯よりも後方の高い位置

⑵ 舷灯 1対

（長さ20メートル未満の動力船は，舷灯1対又は両色灯1個）

⑶ 船尾灯 1個 できる限り船尾近く

【注】 図の押され船又は接舷して引かれている船舶の灯火については，第7項に規定されている。

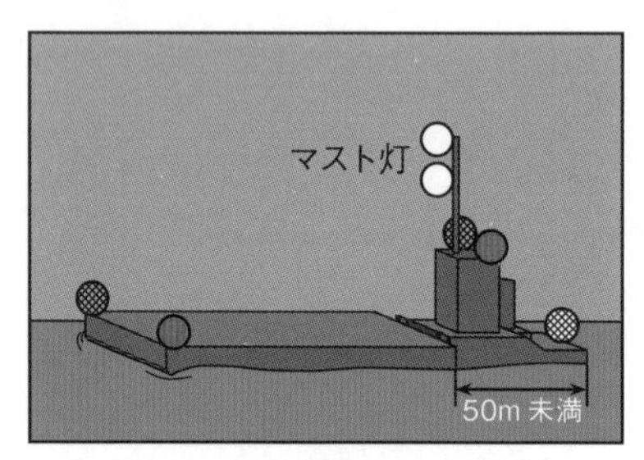

図3･28 航行中の押し船列の灯火（結合していない場合）

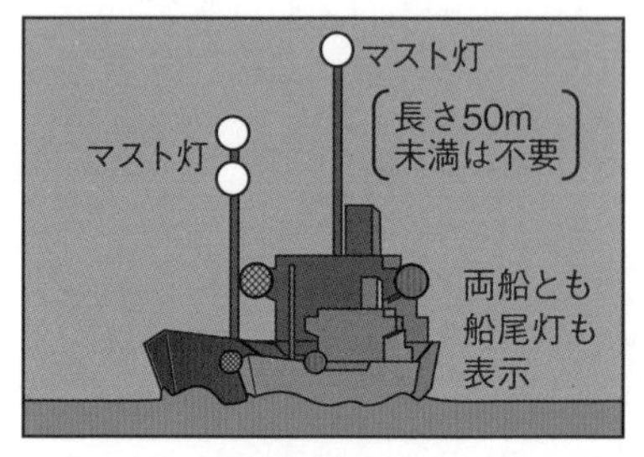

図3･29 航行中の接舷して引いている引き船列の灯火

◘ 適用除外

本項のかっこ書規定に適用除外が明示されているとおり，本項の押し又は接舷して引いている動力船には，次に掲げる船舶である場合は除かれる。これらの場合には，それぞれの規定の灯火又は形象物を表示する。

① 漁ろう船（漁具を横引きしている場合等）（第26条第1項・第2項）

② 運転不自由船（第27条第1項）
③ 操縦性能制限船（第27条第2項・第4項）

《第24条》
3 遭難その他の事由により救助を必要としている船舶を引いている航行中の動力船であって，通常はえい航作業に従事していないものは，やむを得ない事由により前二項の規定による灯火を表示することができない場合は，これらの灯火の表示に代えて，前条の規定による灯火を表示し，かつ，当該動力船が船舶を引いていることを示すため，えい航索の照明その他の第36条第1項の規定による他の船舶の注意を喚起するための信号を行うことをもって足りる。

§ 3-24 通常は曳航作業に従事しない動力船の灯火の表示緩和（第3項）

通常は曳航作業に従事しない動力船が，遭難その他の事由により救助を必要としている船舶を曳航する場合に，やむを得ない事由により，第1項（引き船）又は第2項（接舷の引き船）の規定による灯火を表示することができないときは，これらの灯火の表示に代えて，次の灯火の表示等を行うことをもって足りる。（図3･30）

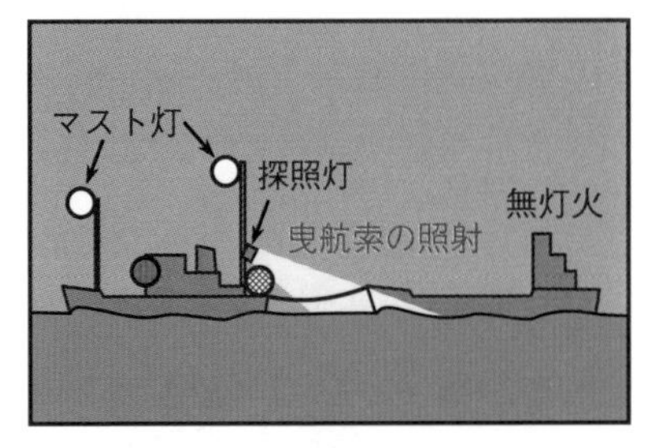

図3･30 曳航索の照射等

(1) 航行中の動力船の灯火（第23条）
(2) 曳航索の照明その他の注意喚起信号（第36条第1項）

◆ (2)の照明，注意喚起信号などは，条文にあるとおり「動力船が船舶を引いていることを示すため」であり，これらの船舶の間の状況をよく示すよう，例えば，図の探照灯による曳航索の照射のようなすべての可能な措置をとることによってなされなければならない。

《第24条》

4　他の動力船に引かれている航行中の船舶その他の物件（第1項，第7項（第2号に係る部分に限る。），第26条第1項若しくは第2項又は第27条第2項から第4項までの規定の適用がある船舶及び次項の規定の適用がある船舶その他の物件を除く。以下この項において同じ。）は，次に定めるところにより，灯火又は形象物を表示しなければならない。

⑴　げん灯1対（長さ20メートル未満の船舶その他の物件にあっては，げん灯1対又は両色灯1個）を掲げること。

⑵　できる限り船尾近くに船尾灯1個を掲げること。

⑶　えい航物件の後端までの距離が200メートルを超える場合は，最も見えやすい場所にひし形の形象物1個を掲げること。

§ 3-25　航行中の引かれ船・物件の灯火・形象物（第4項・第6項）

(1) 灯火（第4項）（図3･24，図3･25，図3･26　前掲）

⑴　舷灯　1対
（長さ20メートル未満の船舶その他の物件は，舷灯1対又は両色灯1個）

⑵　船尾灯　1個　できる限り船尾近く

(2) 形象物（第4項）（図3･27　前掲）

曳航物件の後端までの距離が200メートルを超える場合
黒色のひし形の形象物　1個　最も見えやすい場所

◘　適用除外

本項のかっこ書規定に適用除外が明示されているとおり，この引かれ船・物件には，次に掲げる船舶又は物件である場合は除かれる。これらの場合には，それぞれの規定の灯火又は形象物を掲げる。

①　引き船（第1項）
②　接舷して引かれている船舶（第7項第2号）
③　漁ろう船（第26条第1項・第2項）
④　操縦性能制限船（掃海作業船を除く。）（第27条第2項〜第4項）
⑤　水没被曳航船舶・物件（第5項）

(3) 灯火・形象物の表示緩和（第6項）

第4項に規定する引かれ船・物件は，やむを得ない事由により，上記の灯火又は形象物を表示することができない場合は，第6項の規定により，照明その他その存在を示すために必要な措置を講ずることをもって足りる。（図3･31）

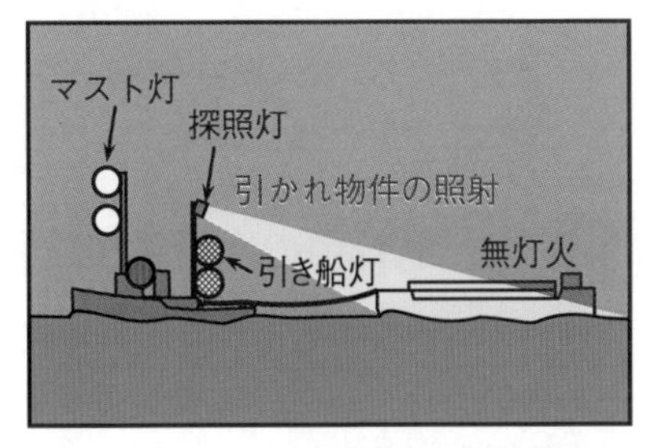

図3･31　引かれ物件等に対する照明

◆ この照明は，灯火を掲げることが難しい引かれ船・物件があることを考慮したものである。

《第24条》

5　他の動力船に引かれている航行中の船舶その他の物件であって，その相当部分が水没しているため視認が困難であるものは，次に定めるところにより，灯火又は形象物を表示しなければならない。この場合において，2以上の船舶その他の物件が連結して引かれているときは，これらの物件は，1個の物件とみなす。

(1) 前端又はその付近及び後端又はその付近に，それぞれ白色の全周灯1個を掲げること。ただし，石油その他の貨物を充てんして水上輸送の用に供するゴム製の容器は，前端又はその付近に白色の全周灯を掲げることを要しない。

(2) 引かれている船舶その他の物件の最大の幅が25メートル以上である場合は，両側端又はその付近にそれぞれ白色の全周灯1個を掲げること。

(3) 引かれている船舶その他の物件の長さが100メートルを超える場合は，前二号の規定による白色の全周灯の間に，100メートルを超えない間隔で白色の全周灯を掲げること。

(4) 後端又はその付近にひし形の形象物1個を掲げること。

(5) えい航物件の後端までの距離が200メートルを超える場合は，できる限り前方の最も見えやすい場所にひし形の形象物1個を掲げること。

> 6　前二項に規定する他の動力船に引かれている航行中の船舶その他の物件は，やむを得ない事由により前二項の規定による灯火又は形象物を表示することができない場合は，照明その他その存在を示すために必要な措置を講ずることをもって足りる。

§ 3-26　航行中の水没被曳航物件の灯火・形象物（第5項・第6項）

相当部分が水没しているため視認が困難である航行中の引かれている船舶その他の物件（以下「水没被曳航物件」と略する。）は，次の灯火又は形象物を表示しなければならない。

(1) 灯火（第5項第1号～第3号）

⑴　幅が25メートル未満の水没被曳航物件（第1号）　（図3･32）

①　白色の全周灯　1個　前端又はその付近

②　白色の全周灯　1個　後端又はその付近

ただし，石油その他の貨物を充てんして水上輸送の用に供するゴム製の容器（ドラコーンと呼ばれている。）は，①の灯火を掲げることを要しない。

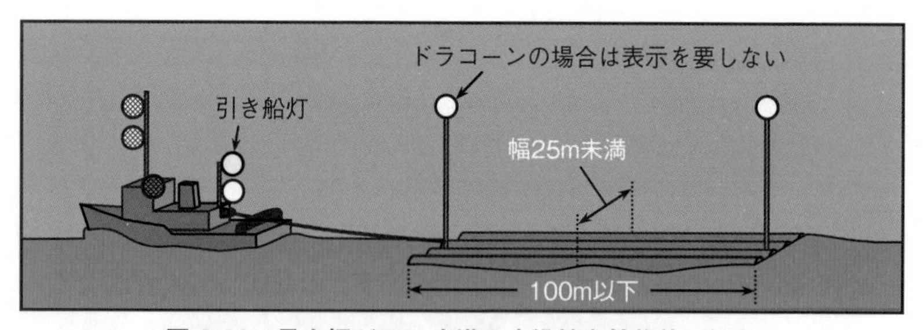

図3･32　最大幅が25m未満の水没被曳航物件の灯火

◘　水没被曳航物件には，ドラコーン，いかだなどがある。

⑵　幅が25メートル以上の水没被曳航物件（第2号）　（図3･33）

①　第1号の規定による灯火

②　白色の全周灯　1個　左側端又はその付近

③　白色の全周灯　1個　右側端又はその付近

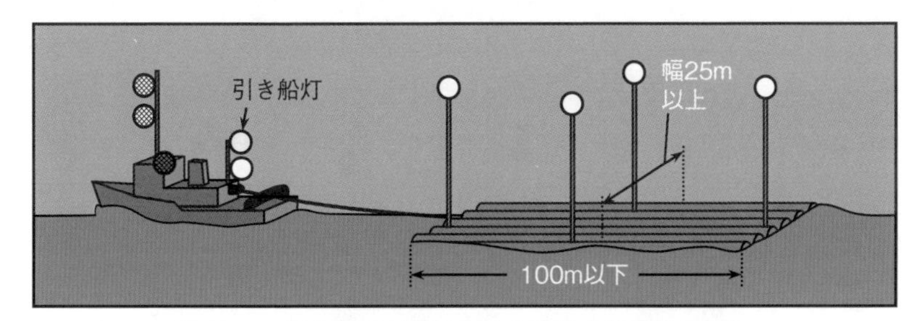

図 3・33　最大幅が25m以上の水没被曳航物件の灯火

(3) 長さが100メートルを超える水没被曳航物件（第3号）　（図3・34）

① 第1号又は第2号の規定による灯火

② 白色の全周灯①の灯火の間に，100メートルを超えない間隔で（各1個）

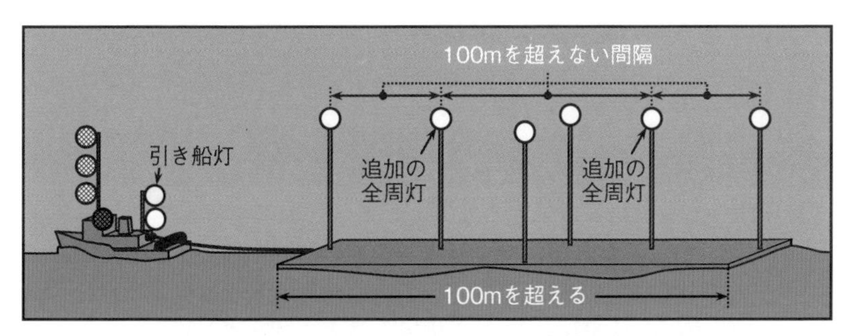

図 3・34　長さが100mを超える水没被曳航物件の灯火

(2) 形象物（第5項第4号・第5号）

(1) 曳航物件の後端までの距離が200メートル以下の水没被曳航物件（第4号）　（図3・35）

黒色のひし形の形象物　1個　後端又はその付近

(2) 曳航物件の後端までの距離が200メートルを超える水没被曳航物件（第5号）　（図3・36）

① 第4号の規定による形象物

② 黒色のひし形の形象物　1個　できる限り前方の最も見えやすい場所

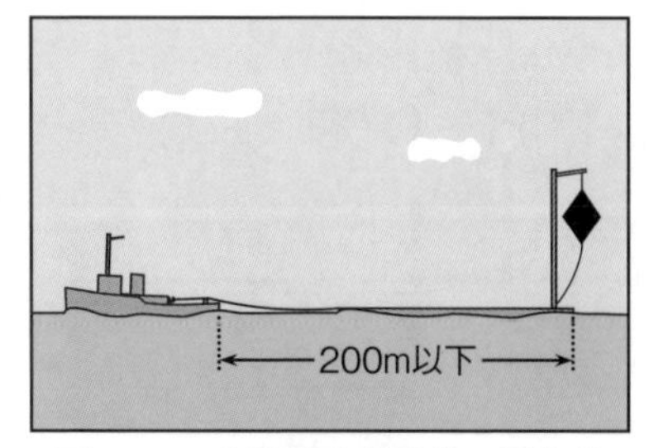

図 3·35 水没被曳航物件の形象物
(200m以下の曳航)

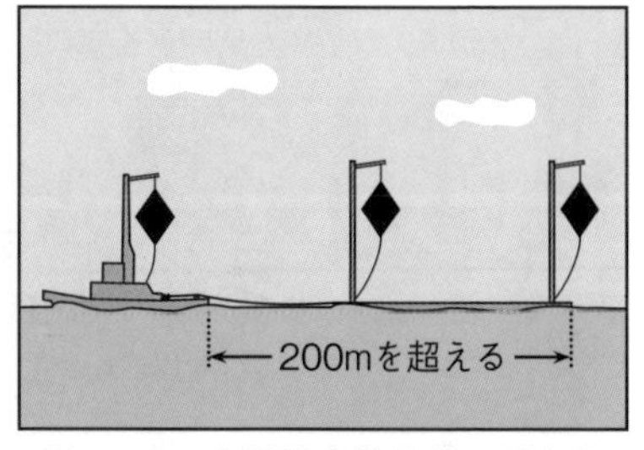

図 3·36 水没被曳航物件の形象物
(200mを超える曳航)

◇ 2以上の船舶その他の物件は，連結して引かれている場合は，条文に示されているとおり，これらの物件は1個の物件とみなして，灯火又は形象物を表示しなければならない。

(3) 灯火・形象物の表示緩和（第6項）

第5項に規定する水没被曳航物件は，やむを得ない事由により，上記の灯火又は形象物を表示することができない場合は，照明その他その存在を示すために必要な措置を講ずることをもって足りる。

◇ 灯火の表示緩和については，例えば，図3·31（前掲）に示す照射のように，水没被曳航物件を照射するなどの措置を講ずることであり，また，形象物の表示緩和については，いかだ等の水没被曳航物件に，例えば，旗を掲げ，その存在を示す措置を講ずることである。

《第24条》

7 次の各号に掲げる船舶（第26条第1項若しくは第2項又は第27条第2項から第4項までの規定の適用があるものを除く。）は，それぞれ当該各号に定めるところにより，灯火を表示しなければならない。この場合において，2隻以上の船舶が一団となって，押され，又は接げんして引かれているときは，これらの船舶は，1隻の船舶とみなす。

(1) 他の動力船に押されている航行中の船舶 前端にげん灯1対（長さ20メートル未満の船舶にあっては，げん灯1対又は両色灯1個。次号において同じ。）を掲げること。

(2) 他の動力船に接げんして引かれている航行中の船舶 前端にげん灯

1対を掲げ，かつ，できる限り船尾近くに船尾灯1個を掲げること。

§ 3-27　航行中の押され船・接舷して引かれている船舶の灯火（第7項）

(1) 航行中の押され船（図3・28　前掲）

舷灯　1対　前端
（長さ20メートル未満の船舶は，舷灯1対又は両色灯1個）

(2) 航行中の接舷して引かれている船舶（図3・29　前掲）

(1)　舷灯　1対　前端
（長さ20メートル未満の船舶は，舷灯1対又は両色灯1個）
(2)　船尾灯　1個　できる限り船尾近く

◘　2隻以上の船舶が一団となって，押され，又は接舷して引かれているときは，これらの船舶は1隻の船舶とみなして，灯火を表示しなければならない。（図3・28）

◘　本項のかっこ書規定に適用除外が明示されているとおり，本項の押され船又は接舷して引かれている船舶には，次に掲げる船舶である場合は除かれる。これらの場合には，それぞれの規定の灯火を表示する。
①　漁ろう船（第26条第1項・第2項）
②　操縦性能制限船（第27条第2項～第4項）

《第24条》
8　押している動力船と押されている船舶とが結合して一体となっている場合は，これらの船舶を1隻の動力船とみなしてこの章の規定を適用する。

§ 3-28　結合して一体となっている押し船列の灯火（第8項）

押している動力船と押されている船舶とが，図3・37に示すプッシャーとバージのように結合して一体となっている場合は，1隻の動力船とみなされて，第3章の規定が適用される。

したがって，航行中の場合は，航行中の動力船の灯火を表示しなければならない。

◇ 「結合して一体となっている」とは，押し船と押され船とが，その結合部において船舶の中心線に対し左右の運動を生じない程度に一体となっていることを意味する。なお，第5項の「2以上の船舶その他の物件が連結して引かれている」の連結は，単なる連結であって，本項の「結合して一体」とは異なるものである。

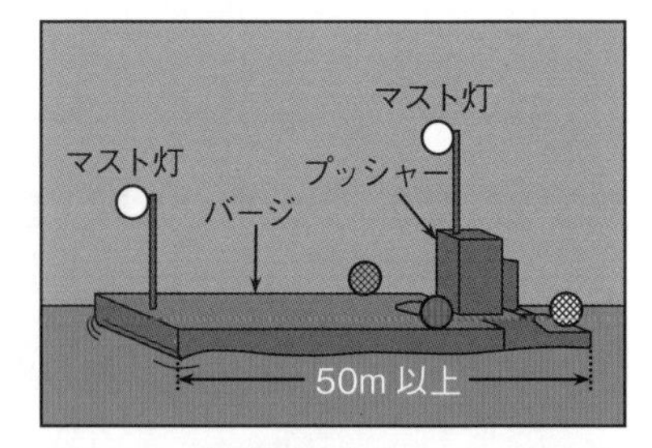

図 3·37 航行中の結合して一体となっている押し船列の灯火

◇ この結合型押し船列を1隻の動力船とみなすのは，通常外海を航行することができる性能を持っているからである。

§ 3-29 引き船・引かれ船一体の原則

引き船と引かれ船との関係は，それぞれ独立のものと考えず，航法上両者を一体であるとみなす。すなわち，引き船列全体を引き船（動力船）と同一の種類の1隻の船舶（動力船）とみなす。

引き船列は，「進路から離れることを著しく制限する曳航作業に従事している操縦性能制限船」である場合を除いて，航法上は特権を与えられるものではない。つまり，1隻の船舶（動力船）として，そのときの見合い関係に応じた航法が適用される。

しかし，引き船列は単独で航行する動力船に比べて軽快な動作ができないことがあるから，自船・他船ともに十分に注意して運航しなければならない。

風潮流が激しく引き船列が難航しているようなときは，同船列はその状態に対して十分に注意して航行するのはもちろんであるが，他船も引き船列に対して十分に注意し，同船列に近寄らないように運航することが船員の常務である。

第25条　航行中の帆船等

第25条　航行中の帆船（前条第4項若しくは第7項，次条第1項若しくは第2項又は第27条第1項，第2項若しくは第4項の規定の適用があるものを除く。以下この条において同じ。）であって，長さ7メートル以上のものは，げん灯1対（長さ20メートル未満の帆船にあっては，げん灯1対又は両色灯1個。以下この条において同じ。）を表示し，かつ，できる限り船尾近くに船尾灯1個を表示しなければならない。

§ 3-30　航行中の長さ7メートル以上の帆船の灯火（第25条第1項）

(1)　舷灯　1対
　（長さ20メートル未満の帆船は，舷灯1対又は両色灯1個）

(2)　船尾灯　1個　できる限り船尾近く　（図3·38）

【注】　図のマストに掲げられている紅・緑の全周灯は，第4項に規定されている。

図3·38　航行中の帆船の灯火

◆　適用除外

本項のかっこ書規定に適用除外が明示されているとおり，この帆船には，次に掲げる船舶である場合は除かれる。これらの場合には，それぞれの規定の灯火又は形象物を表示する。

①　引かれ船（第24条第4項）
②　押され船・接舷して引かれている船舶（第24条第7項）
③　漁ろう船（第26条第1項・第2項）
④　運転不自由船（第27条第1項）
⑤　操縦性能制限船（第27条第2項・第4項）

なお，この適用除外は，第2項以下に規定する帆船についても同じである。

《第25条》

2　航行中の長さ7メートル未満の帆船は，できる限り，げん灯1対を表示し，かつ，できる限り船尾近くに船尾灯1個を表示しなければならない。ただし，これらの灯火又は次項に規定する三色灯を表示しない場合は，白色の携帯電灯又は点火した白灯を直ちに使用することができるように備えておき，他の船舶との衝突を防ぐために十分な時間これを表示しなければならない。

§ 3–31　航行中の長さ7メートル未満の帆船の灯火（第2項）

(1)　できる限り正規の灯火の表示（第2項本文）

できる限り，次の灯火を表示しなければならない。

(1)　舷灯　1対　（又は両色灯　1個）

(2)　船尾灯　1個　できる限り船尾近く

(2)　白灯の臨時表示（第2項ただし書）

前記(1)の灯火又は三色灯（第3項）を表示しない場合は，次の灯火を表示しなければならない。（図3･39）

白色の携帯電灯又は点火した白灯　臨時表示

◘　臨時表示する場合の注意事項

条文に明示しているとおり「直ちに使用することができるように備えておき，他の船舶との衝突を防ぐために十分な時間これを表示しなければならない」ことになっている。

図3･39　航行中の長さ7m未満の帆船の灯火（臨時表示の場合）

したがって，臨時表示をする船舶は，適切な見張りを行い他船を早く発見して，距離的にも時間的にも余裕のある時期に，他船から見えやすいように表示しなければならない。

【注】　この長さ7メートル未満の帆船は，海上交通安全法の適用海域及び港則法の港においては，ただし書規定による白色の携帯電灯又は点火した白灯

を表示する場合，臨時表示でなく，常時表示しなければならないことに定められている。（海上交通安全法第28条第1項，港則法第26条第1項）

《第25条》
3　航行中の長さ20メートル未満の帆船は，げん灯1対及び船尾灯1個の表示に代えて，三色灯（紅色，緑色及び白色の部分からなる灯火であって，紅色及び緑色の部分にあってはそれぞれげん灯の紅灯及び緑灯と，白色の部分にあっては船尾灯と同一の特性を有することとなるように船舶の中心線上に装置されるものをいう。）1個をマストの最上部又はその付近の最も見えやすい場所に表示することができる。

§ 3-32　航行中の長さ20メートル未満の帆船の三色灯（第3項）

航行中の長さ20メートル未満の帆船は，(1)舷灯1対（又は両色灯1個）及び(2)船尾灯1個の表示に代えて，次の灯火を表示することができる。（図3·40）

三色灯　1個　マストの最上部又はその付近の最も見えやすい場所

◇　三色灯とは，かっこ書規定に定義されているとおりである。つまり，舷灯（紅灯・緑灯）と船尾灯（白灯）とを1つにまとめた灯火で，長さ20メートル未満の小型の帆船には簡便で取り扱いやすいものである。

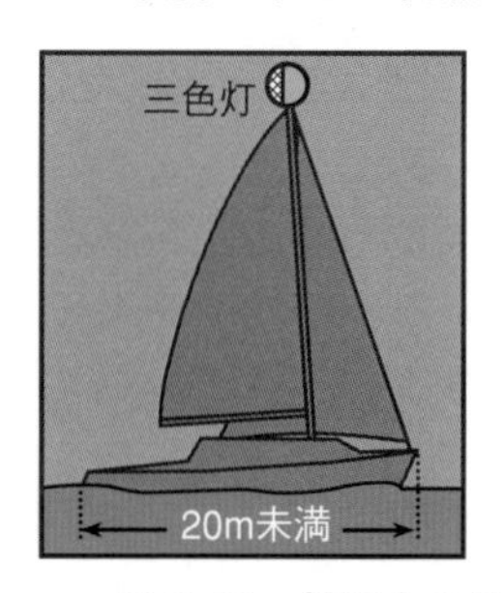

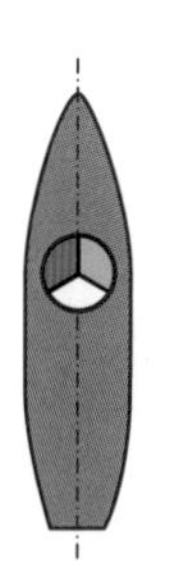
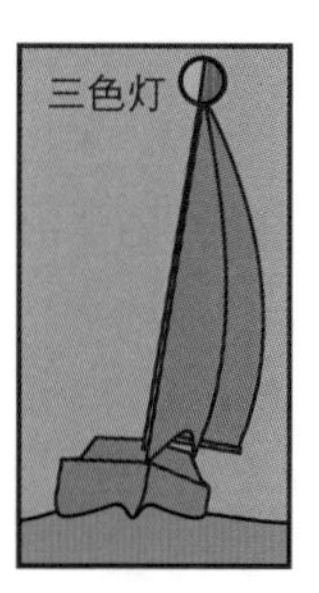

図3·40　航行中の長さ20m未満の帆船の三色灯

《第25条》
4　航行中の帆船は，げん灯1対及び船尾灯1個のほか，マストの最上部又はその付近の最も見えやすい場所に，紅色の全周灯1個を表示し，かつ，その垂直線上の下方に緑色の全周灯1個を表示することができる。ただし，これらの灯火を前項の規定による三色灯と同時に表示してはならない。

§ 3-33 航行中の帆船の紅・緑の全周灯（第4項）

航行中の帆船は，(1)舷灯1対（長さ20メートル未満の帆船は，舷灯1対又は両色灯1個）及び(2)船尾灯1個に加えて，次の灯火を表示することができる。（図3·38 前掲）

紅色の全周灯（上方）1個・緑色の全周灯（下方）1個 連掲（任意）
マストの最上部又はその付近の最も見えやすい場所

ただし，これらの全周灯を三色灯（第3項）と同時に表示してはならない。

◇ これらの灯火は，他船が帆船を早期に発見する助けとなる。

◇ 帆船の灯火は，帆走中大きく傾斜しても他船から見ることができるように，施行規則において，航行中の帆船の灯火の垂直射光範囲（一定の光度）は水平面の上下にそれぞれ5度から25度までの範囲でなければならないことに定められている。これは，動力船の灯火のもの（一定の光度で水平面の上下にそれぞれ5度から7.5度まで）より大幅に角度を大きくしている。（則第6条）

《第25条》

5 ろかいを用いている航行中の船舶は，前各項の規定による帆船の灯火を表示することができる。ただし，これらの灯火を表示しない場合は，白色の携帯電灯又は点火した白灯を直ちに使用することができるように備えておき，他の船舶との衝突を防ぐために十分な時間これを表示しなければならない。

§ 3-34 航行中のろかい船の灯火（第5項）

(1) 帆船の灯火の表示（第5項本文）

航行中のろかい船は，帆船の灯火（第1項〜第4項）を表示することができる。（任意）

◇ このろかい船が三色灯（第3項）を表示した場合は，図3·41（右図）

のとおりである。

(2) 白灯の臨時表示（第5項ただし書）

前記(1)の灯火を表示しない場合は，次の灯火を表示しなければならない。（図3･41（左図））

白色の携帯電灯又は点火した白灯　臨時表示

図3･41　航行中のろかい船の灯火

【注】 このろかい船は，海上交通安全法の適用海域及び港則法の適用港において，ただし書規定による白色の携帯電灯又は点火した白灯を表示する場合は，臨時表示でなく，常時表示しなければならないことになっている。（海上交通安全法第28条第1項，港則法第27条第1項）

◘　本条の航行中の帆船には，昼間の形象物についての規定はない。

《第25条》

6　機関及び帆を同時に用いて推進している動力船（次条第1項若しくは第2項又は第27条第1項から第4項までの規定の適用があるものを除く。）は，前部の最も見えやすい場所に円すい形の形象物1個を頂点を下にして表示しなければならない。

§ 3-35　機関と帆を同時に用いて推進している動力船の形象物（第6項）

黒色の円すい形の形象物（頂点を下）1個　前部の最も見えやすい場所（図3･42）

◘　この形象物を規定した理由

機関及び帆を用いている船舶（例えば，ヨットが帆を併用して機走。）

は，第3条（定義）第2項の規定により動力船であるが，昼間は，他船から見ると帆を用いて推進している船舶が同時に機関を用いて推進しているかどうか判断が難しい。したがって，帆・機併用の場合には，この形象物を表示して動力船であることを明示し，航法上の認識の不一致を避けるためである。

図 3·42　機関と帆を用いている動力船の形象物

夜間は，動力船の航行中の灯火を表示するから，帆船か動力船かの疑念は起こらない。

◆ 適用除外

本項のかっこ書規定に適用除外が明示されているとおり，この動力船には，次に掲げる船舶である場合は除かれる。これらの場合には，それぞれの規定の灯火又は形象物を表示する。

① 漁ろう船（第26条第1項・第2項）

② 運転不自由船（第27条第1項）

③ 操縦性能制限船（第27条第2項～第4項）

第26条　漁ろうに従事している船舶

第26条　航行中又はびょう泊中の漁ろうに従事している船舶（次条第1項の規定の適用があるものを除く。以下この条において同じ。）であって，トロール（けた網その他の漁具を水中で引くことにより行う漁法をいう。第4項において同じ。）により漁ろうをしているもの（以下この条において「トロール従事船」という。）は，次に定めるところにより，灯火又は形象物を表示しなければならない。

(1) 緑色の全周灯1個を掲げ，かつ，その垂直線上の下方に白色の全周灯1個を掲げること。

(2) 前号の緑色の全周灯よりも後方の高い位置にマスト灯1個を掲げること。ただし，長さ50メートル未満の漁ろうに従事している船舶は，これを掲げることを要しない。
(3) 対水速力を有する場合は，げん灯1対（長さ20メートル未満の漁ろうに従事している船舶にあっては，げん灯1対又は両色灯1個。次項第2号において同じ。）を掲げ，かつ，できる限り船尾近くに船尾灯1個を掲げること。
(4) 2個の同形の円すいをこれらの頂点で垂直線上の上下に結合した形の形象物1個を掲げること。

§ 3–36　航行中・錨泊中のトロール従事船の灯火・形象物（第1項）

(1) 灯火（図3･43）

(1) 緑色の全周灯（上方）1個・白色の全周灯（下方）1個　連掲
　白色の全周灯の位置は，これらの2個の全周灯の間の距離（a）の2倍以上舷灯よりも上方であること。(則第12条)
(2) マスト灯　1個　緑色の全周灯よりも後方の高い位置
　ただし，長さ50メートル未満のものは，掲げることを要しない。
(3) 対水速力を有する場合
　① 舷灯　1対
　　（長さ20メートル未満のものは，舷灯1対又は両色灯1個）
　② 船尾灯　1個　できる限り船尾近く

◘ 対水速力は，水に対しての前進又は後進の行き足の有無で決まり，対地速力の有無には関係ない。

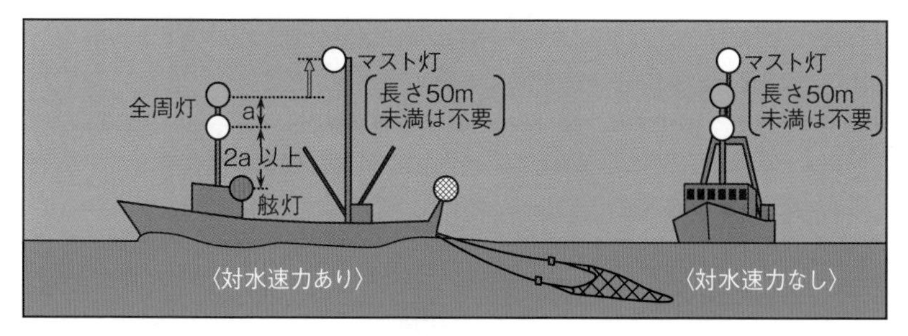

図3･43　トロール従事船の灯火（航行中・錨泊中）

(2) 形象物（図3・44）

黒色の鼓形の形象物　1個

◆ 長さ20メートル未満の船舶が掲げる形象物の大きさは，すべてその船舶の大きさに適した小型のものとすることができる。（則第8条）

◆ 漁ろう船は，錨泊中も本条に規定する灯火・形象物のみを表示することに定められているので，他の船舶の場合と混同しないこと。

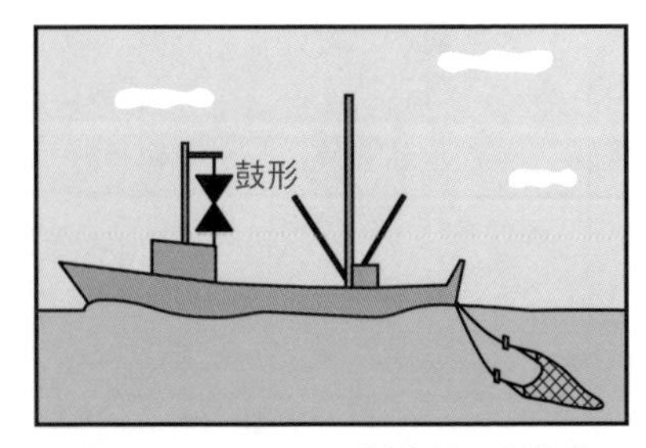

図3・44　トロール従事船の形象物（航行中・錨泊中）

◆ 適用除外

本項のかっこ書規定に適用除外が明示されているとおり，漁ろう船が次に掲げる船舶である場合は除かれる。この場合には，第27条第1項の灯火又は形象物を表示する。以下本条において同じである。

運転不自由船（第27条第1項）

《第26条》

2　トロール従事船以外の航行中又はびょう泊中の漁ろうに従事している船舶は，次に定めるところにより，灯火又は形象物を表示しなければならない。

(1) 紅色の全周灯1個を掲げ，かつ，その垂直線上の下方に白色の全周灯1個を掲げること。

(2) 対水速力を有する場合は，げん灯1対を掲げ，かつ，できる限り船尾近くに船尾灯1個を掲げること。

(3) 漁具を水平距離150メートルを超えて船外に出している場合は，その漁具を出している方向に白色の全周灯1個又は頂点を上にした円すい形の形象物1個を掲げること。

(4) 2個の同形の円すいをこれらの頂点で垂直線上の上下に結合した形の形象物1個を掲げること。

§ 3-37　航行中・錨泊中のトロール従事船以外の漁ろう船の灯火・形象物（第26条第2項）

(1) 灯火（図3・45）

⑴　紅色の全周灯（上方）1個・白色の全周灯（下方）1個　連掲

白色の全周灯の位置は，これらの2個の全周灯の間の距離（a）の2倍以上舷灯よりも上方であること。(則第12条)

⑵　対水速力を有する場合

①　舷灯　1対

（長さ20メートル未満のものは，舷灯1対又は両色灯1個）

②　船尾灯　1個　できる限り船尾近く

⑶　白色の全周灯　1個　漁具を出している方向に。

漁具を水平距離150メートルを超えて船外に出している場合に掲げる。

位置は，①上記⑴の白色の全周灯からの水平距離が2メートル以上6メートル以下で，②白色の全周灯よりも高くなく，③舷灯よりも低くないところ。(則第15条)

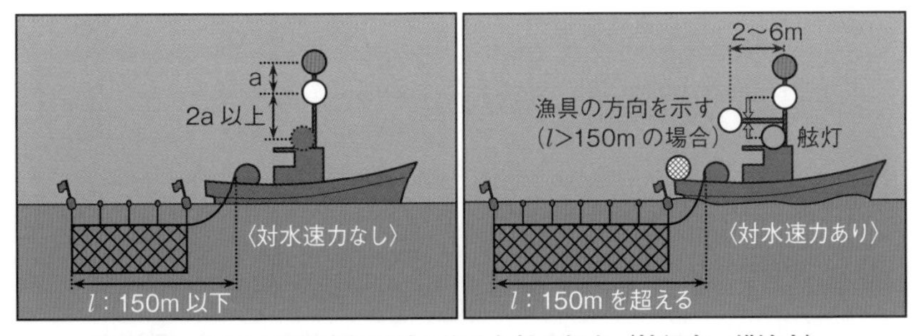

図3・45　トロール従事船以外の漁ろう船の灯火（航行中・錨泊中）

(2) 形象物（図3・46）

⑴　黒色の鼓形の形象物　1個

⑵　漁具を水平距離150メートルを超えて船外に出している場合黒色の円すい形の形象物（頂点を上）1個　漁具を出している方向に。

◆ 漁船といわれる船舶であっても，「漁ろうに従事している船舶」に該当しない場合は，本条の灯火又は形象物を表示してはならず，他の船舶と同様に，その船の長さに応じて定められた灯火又は形象物を表示しなければならない。

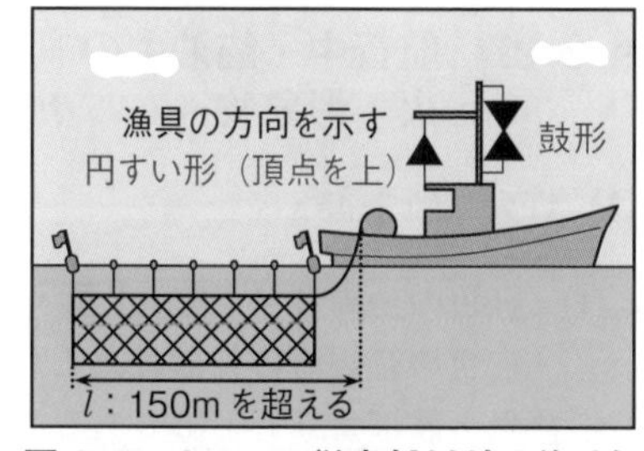

図 3･46　トロール従事船以外の漁ろう船の形象物（航行中・錨泊中）

《第26条》

3　長さ20メートル以上のトロール従事船は，他の漁ろうに従事している船舶と著しく接近している場合は，第1項の規定による灯火のほか，次に定めるところにより，同項第1号の白色の全周灯よりも低い位置の最も見えやすい場所に灯火を表示しなければならない。この場合において，その灯火は，第22条の規定にかかわらず，1海里以上3海里未満（長さ50メートル未満のトロール従事船にあっては，1海里以上2海里未満）の視認距離を得るのに必要な国土交通省令で定める光度を有するものでなければならない。

(1)　投網を行っている場合は，白色の全周灯2個を垂直線上に掲げること。

(2)　揚網を行っている場合は，白色の全周灯1個を掲げ，かつ，その垂直線上の下方に紅色の全周灯1個を掲げること。

(3)　網が障害物に絡み付いている場合は，紅色の全周灯2個を垂直線上に掲げること。

§ 3-38　長さ20メートル以上のトロール従事船の投網等を示す灯火（第3項）

長さ20メートル以上のトロール従事船は，他の漁ろう船と著しく接近している場合は，第1項の灯火（§ 3-36）のほか，次の灯火を表示しなければならない。

(1)　投網中（図 3･47）

白色の全周灯　2個　連掲

⑵　揚網中（図3･48）

白色の全周灯（上方）1個・紅色の全周灯（下方）1個　連掲

⑶　網が障害物に絡み付いている場合（図3･49）

紅色の全周灯　2個　連掲

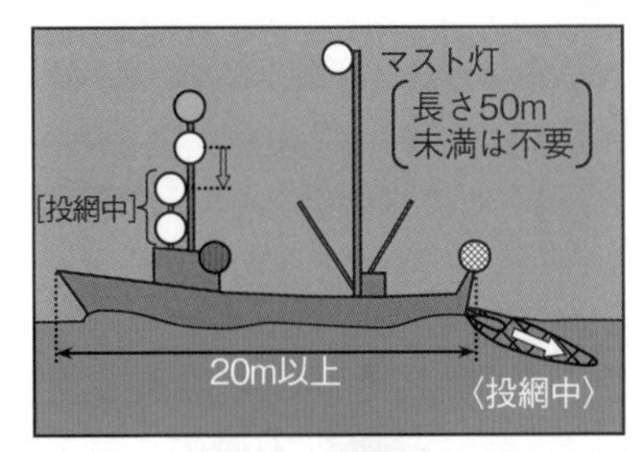

図 3･47　トロール従事船の「投網中」を示す灯火

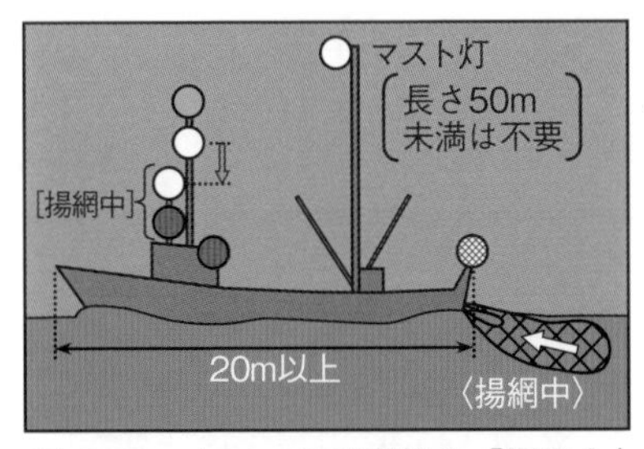

図 3･48　トロール従事船の「揚網中」を示す灯火

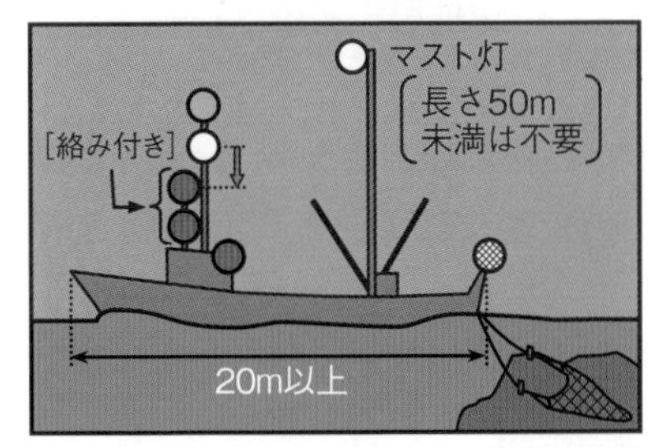

図 3･49　トロール従事船の「網の障害物に絡み付き」を示す灯火

◆　これらの灯火は，他の漁ろう船と著しく接近している場合に掲げなければならないものであって，次項の探照灯の照射及び第5項の灯火の表示についても同じである。

◆　これらの灯火の位置，視認距離及び間隔

①　位置は，緑色・白色の全周灯（第1項第1号）の白色の全周灯より低い位置の最も見えやすい場所であること。

②　視認距離は，1海里以上3海里未満（長さ50メートル未満のものは，1海里以上2海里未満）であること。その光度は，施行規則（則第4条）に定められている。

③　間隔（連掲する灯火の間の距離）は，0.9メートル以上であること。（則第12条第3項）

《第26条》

4　長さ20メートル以上のトロール従事船であって，2そうびきのトロールにより漁ろうをしているものは，他の漁ろうに従事している船

船と著しく接近している場合は，それぞれ，第1項及び前項の規定による灯火のほか，第20条第1項及び第2項の規定にかかわらず，夜間において対をなしている他方の船舶の進行方向を示すように探照灯を照射しなければならない。

§ 3-39　2そうびきの長さ20メートル以上のトロール従事船の探照灯の照射（第4項）

他の漁ろう船と著しく接近している場合は，夜間，次の方法により探照灯を照射しなければならない。（図3･50）

方法……それぞれ，対をなしている他方の船舶の進行方向を示すように照射する。

◇　第20条第1項・第2項（灯火の表示）の規定にかかわらず，探照灯を照射しなければならないものである。

◇　この2そうびきのトロール従事船も図3･43に示す灯火（第1項）を表示し，さらに投網等を行っている場合は，それを示す灯火（第3項）も表示する。

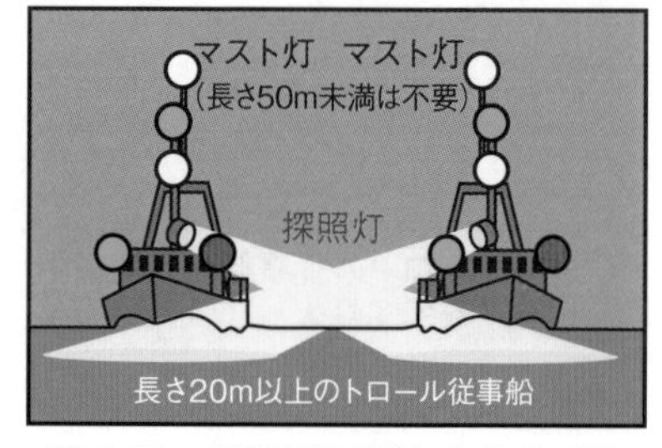

図3･50　探照灯の照射（2そうびきのトロール従事船）

《第26条》

5　長さ20メートル以上のトロール従事船以外の国土交通省令で定める漁ろうに従事している船舶は，他の漁ろうに従事している船舶と著しく接近している場合は，第1項又は第2項の規定による灯火のほか，国土交通省令で定める灯火を国土交通省令で定めるところにより表示することができる。

§ 3-40　長さ20メートル以上のトロール従事船以外の漁ろう船の追加の灯火（第5項）

国土交通省令（施行規則）で定めるところにより，次の漁ろう船は，それぞれ，次のとおり，追加の灯火を表示することができる。

(1) 長さ20メートル未満のトロール従事船の追加の灯火（任意）

⑴ 投網等を示す追加の灯火（任意）（則第16条第1項・第2項）

①　投網中
②　揚網中
③　網の絡み付き

を示す灯火（§3–38（第3項）と同様の灯火）を表示することができる。

（図3･47～図3･49）

◆ これらの追加の灯火の位置，視認距離及び間隔は，§3–38と同様のものが定められている。

⑵ 2そうびきの場合の探照灯の照射（任意）（則第16条第3項）

それぞれ，夜間において対をなしている他方の船舶の進行方向を示すように探照灯を照射することができる。

◆ この照射の方法は，§3–39（第4項）と同様である。（図3･50）

(2) きんちゃく網を用いている漁ろう船の追加の灯火（任意）（則第16条第1項・第2項）（図3･51）

黄色の全周灯　2個　連掲（交互に閃光）

◆ 2個の灯火は，図3･51に示すとおり，1秒ごとに交互に閃光を発し，かつ，各々の明間と暗間とが等しいものであること。

◆ この追加の灯火の位置，視認距離及び間隔は，§3–38（第3項）と同様のものが定められている。

図3･51　きんちゃく網漁ろう船の追加の灯火

◆ 第3項～第5項の規定を設けたのは，漁ろう船の操業状態を他船に容易に識別させるためである。

◆ 漁ろう船が漁ろう作業をするために用いる作業灯は，本法に定める灯火の視認やその特性の識別を妨げたり，見張りを妨げたりしないもの（第20条第1項）であれば，これを用いることができる。

第27条 運転不自由船及び操縦性能制限船

第27条 航行中の運転不自由船（第24条第4項又は第7項の規定の適用があるものを除く。以下この項において同じ。）は，次に定めるところにより，灯火又は形象物を表示しなければならない。ただし，航行中の長さ12メートル未満の運転不自由船は，その灯火又は形象物を表示することを要しない。
(1) 最も見えやすい場所に紅色の全周灯2個を垂直線上に掲げること。
(2) 対水速力を有する場合は，げん灯1対（長さ20メートル未満の運転不自由船にあっては，げん灯1対又は両色灯1個）を掲げ，かつ，できる限り船尾近くに船尾灯1個を掲げること。
(3) 最も見えやすい場所に球形の形象物2個又はこれに類似した形象物2個を垂直線上に掲げること。

§ 3-41 航行中の運転不自由船の灯火・形象物（第27条第1項）

(1) 灯火（図3•52，図3•52の2）

(1) 紅色の全周灯 2個 連掲 最も見えやすい場所
(2) 対水速力を有する場合
① 舷灯 1対（長さ20メートル未満のものは舷灯1対又は両色灯1個）
② 船尾灯 1個 できる限り船尾近く

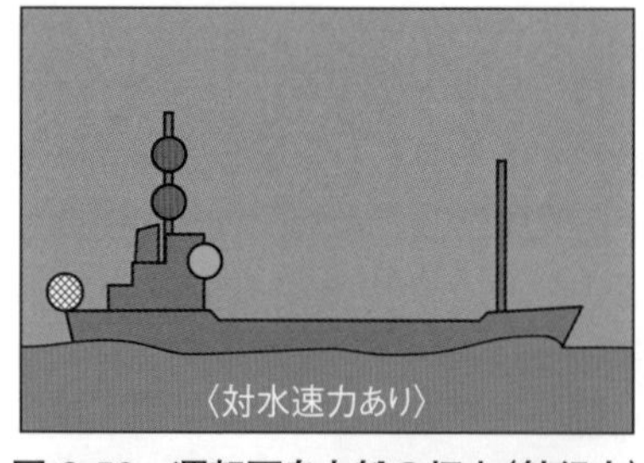

図3•52 運転不自由船の灯火（航行中）

(2) 形象物（図3•53）

黒色の球形の形象物（又はこれに類似した形象物）2個 連掲 最も見えやすい場所

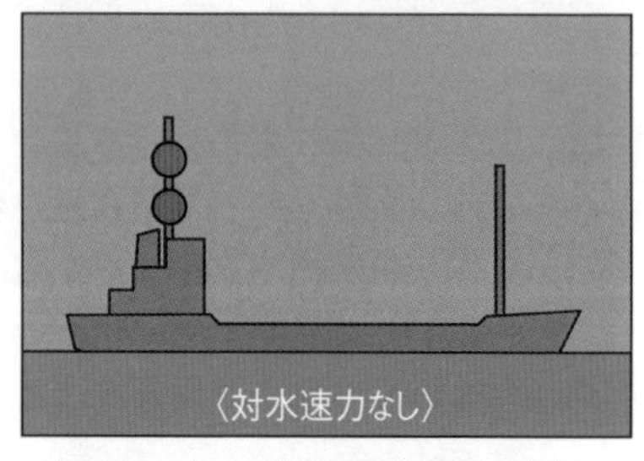

図3•52の2 運転不自由船の灯火（航行中）

(3) 灯火・形象物の表示緩和

図 3·53　運転不自由船の形象物(航行中)

長さ12メートル未満の運転不自由船は，上記の灯火又は形象物を表示することを要しない。

【注】 長さ12メートル未満の運転不自由船は，海上交通安全法の適用海域及び港則法の適用港においては，ただし書規定は適用されず，本文規定の灯火を表示しなければならない。つまり，同灯火の常時表示である。（海上交通安全法第28条第2項，港則法第27条第2項）

◆　適用除外

本項のかっこ書規定に適用除外が明示されているとおり，この運転不自由船には，次に掲げる船舶である場合は除かれる。これらの場合には，それぞれの規定の灯火又は形象物を表示する。

① 引かれ船（第24条第4項）
② 押され船・接舷して引かれている船舶（第24条第7項）

《第27条》

2　航行中又はびょう泊中の操縦性能制限船（前項，次項，第4項又は第6項の規定の適用があるものを除く。以下この項において同じ。）は，次に定めるところにより，灯火又は形象物を表示しなければならない。

(1) 最も見えやすい場所に白色の全周灯1個を掲げ，かつ，その垂直線上の上方及び下方にそれぞれ紅色の全周灯1個を掲げること。

(2) 対水速力を有する場合は，マスト灯2個（長さ50メートル未満の操縦性能制限船にあっては，マスト灯1個。第4項第2号において同じ。）及びげん灯1対（長さ20メートル未満の操縦性能制限船にあっては，げん灯1対又は両色灯1個。同号において同じ。）を掲げ，かつ，できる限り船尾近くに船尾灯1個を掲げること。

(3) 最も見えやすい場所にひし形の形象物1個を掲げ，かつ，その垂直線上の上方及び下方にそれぞれ球形の形象物1個を掲げること。

(4) びょう泊中においては，最も見えやすい場所に第30条第1項各号の規定による灯火又は形象物を掲げること。

§ 3-42　灯火・形象物の表示方法（第27条）から見た操縦性能制限船の分類

操縦性能制限船は，第3条第7項で定義されているとおり，操縦性能を制限する作業に従事している船舶であるが，その作業の性質上，他の船舶に通航妨害又は危険を及ぼす程度において，いろんな種類のものがある。

したがって，本条（第27条）は，表示しなければならない灯火及び形象物を，それぞれの作業の種類に応じて定めている。

操縦性能制限船を，本条に定める灯火及び形象物の表示方法（第27条第2項～第7項）からみて，従事する作業別に分類すると，次のとおりである。

(1)　第2項に定める灯火・形象物を表示するグループ

①　航路標識，海底電線又は海底パイプラインの敷設，保守又は引揚げの作業に従事する操縦性能制限船

②　水中作業（水中作業が他の船舶の通航の妨害となるおそれがあるもの（第4項）及び掃海作業（第6項）を除く。）に従事する操縦性能制限船

③　航行中における補給，人の移乗又は貨物の積替えの作業に従事する操縦性能制限船

④　航空機の発着作業に従事する操縦性能制限船

(2)　第3項に定める灯火・形象物を表示するグループ

引き船列がその進路から離れることを著しく制限する曳航作業に従事する操縦性能制限船

(3)　第4項に定める灯火・形象物を表示するグループ

浚渫（しゅんせつ）その他の水中作業（掃海作業を除く。）に従事する操縦性能制限船で，作業が他の船舶の通航の妨害となるおそれがあるもの

ただし，潜水夫による作業に従事しているものは，第4項に定める灯火・形象物を表示することができない場合は，第5項の灯火・信号板を表示することをもって足りる。

(4)　第6項に定める灯火・形象物を表示するグループ

掃海作業に従事する操縦性能制限船

(5)　第7項により灯火・形象物の表示を緩和されるグループ

長さ12メートル未満の操縦性能制限船（潜水作業のものを除く。）

§ 3-43　航行中・錨泊中の航路標識敷設等の作業に従事している操縦性能制限船の灯火・形象物（第2項）

第2項の灯火又は形象物を表示しなければならない操縦性能制限船は，航路標識の敷設など§ 3-42(1)に掲げる作業に従事しているものである。

(1) 灯火（図3･54，図3･55）

(1)　紅色（上方）・白色（中央）・紅色（下方）の3個の全周灯　連掲　最も見えやすい場所

(2)　対水速力を有する場合

① マスト灯　2個
（長さ50メートル未満のものは，マスト灯1個）

② 舷灯　1対
（長さ20メートル未満のものは，舷灯1対又は両色灯1個）

③ 船尾灯　1個　できる限り船尾近く

(3)　錨泊中
錨泊灯（第30条第1項第1号）　最も見えやすい場所（§ 3-52）

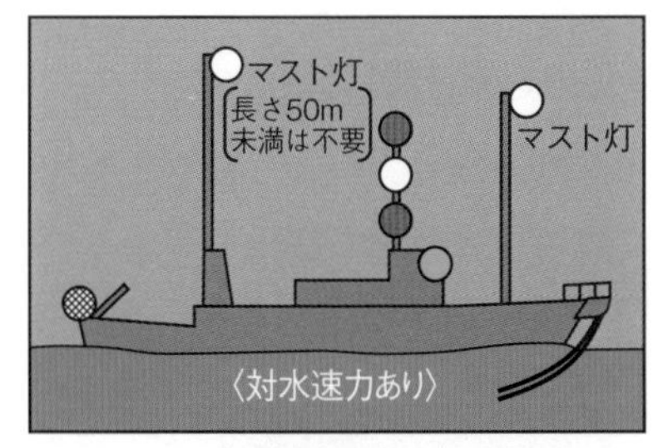

図 3･54　「航路標識敷設等」の操縦性能制限船の灯火（航行中）

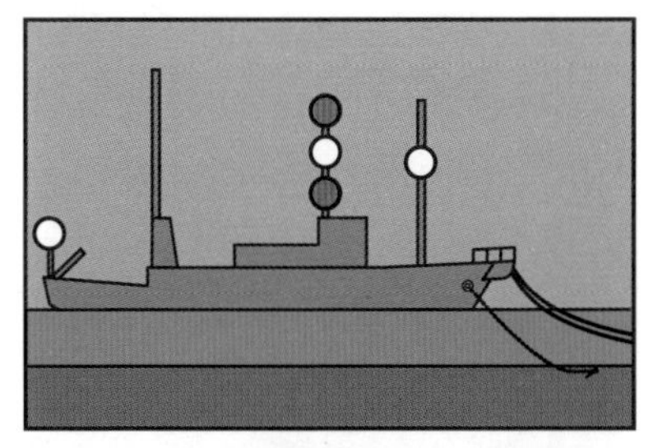

図 3･55　「航路標識敷設等」の操縦性能制限船の灯火（錨泊中）

(2) 形象物（図3･56，図3･57）

(1)　黒色の球形（上方）・ひし形（中央）・球形（下方）の3個の形象物　連掲　最も見えやすい場所

(2)　錨泊中
黒色の球形の形象物　1個　前部（第30条第1項第2号）　最も見えやすい場所

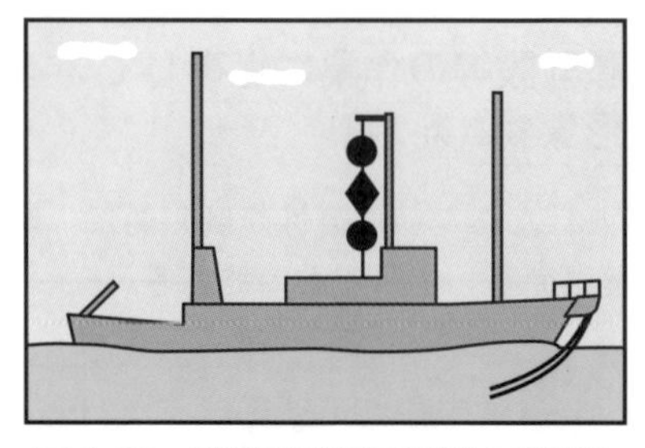

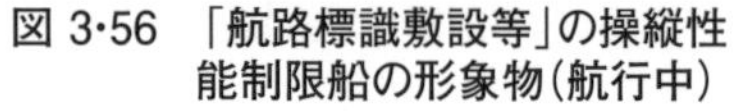
図 3·56　「航路標識敷設等」の操縦性能制限船の形象物（航行中）

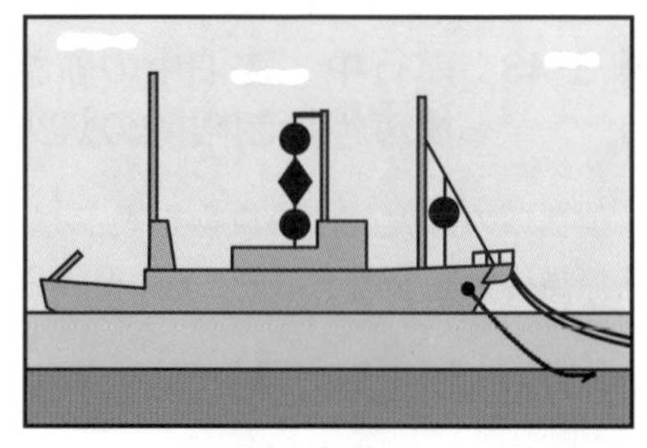

図 3·57　「航路標識敷設等」の操縦性能制限船の形象物（錨泊中）

◆　本項に規定する灯火・形象物は，操縦性能制限船（掃海作業船を除く。）が表示する基本的な灯火・形象物というべきものであって，作業によっては，次項以下に規定するように，他の灯火・形象物を加えて掲げるようになっている。

◆　適用除外

本項のかっこ書規定に適用除外が明示されているとおり，この操縦性能制限船には，次に掲げる船舶である場合は除かれる。これらの場合には，それぞれの灯火又は形象物を掲げる。

①　運転不自由船（第27条第1項）

②　第27条第3項，第4項又は第6項の操縦性能制限船

《第27条》

3　航行中の操縦性能制限船であって，第3条第7項第6号に規定するえい航作業に従事しているもの（第1項の規定の適用があるものを除く。）は，第24条第1項各号並びに前項第1号及び第3号の規定による灯火又は形象物を表示しなければならない。

§ 3-44　航行中の「進路から離れることを著しく制限する曳航作業」に従事している操縦性能制限船の灯火・形象物（第3項）

(1) 灯火（図 3·58）

(1)　引き船の灯火（第24条第1項）

(2)　紅色（上方）・白色（中央）・紅色（下方）の3個の全周灯　連掲

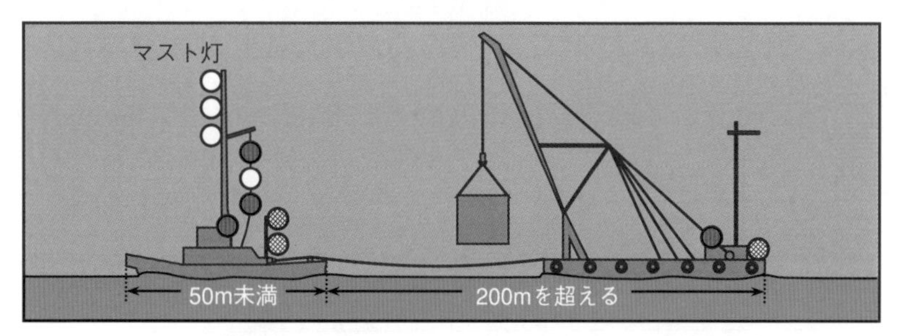

図 3·58　「進路から離れることを著しく制限する曳航作業」に従事している操縦性能制限船の灯火（航行中）

最も見えやすい場所

(2) 形象物（図 3·59）

(1) 引き船の形象物（第24条第1項）

(2) 黒色の球形（上方）・ひし形（中央）・球形（下方）の3個の形象物連掲　最も見えやすい場所

◘ 適用除外

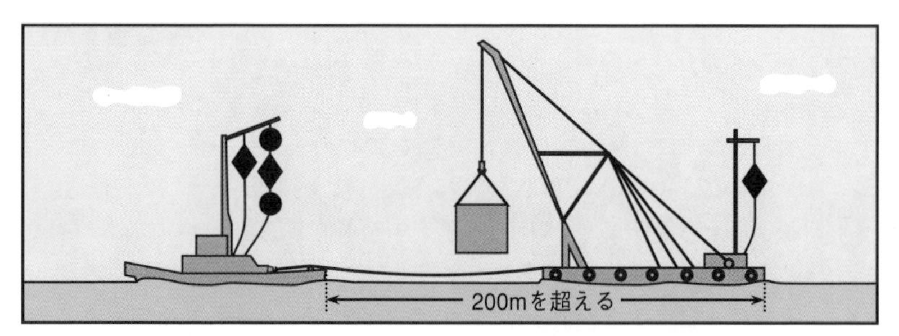

図 3·59　「進路から離れることを著しく制限する曳航作業」に従事している操縦性能制限船の形象物（航行中）

本項のかっこ書規定に適用除外が明示されているとおり，この操縦性能制限船には，次に掲げる船舶である場合は除かれる。この場合には，第27条第1項の灯火又は形象物を掲げる。

運転不自由船（第27条第1項）

《第27条》

4　航行中又はびょう泊中の操縦性能制限船であって，しゅんせつその他の水中作業（掃海作業を除く。）に従事しているもの（第1項の規定の適用があるものを除く。）は，その作業が他の船舶の通航の妨害となるおそれがある場合は，次の各号に定めるところにより，灯火又は形象物を表示しなければならない。

⑴　最も見えやすい場所に白色の全周灯1個を掲げ，かつ，その垂直線上の上方及び下方にそれぞれ紅色の全周灯1個を掲げること。

⑵　対水速力を有する場合は，マスト灯2個及びげん灯1対を掲げ，かつ，できる限り船尾近くに船尾灯1個を掲げること。

⑶　その作業が他の船舶の通航の妨害となるおそれがある側のげんを示す紅色の全周灯2個又は球形の形象物2個をそのげんの側に垂直線上に掲げること。

⑷　他の船舶が通航することができる側のげんを示す緑色の全周灯2個又はひし形の形象物2個をそのげんの側に垂直線上に掲げること。

⑸　最も見えやすい場所にひし形の形象物1個を掲げ，かつ，その垂直線上の上方及び下方にそれぞれ球形の形象物1個を掲げること。

5　前項に規定する操縦性能制限船であって，潜水夫による作業に従事しているものは，その船体の大きさのために同項第2号から第5号までの規定による灯火又は形象物を表示することができない場合は，次に定めるところにより，灯火又は信号板を表示することをもって足りる。

⑴　最も見えやすい場所に白色の全周灯1個を掲げ，かつ，その垂直線上の上方及び下方にそれぞれ紅色の全周灯1個を掲げること。

⑵　国際海事機関が採択した国際信号書に定めるA旗を表す信号板を，げん縁上1メートル以上の高さの位置に周囲から見えるように掲げること。

§ 3-45　航行中・錨泊中の浚渫等の水中作業（掃海作業を除く。）に従事している操縦性能制限船の灯火・形象物（第4項）

(1)　灯火（図3･60，図3･61）

⑴　紅色（上方）・白色（中央）・紅色（下方）の3個の全周灯　連掲　最

も見えやすい場所

⑵　対水速力を有する場合

① マスト灯　2個
（長さ50メートル未満のものは，マスト灯1個）

② 舷灯　1対
（長さ20メートル未満のものは，舷灯1対又は両色灯1個）

③ 船尾灯　1個　できる限り船尾近く

⑶　紅色の全周灯　2個　連掲

作業が他の船舶の通航の妨害となるおそれがある側の舷を示すため，その舷の側に掲げる。

⑷　緑色の全周灯　2個　連掲

他の船舶が通航することができる側の舷を示すため，その舷の側に掲げる。

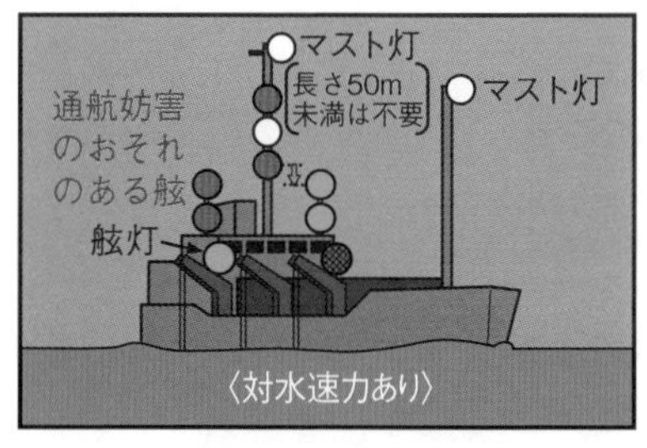

図 3･60　「浚渫等の水中作業」に従事している操縦性能制限船の灯火

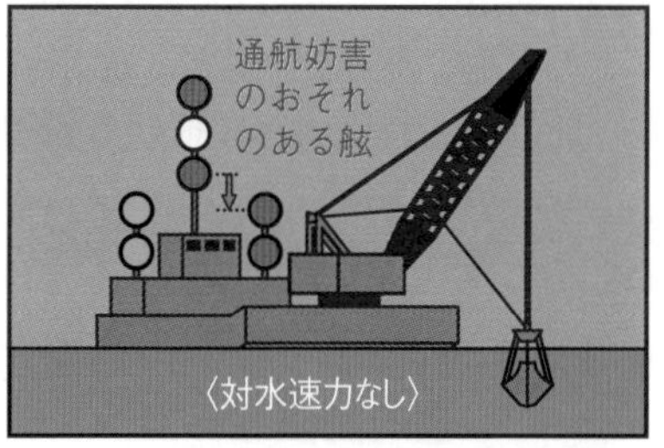

図 3･61　「浚渫等の水中作業」に従事している操縦性能制限船の灯火

◆　紅色又は緑色の2個の全周灯の位置は，①紅・白・紅の3個の全周灯からの水平距離が2メートル以上で，できる限り長く，②3個の全周灯の最も下方のものより高くないことに定められている。（則第15条）

⑵ 形象物（図3･62）

⑴　黒色の球形（上方）・ひし形（中央）・球形（下方）の3個の形象物連掲　最も見えやすい場所

⑵　黒色の球形の形象物　2個　連掲

他の船舶の通航の妨害となるおそれのある舷の側に掲げる。

(3)　黒色のひし形の形象物　2個連掲

他の船舶が通航できる舷の側に掲げる。

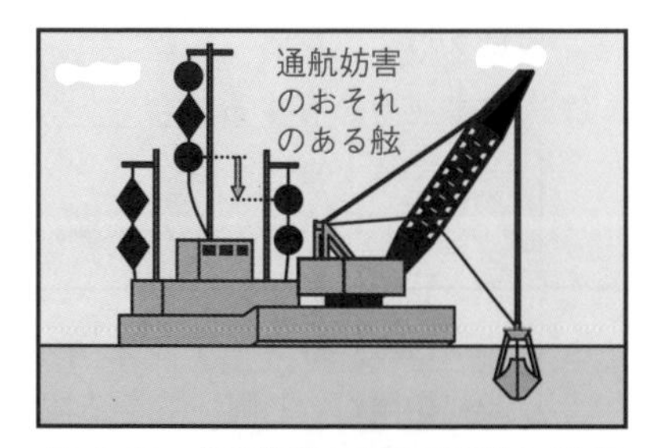

図 3･62　「浚渫等の水中作業」に従事している操縦性能制限船の形象物（航行中・錨泊中）

◆　球形又はひし形の2個の形象物の位置は，①球形・ひし形・球形の3個の形象物からの水平距離が2メートル以上で，できる限り長く，②3個の形象物の最も下方のものより高くないことに定められている。（則第15条）

◆　この操縦性能制限船は，錨泊中に錨泊船の灯火又は形象物（第30条）を掲げる規定はないから，これを掲げてはならない。

◆　適用除外

本項のかっこ書規定に適用除外が明示されているとおり，この操縦性能制限船には，次に掲げる船舶である場合は，除かれる。この場合には，第27条第1項の灯火又は形象物を掲げる。

運転不自由船（第27条第1項）

§ 3-46　航行中・錨泊中の潜水夫による作業に従事している操縦性能制限船の灯火・形象物の表示緩和（第5項）

第4項の操縦性能制限船（§ 3-45）であって，潜水夫による作業に従事しているものは，第4項の灯火又は形象物を表示することになっているが，その船体の大きさが小型のために，第4項に定めるすべての灯火又は形象物を表示することができない場合は，次の灯火又は信号板を表示することをもって足りる，と表示緩和をしている。

(1)　灯火（図 3･63）

紅色（上方）・白色（中央）・紅色（下方）の3個の全周灯　連掲　最も見えやすい場所

図 3･63　「潜水夫による作業」に従事している操縦性能制限船の灯火（航行中・錨泊中）

図 3･64　「潜水夫による作業」に従事している操縦性能制限船の信号板（航行中・錨泊中）

(2) **信号板**（図 3･64）

A旗を表す信号板　舷縁上1メートル以上の高さ　周囲から見えるように

【注】「A」は，国際信号書では「私は，潜水夫をおろしている。微速で十分避けよ。」を意味する。

◘　この操縦性能制限船は，潜水夫が水中で作業をしているから，この船舶に接近する他船は，人命に危険を及ぼさないよう，同船を十分に離し，かつ，速力を減じるなどの注意をしなければならない。

《第27条》

6　航行中又はびょう泊中の操縦性能制限船であって，掃海作業に従事しているものは，次に定めるところにより，灯火又は形象物を表示しなければならない。

(1)　当該船舶から1,000メートル以内の水域が危険であることを示す緑色の全周灯3個又は球形の形象物3個を掲げること。この場合において，これらの全周灯3個又は球形の形象物3個のうち，1個は前部マストの最上部付近に掲げ，かつ，他の2個はその前部マストのヤードの両端に掲げること。

(2)　航行中においては，第23条第1項各号の規定による灯火を掲げること。

(3)　びょう泊中においては，最も見えやすい場所に第30条第1項各号の規定による灯火又は形象物を掲げること。

§ 3-47　航行中・錨泊中の掃海作業に従事している操縦性能制限船の灯火・形象物（第6項）

(1) 灯火（図3･65，図3･66）

(1) 緑色の全周灯　3個

位置 ｛1個は，前部マストの最上部付近／他の2個は，前部マストのヤードの両端｝

(2) 航行中

航行中の動力船の灯火（第23条第1項各号）

(3) 錨泊中

錨泊灯（第30条第1項第1号）　最も見えやすい場所

図3･65 「掃海作業」に従事している操縦性能制限船（自衛艦）の灯火（航行中）（則第23条の特例を適用）

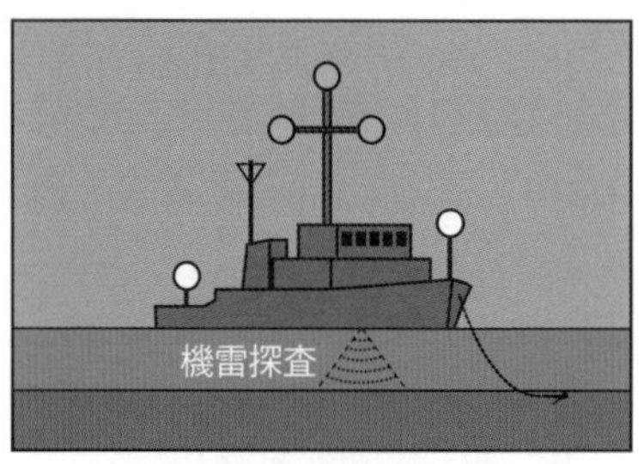

図3･66 「掃海作業」に従事している操縦性能制限船（自衛艦）の灯火（錨泊中）

(2) 形象物（図3･67，図3･68）

図3･67 「掃海作業」に従事している操縦性能制限船の形象物（航行中）

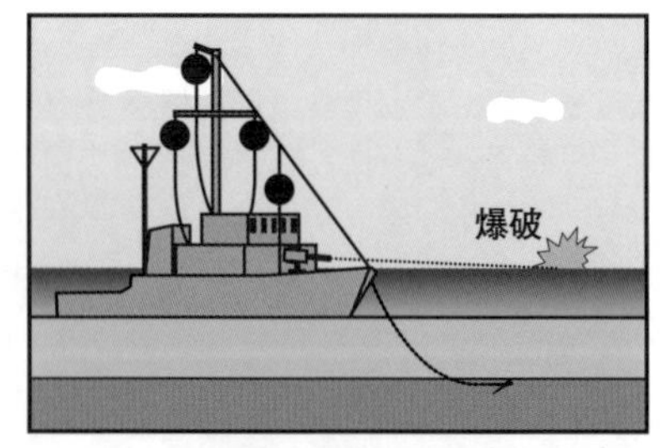

図3･68 「掃海作業」に従事している操縦性能制限船の形象物（錨泊中）

⑴　黒色の球形の形象物　3個

位置 {1個は，前部マストの最上部付近
他の2個は，前部マストのヤードの両端

⑵　錨泊中

黒色の球形の形象物　1個　前部（第30条第1項第2号）　最も見えやすい場所

◘　緑色の全周灯3個又は黒色の球形の形象物3個は，掃海作業船が機雷を掃海する作業をしているため，図3･69に示す範囲が危険であることを示すものである。

掃海作業船と出会う他船は，この危険範囲に接近しないよう十分に注意して運航しなければならない。

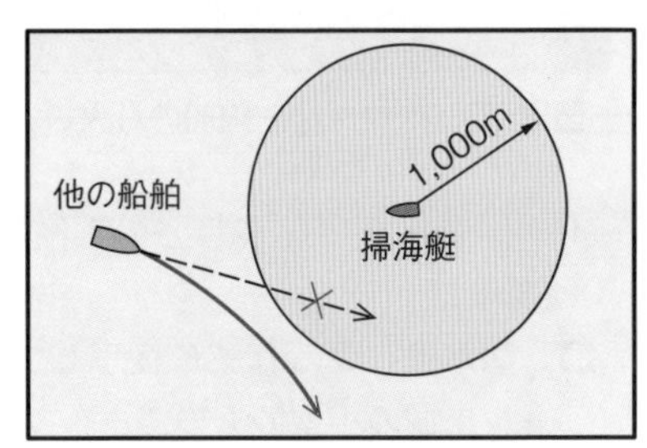

図3･69　危険範囲（掃海作業）

《第27条》

7　航行中又はびょう泊中の長さ12メートル未満の操縦性能制限船（潜水夫による作業に従事しているものを除く。）は，第2項から第4項まで及び前項の規定による灯火又は形象物を表示することを要しない。

§3-48　航行中・錨泊中の長さ12メートル未満の操縦性能制限船の灯火・形象物の表示緩和（第7項）

航行中又は錨泊中の長さ12メートル未満の操縦性能制限船（潜水夫による作業をしているものを除く。）は，次の灯火又は形象物を表示することを要しない。（図3･70，図3･71）

⑴　航路標識敷設等の作業に従事している操縦性能制限船の灯火・形象物（§3-43）（第2項）

⑵　曳航作業（進路から離れることを著しく制限する。）に従事している操縦性能制限船の灯火・形象物（§3-44）（第3項）

⑶　浚渫等の水中作業（掃海作業を除く。）に従事している操縦性能制限船の灯火・形象物（§3-45）（第4項）

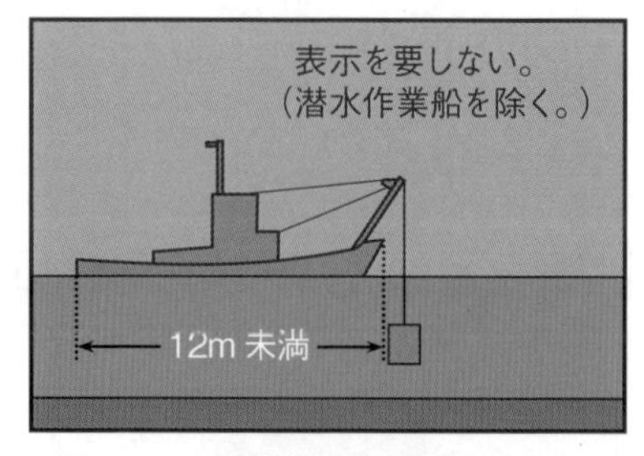

図 3･70　操縦性能制限船の灯火の表示緩和

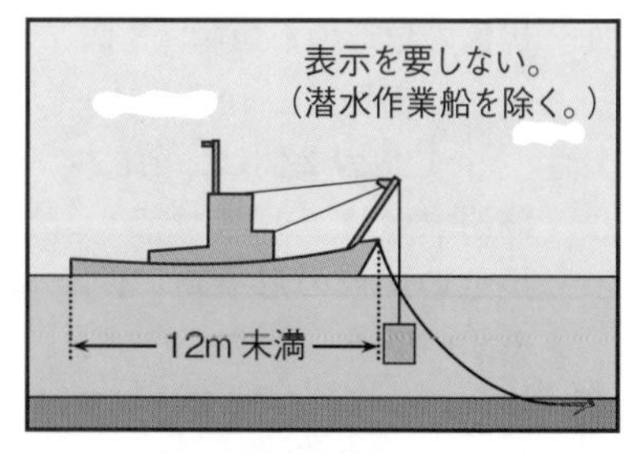

図 3･71　操縦性能制限船の形象物の表示緩和

(4)　掃海作業に従事している操縦性能制限船の灯火・形象物（§ 3–47）（第6項）

◆　潜水夫による作業に従事している操縦性能制限船は，長さが12メートル未満の小型のものであっても，人命に対する危険を予防するため灯火・形象物の表示緩和を認められていない。したがって，第4項又は第5項の灯火・形象物を表示しなければならない。

【注】　この長さ12メートル未満の操縦性能制限船は，海上交通安全法の適用海域及び港則法の適用港においては，この規定は適用されず，規定の灯火を表示しなければならない。つまり，規定の灯火の常時表示である。（海上交通安全法第28条第2項，港則法第27条第2項）

◆　本条に定める運転不自由船及び操縦性能制限船の灯火及び形象物は，遭難して救助を求めているものではない。遭難して救助を求める場合の遭難信号は，第37条に規定されている。（§ 4–15 参照）

§ 3–49　対水速力の有無により舷灯等の表示が異なる船舶

漁ろう船や操縦性能制限船には，自船の状態をよりよく他船に知らせる必要があるため，灯火のうち一定のもの（舷灯，船尾灯又はマスト灯）については，対水速力を有する場合にのみ掲げることに定められている場合があるが，それは，次のとおりである。

(1) 対水速力を有する場合にのみ舷灯（両色灯）及び船尾灯を掲げる船舶

(1)　漁ろうに従事している船舶（第26条第1項・第2項）

①　トロールによる漁ろうに従事している船舶（トロール従事船）

②　トロール従事船以外の漁ろうに従事している船舶

(2) 運転不自由船（第27条第1項）

(2) 対水速力を有する場合にのみマスト灯，舷灯（両色灯）及び船尾灯を掲げる船舶

操縦性能制限船（①進路から離れることを著しく制限する曳航作業及び②掃海作業に従事しているものを除く。）（第27条第2項・第4項）

第28条　喫水制限船

> 第28条　航行中の喫水制限船（第23条第1項の規定の適用があるものに限る。）は，同項各号の規定による灯火のほか，最も見えやすい場所に紅色の全周灯3個又は円筒形の形象物1個を垂直線上に表示することができる。

§ 3-50　航行中の喫水制限船の灯火・形象物（第28条）

航行中の喫水制限船は，次の灯火又は形象物を表示することができる。

(1) 灯火（図3･72）

(1) 航行中の動力船の灯火（第23条第1項各号）
(2) 紅色の全周灯　3個　連掲　最も見えやすい場所

(2) 形象物（図3･73）

黒色の円筒形の形象物　1個　最も見えやすい場所

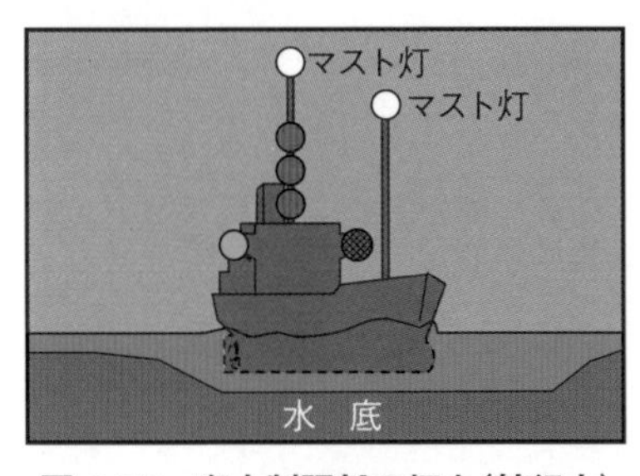

図3･72　喫水制限船の灯火（航行中）

図3･73　喫水制限船の形象物（航行中）

◆ 全周灯の位置は，前部マスト灯よりも下方の位置とすることができない場合は，次のいずれかの位置でもよい。

⑴ 前部マスト灯の高さと後部マスト灯の高さの間であって，船舶の中心線からの水平距離が2メートル以上である位置

⑵ 後部マスト灯よりも上方の位置

なお，これは，さきの第27条第2項・第4項の操縦性能制限船の紅・白・紅の全周灯の位置についても同じである。　（則第14条第4項）

◆ 紅色の全周灯3個（連掲）又は円筒形の形象物1個を表示することは，任意であるが，喫水制限船がこれを表示しない場合は，第18条第4項（船舶が喫水制限船の安全な通航を妨げない義務）の規定の適用はない。

◆ この喫水制限船は，本条のかっこ書規定に明示されているとおり，第23条（航行中の動力船）第1項の規定の適用がある動力船に限られる。

したがって，例えば，帆船や操縦性能制限船は，喫水制限船になり得ない。

第29条　水先船

第29条　航行中又はびょう泊中の水先船であって，水先業務に従事しているものは，次に定めるところにより，灯火又は形象物を表示しなければならない。

⑴ マストの最上部又はその付近に白色の全周灯1個を掲げ，かつ，その垂直線上の下方に紅色の全周灯1個を掲げること。

⑵ 航行中においては，げん灯1対（長さ20メートル未満の水先船にあっては，げん灯1対又は両色灯1個）を掲げ，かつ，できる限り船尾近くに船尾灯1個を掲げること。

⑶ びょう泊中においては，最も見えやすい場所に次条第1項各号の規定による灯火又は形象物を掲げること。

§ 3–51　航行中・錨泊中の水先船（水先業務に従事中）の灯火・形象物（第29条）

(1) 灯火（図3・74，図3・75）

⑴　白色の全周灯（上方）1個・紅色の全周灯（下方）1個　連掲　マストの最上部又はその付近

⑵　航行中

①　舷灯　1対
　（長さ20メートル未満の水先船は，舷灯1対又は両色灯1個）
②　船尾灯　1個　できる限り船尾近く

⑶　錨泊中
　錨泊灯　最も見えやすい場所

図3・74　水先船の灯火（航行中）

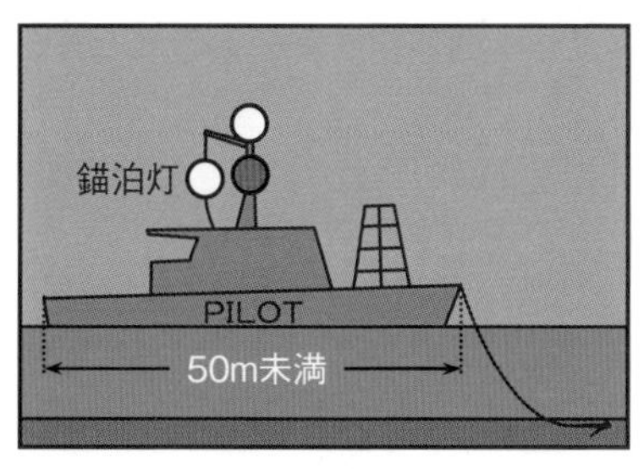

図3・75　水先船の灯火（錨泊中）

(2) 形象物（図3・76）

錨泊中
黒色の球形の形象物　1個

◘　水先船には，昼間の航行中の形象物の規定はない。

◘　水先船といわれる船舶であっても，水先業務に従事していない場合は，当然のことながら，本条の灯火又は形象物を表示してはならず，他の船舶と同様に，その船の

図3・76　水先船の形象物（錨泊中）

長さに応じて定められた灯火又は形象物を表示しなければならない。

【注】 水先船の白色の全周灯（上方）・紅色の全周灯（下方）は，トロール従事船以外の漁ろう船の紅色の全周灯（上方）・白色の全周灯（下方）とは掲げる位置が逆であるので混同しないこと。

第30条　びょう泊中の船舶及び乗り揚げている船舶

第30条　びょう泊中の船舶（第26条第1項若しくは第2項，第27条第2項，第4項若しくは第6項又は前条の規定の適用があるものを除く。次項及び第4項において同じ。）は，次に定めるところにより，最も見えやすい場所に灯火又は形象物を表示しなければならない。

(1) 前部に白色の全周灯1個を掲げ，かつ，できる限り船尾近くにその全周灯よりも低い位置に白色の全周灯1個を掲げること。ただし，長さ50メートル未満の船舶は，これらの灯火に代えて，白色の全周灯1個を掲げることができる。

(2) 前部に球形の形象物1個を掲げること。

2　びょう泊中の船舶は，作業灯又はこれに類似した灯火を使用してその甲板を照明しなければならない。ただし，長さ100メートル未満の船舶は，その甲板を照明することを要しない。

§ 3–52　錨泊船の灯火・形象物（第30条第1項・第2項）

(1) 灯火（図3･77）

(1) 錨泊灯（第1項）

① 白色の全周灯　1個　前部　最も見えやすい場所
② 白色の全周灯　1個　できる限り船尾近く，①の全周灯よりも低い位置　最も見えやすい場所

ただし，長さ50メートル未満の船舶は，これらの灯火に代えて，白色の全周灯1個を掲げることができる。（図3･78）

(2) 甲板照明の作業灯（又はこれに類似した灯火）（第2項）

長さ100メートル未満の船舶は，甲板を照明することを要しない。

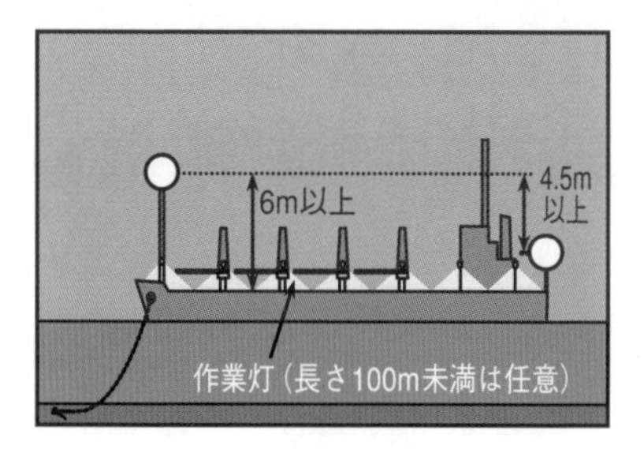

図 3·77　錨泊中の船舶の灯火

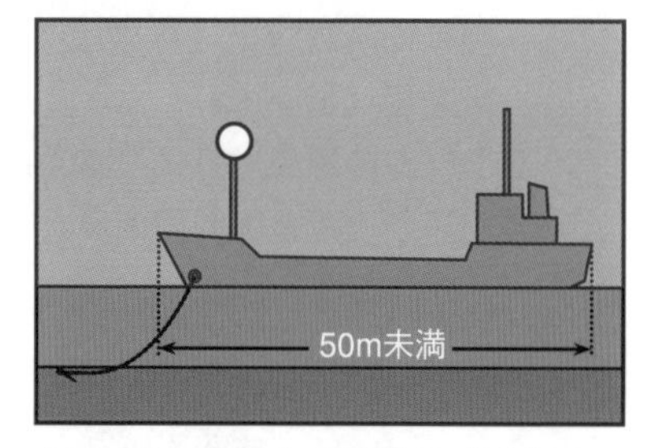

図 3·78　錨泊中の船舶の（長さ50m未満）の灯火

◆　前部の錨泊灯の位置は，後部の錨泊灯より4.5メートル以上上方で，かつ，船体上の高さが6メートル以上（長さ50メートル以上の船舶）であること。（則第13条）

◆　全周灯はすべて，その位置は，原則としてその水平射光範囲がマストその他の上部構造物によつて6度を超えて妨げられないような位置でなければならない。しかし，錨泊灯については，やむを得ない場合は，この限りでないが，できる限り高い位置でなければならないと定めている。（則第14条）

◆　甲板照明の作業灯は，特に大型の錨泊船を識別するのに役立つものである。

◆　長さ50メートル未満の船舶の白色の全周灯1個を掲げる位置は，最も見えやすい場所であれば，前部でも中央部でもどこに掲げてもよい。

(2) 形象物（図3·79）

黒色の球形の形象物　1個　前部　最も見えやすい場所

◆　適用除外

第1項のかっこ書規定に適用除外が明示されているとおり，この錨泊船には，次に掲げる船舶である場合は除かれる。これらの場合には，それぞれの規定の灯火又は形象物を表示する。

①　漁ろう船（第26条第1項・第2項）

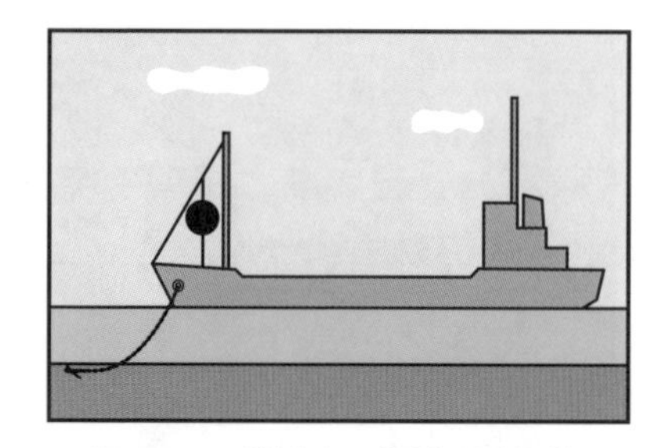

図 3·79　錨泊中の船舶の形象物

② 操縦性能制限船（第27条第2項・第4項・第6項）
③ 水先船（第29条）

なお，この適用除外は，本条に規定する第2項（前掲）及び第4項の錨泊船についても同じである。

《第30条》

3　乗り揚げている船舶は，次に定めるところにより，最も見えやすい場所に灯火又は形象物を表示しなければならない。

(1)　前部に白色の全周灯1個を掲げ，かつ，できる限り船尾近くにその全周灯よりも低い位置に白色の全周灯1個を掲げること。ただし，長さ50メートル未満の船舶は，これらの灯火に代えて，白色の全周灯1個を掲げることができる。

(2)　紅色の全周灯2個を垂直線上に掲げること。

(3)　球形の形象物3個を垂直線上に掲げること。

§ 3–53　乗揚げ船の灯火・形象物（第3項）

(1) 灯火（図3･80）

(1)　錨泊灯

① 白色の全周灯　1個　前部　最も見えやすい場所
② 白色の全周灯　1個　できる限り船尾近く，①の全周灯よりも低い位置　最も見えやすい場所

ただし，長さ50メートル未満の船舶は，これらの灯火に代えて，白色の全周灯1個を掲げることができる。（図3･81）

図3･80　乗り揚げている船舶の灯火

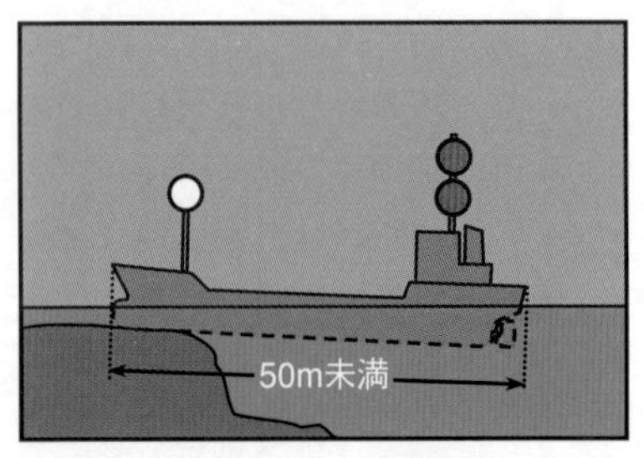

図3･81　乗り揚げている船舶（長さ50m未満）の灯火

⑵　紅色の全周灯　2個　連掲　最も見えやすい場所

(2) 形象物（図3･82）

黒色の球形の形象物　3個　連掲　最も見えやすい場所

図3･82　乗り揚げている船舶の形象物

《第30条》

4　長さ7メートル未満のびょう泊中の船舶は，そのびょう泊をしている水域が，狭い水道等，びょう地若しくはこれらの付近又は他の船舶が通常航行する水域である場合を除き，第1項の規定による灯火又は形象物を表示することを要しない。

§ 3–54　長さ7メートル未満の錨泊船の灯火・形象物の表示緩和（第4項）

長さ7メートル未満の船舶は，錨泊をしている水域が，次の水域である場合を除き，錨泊船の灯火又は形象物（第1項）を表示することを要しない。（図3･83）

⑴　狭い水道等（狭い水道・航路筋）又はその付近

⑵　錨地又はその付近

⑶　他の船舶が通常航行する水域

◆　長さ7メートル未満の船舶は，狭い水道，航路筋，錨地若しくはこれらの付近又は他船が通常航行する水域において，錨泊している場合は，規定の灯火又は形象物を表示しなければならない。

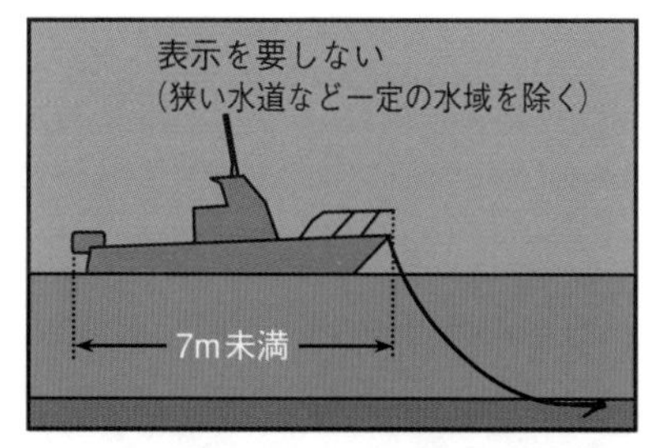

図3･83　長さ7m未満の錨泊中の船舶の灯火・形象物の表示緩和

《第30条》
5　長さ12メートル未満の乗り揚げている船舶は，第3項第2号又は第3号の規定による灯火又は形象物を表示することを要しない。

§ 3-55　長さ12メートル未満の乗揚げ船の灯火・形象物の表示緩和（第5項）

長さ12メートル未満の乗揚げ船は，次の灯火又は形象物を表示することを要しない。（図3・84，図3・85）

(1)　紅色の全周灯　2個　連掲（第3項第2号）

(2)　黒色の球形の形象物　3個　連掲（第3項第3号）

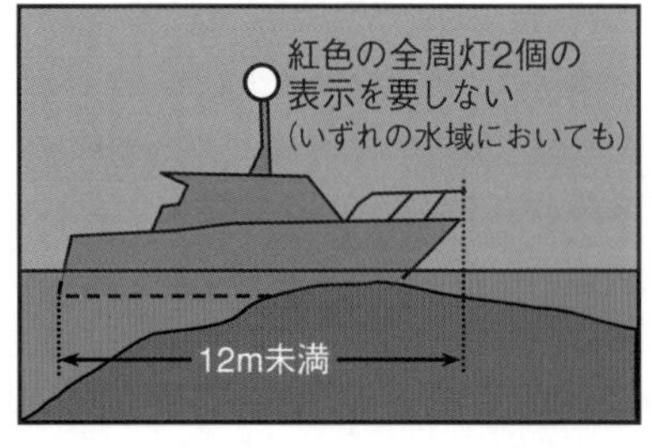

図3・84　長さ12m未満の乗り揚げている船舶の灯火の表示緩和

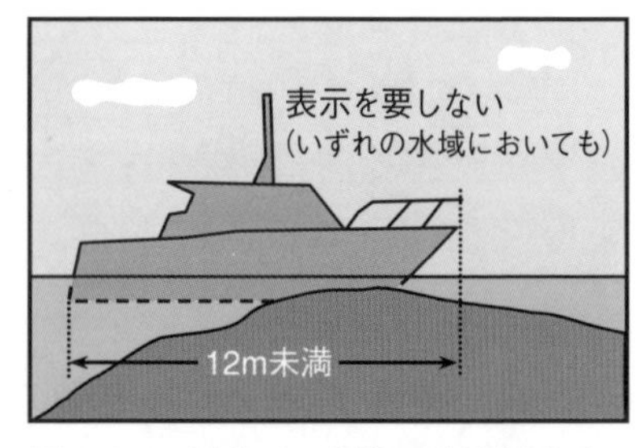

図3・85　長さ12m未満の乗り揚げている船舶の形象物の表示緩和

◆　灯火については，紅色の全周灯2個（連掲）の表示についての緩和であって，錨泊灯（第3項第1号）は，これを掲げなければならない。

◆　乗揚げ船の灯火・形象物の表示が緩和される水域は，第4項の小型の錨泊船の場合とは異なり，いずれの水域においてもである。

第31条　水上航空機等

第31条　水上航空機等は，この法律の規定による灯火又は形象物を表示することができない場合は，その特性又は位置についてできる限りこの法律の規定に準じてこれを表示しなければならない。

§ 3-56　水上航空機等の灯火・形象物の表示緩和（第31条）

水上航空機等（水上航空機及び特殊高速船（表面効果翼船））は，本法の規定による灯火又は形象物を表示することができない場合は，その特性（例えば，灯火の射光範囲）又は位置（例えば，マスト灯の高さ）について，できる限り，本法の規定に準じてこれを表示しなければならない。(図 3·86)

◆　水上航空機及び表面効果翼船は，一般の船舶に比べて特殊な構造をしているので，例えば，①舷灯の内側隔板を規定どおりに取り付けることができないとか，②前部マスト灯（前灯）を規定どおりの高さに装置できないときは，本法の規定に準じて灯火又は形象物を表示すればよいことに緩和されている。

図 3·86　航行中の水上航空機等の灯火の表示緩和

§ 3-57　灯火及び形象物のまとめ

船舶が表示すべき灯火及び形象物の理解を容易にするため，以下に，主なものについて流れ図形式で要約する。漁ろうに従事している船舶以外は，航行中の動力船が表示する灯火を基準にしている。

(1) 曳航船等の灯火（航行中）

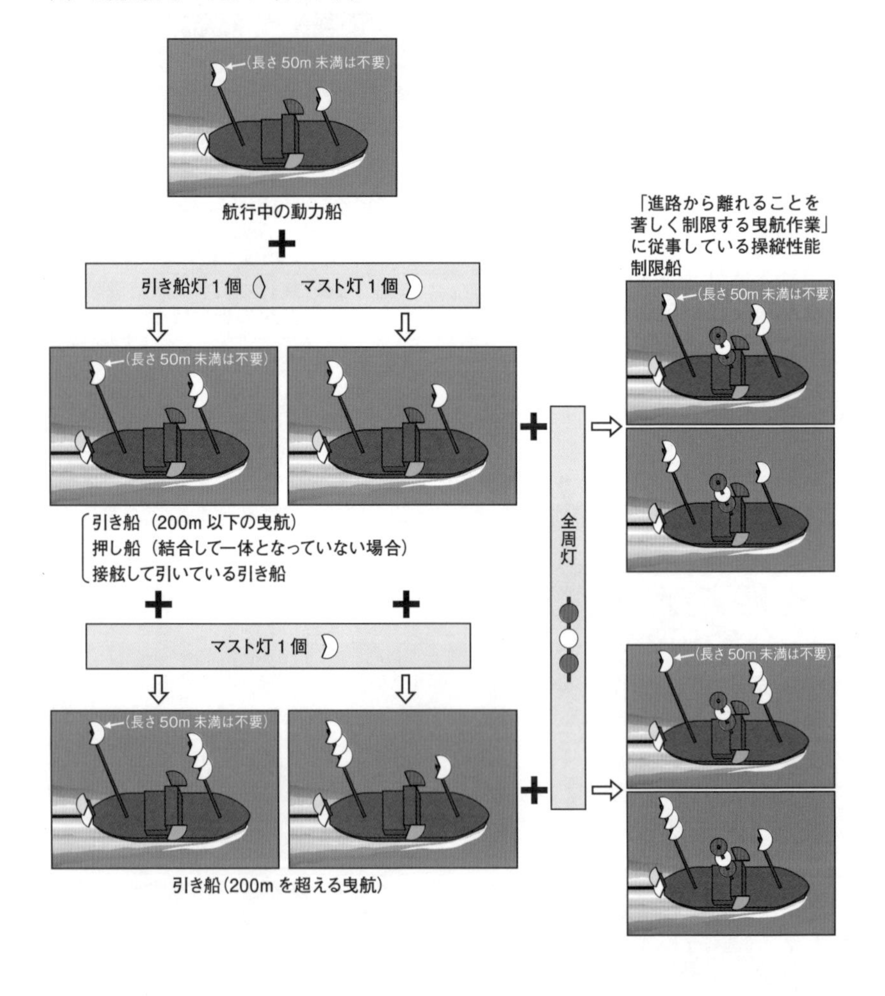

(2) 操縦性能制限船及び喫水制限船の灯火（航行中）

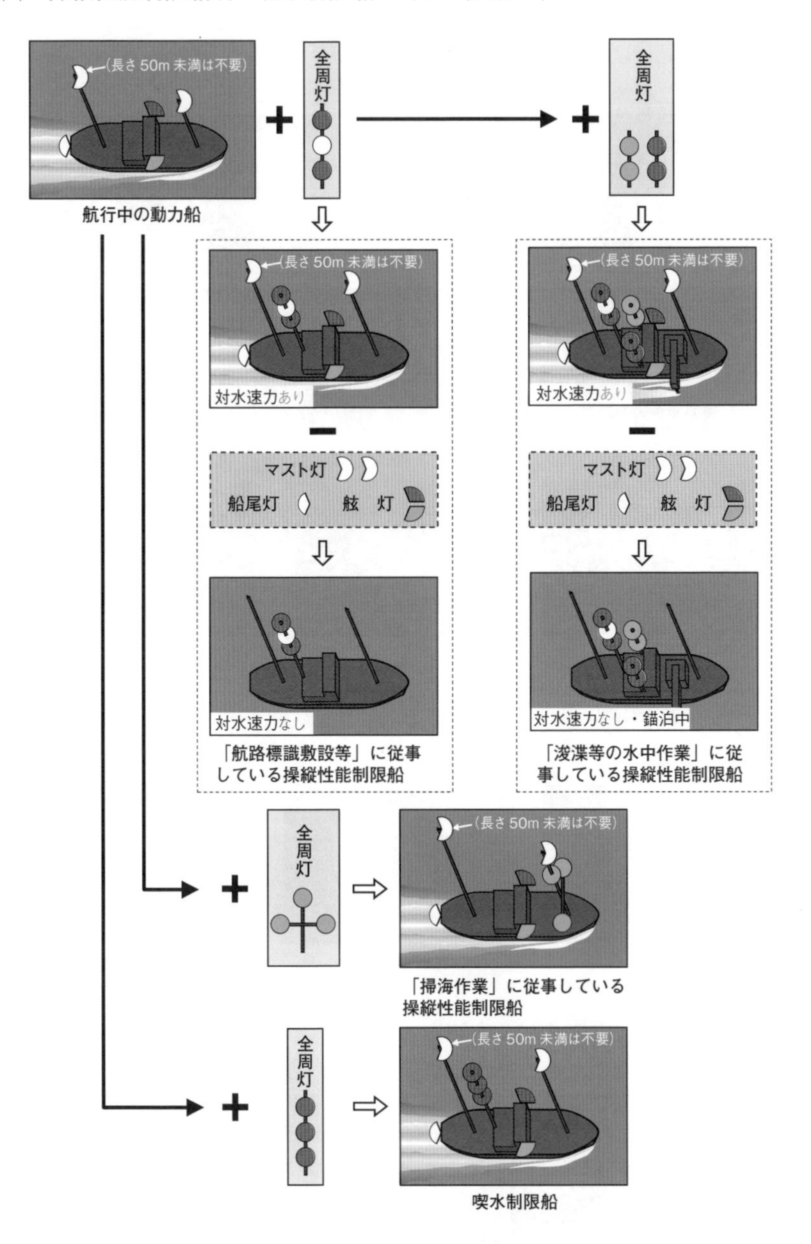

⑶ 漁ろうに従事している船舶の灯火（航行中・錨泊中）

航海中及び錨泊中とも同じ灯火を表示する。

(1) トロール従事船

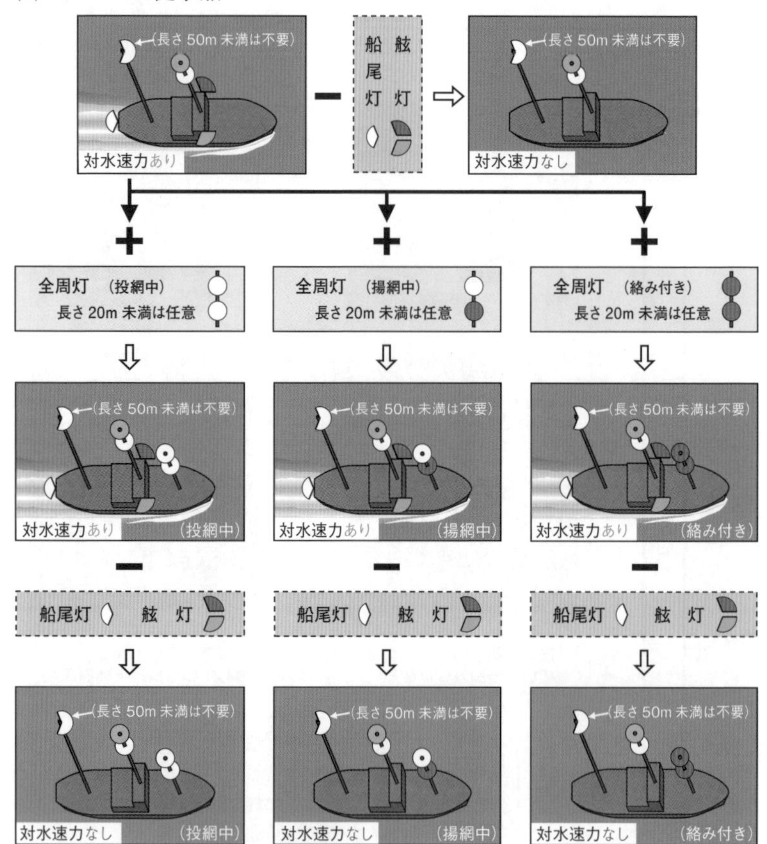

(2) トロール従事船以外

漁具を必ずしも船尾から出していないため，漁具の水平距離が 150m を超える場合は，その方向を示す灯火（白色の全周灯）を掲げる。

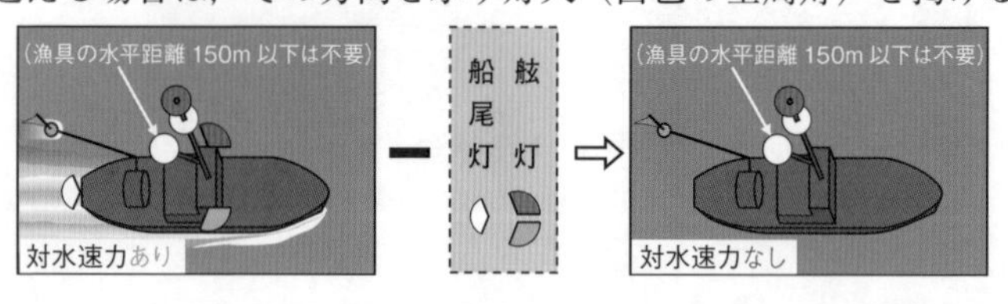

(4)　運転不自由船及び水先船の灯火（航行中）

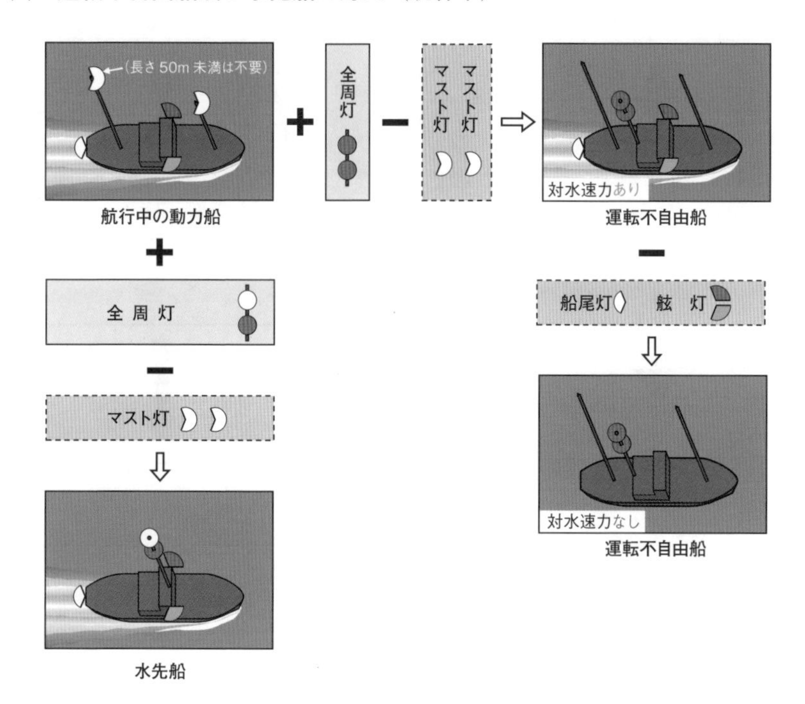

(5)　錨泊中及び乗り揚げている船舶の灯火

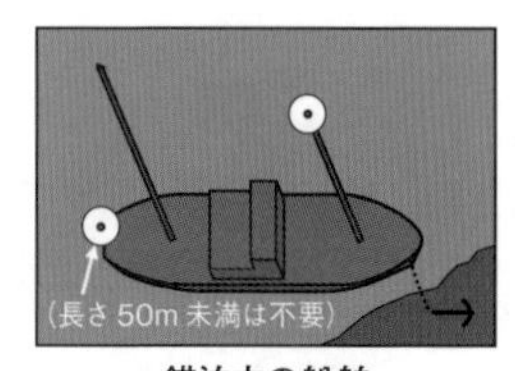

錨泊中の船舶
〔漁ろう船，操縦性能制限船
水先船等一定の船舶以外〕

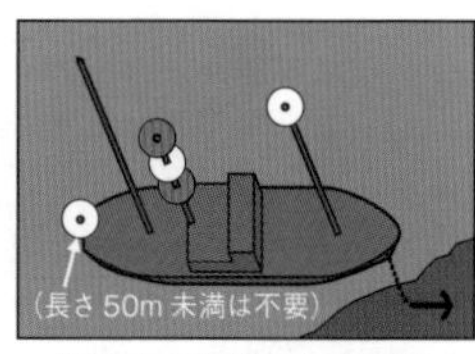

錨泊中の操縦性能制限船
〔曳航・浚渫・掃海作業に従事
している操縦性能制限船以外〕

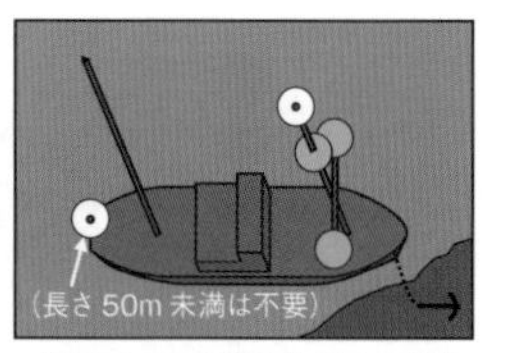

錨泊中の「掃海作業」に従
事している操縦性能制限船

錨泊中の水先船

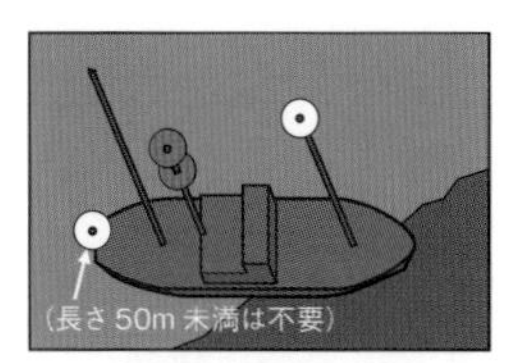

乗り揚げている船舶

(6) 形象物

・航行中の引き船 (200mを超える曳航) ・引かれている船舶等 (200mを超える曳航) ・水没被曳航物件	 「浚渫等の水中作業中」の操縦性能制限船において，その作業が，他の船舶の通航の妨害となるおそれがある側の舷を示す。	 漁ろうに従事している船舶
 機関と帆を同時に用いて推進している動力船	 漁具の方向を示す （トロール従事船以外で，漁具の水平距離 150m 超）	操縦性能制限船 （「掃海作業」に従事しているもの以外）
喫水制限船	 錨泊中の船舶 （漁ろう船等一定の船舶以外）	「浚渫等の水中作業中」の操縦性能制限船において，他の船舶が通航することができる側の舷を示す。
乗り揚げている船舶	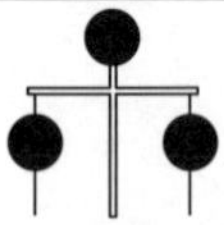 「掃海作業」に従事している操縦性能制限船	 「潜水夫による作業」に従事している操縦性能制限船

第4章　音響信号及び発光信号

第32条　定　義

> 第32条　この法律において「汽笛」とは，この法律に規定する短音及び長音を発することができる装置をいう。
> 2　この法律において「短音」とは，約1秒間継続する吹鳴をいう。
> 3　この法律において「長音」とは，4秒以上6秒以下の時間継続する吹鳴をいう。

§ 4-1　定　義（第32条）

(1) 汽笛（第1項）

本法に規定する短音及び長音を発することができる装置をいう。

◘　汽笛は，短音及び長音を発することができるものであれば，電気，蒸気，圧搾空気などのいずれの作動によるかを問わない。

(2) 短音及び長音（第2項・第3項）

⑴ 「短音」とは，約1秒間継続する吹鳴をいう。

⑵ 「長音」とは，4秒以上6秒以下の時間継続する吹鳴をいう。（図4･1）

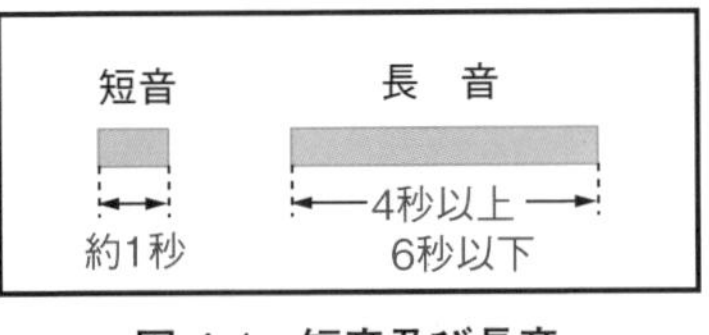

図4･1　短音及び長音

◘ 「短音」及び「長音」ともに，上記のとおり吹鳴する時間が定められているので，この時間を遵守しなければならない。

第33条　音響信号設備

> 第33条　船舶は，汽笛及び号鐘（長さ100メートル以上の船舶にあっては，汽笛並びに号鐘及びこれと混同しない音調を有するどら）を備えなければならない。ただし，号鐘又はどらは，それぞれこれと同一の音響特性を有し，かつ，この法律の規定による信号を手動により行うことができる他の設備をもって代えることができる。
> 2　長さ20メートル未満の船舶は，前項の号鐘（長さ12メートル未満の船舶にあっては，同項の汽笛及び号鐘）を備えることを要しない。ただし，これらを備えない場合は，有効な音響による信号を行うことができる他の手段を講じておかなければならない。
> 3　この法律に定めるもののほか，汽笛，号鐘及びどらの技術上の基準並びに汽笛の位置については，国土交通省令で定める。

§ 4-2　音響信号設備（第33条第1項・第2項）

(1)　音響信号設備の備付け（第1項）

船舶は，長さに応じて，次の音響信号設備を備えなければならない。

(1)　長さ100メートル以上の船舶
- ①　汽笛
- ②　号鐘
- ③　号鐘と混同しない音調を有するどら

(2)　長さ100メートル未満の船舶
- ①　汽笛
- ②　号鐘

ただし，これらの号鐘又はどらは，それぞれこれと同一の音響特性を有し，かつ本法の規定による信号（例えば，錨泊船の霧中信号）を手動により行うことができる他の設備をもって代えることができる。

【注】　このただし書規定は，号鐘又はどらと同じ信号を自動で発することができる他の音響信号装置に代えることを認めたものである。しかし，その故障等に備えて，同装置はいつでも手動で鳴らすことができるものでなければならない。

(2) 小型船の音響信号設備の備付けの緩和（第2項）

長さ20メートル未満の船舶は，音響信号設備の備付けについて，次のとおり，緩和されている。

⑴　長さ12メートル以上20メートル未満の船舶

長さ100メートル未満の船舶が備えなければならない①汽笛及び②号鐘（第1項）のうち，号鐘を備えることを要しない。

⑵　長さ12メートル未満の船舶

長さ100メートル未満の船舶が備えなければならない①汽笛及び②号鐘（第1項）のいずれも備えることを要しない。

ただし，これらを備えない場合は，有効な音響による信号を行うことができる他の手段（例えば，石油缶をたたく，あるいは強力なホイッスルを鳴らすことにより有効な音響を発する手段）を講じておかなければならない。

§ 4-3　汽笛等の技術上の基準等（第3項）

汽笛，号鐘及びどらの技術上の基準並びに汽笛の位置については，本法に定めるもののほか，施行規則で定められる。

施行規則は，概ね，次のことについて定めている。

⑴　汽笛（則第18条・第19条）

①　汽笛の音の基本周波数及び音圧は，船舶の長さ（200m以上，75m以上200m未満，20m以上75m未満，20m未満の4区分）に応じて基準が定められている。

②　指向性を有する汽笛は，音の最強方向の左右にそれぞれ45度の範囲の音圧及びその範囲外の音圧について基準が定められている。

③　汽笛の位置は，㋑できる限り高い位置，㋺他船の汽笛を聴取する場所における音圧が一定値を超えないような位置，㋩指向性の汽笛1個を設置の場合は正船首で音圧が最大となるような位置であること。

④　その他複合汽笛装置などについて定められている。

⑵　号鐘及びどら（則第20条）

①　号鐘の音圧，材料，音色，径，打子の重量及び動力式の号鐘の打子（手動による操作が可能なもの）の基準が定められている。

②　どらの音圧，材料及び音色の基準が定められている。

第34条　操船信号及び警告信号

> **第34条**　航行中の動力船は，互いに他の船舶の視野の内にある場合において，この法律の規定によりその針路を転じ，又はその機関を後進にかけているときは，次の各号に定めるところにより，汽笛信号を行わなければならない。
> ⑴　針路を右に転じている場合は，短音を1回鳴らすこと。
> ⑵　針路を左に転じている場合は，短音を2回鳴らすこと。
> ⑶　機関を後進にかけている場合は，短音を3回鳴らすこと。
> 2　航行中の動力船は，前項の規定による汽笛信号を行わなければならない場合は，次の各号に定めるところにより，発光信号を行うことができる。この場合において，その動力船は，その発光信号を10秒以上の間隔で反復して行うことができる。
> ⑴　針路を右に転じている場合は，せん光を1回発すること。
> ⑵　針路を左に転じている場合は，せん光を2回発すること。
> ⑶　機関を後進にかけている場合は，せん光を3回発すること。
> 3　前項のせん光の継続時間及びせん光とせん光との間隔は，約1秒とする。

§ 4-4　汽笛による操船信号（第34条第1項）

(1) 汽笛による操船信号を行わなければならない場合

⑴　航行中の動力船であること。
⑵　互いに他の船舶の視野の内にあること。
⑶　「この法律の規定」により針路を転じ，又は機関を後進にかけているときであること。（§ 4-5参照）

(2) 信号方法（図4･2）

⑴　短音1回……針路を右に転じている場合
⑵　短音2回……針路を左に転じている場合
⑶　短音3回……機関を後進にかけている場合

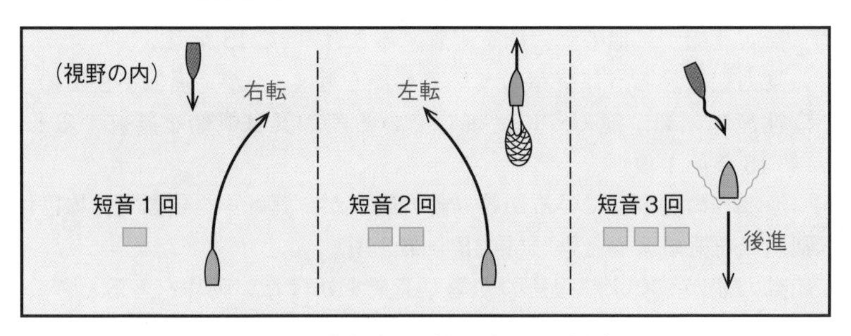

図 4･2　操船信号（汽笛信号の場合）

◇　操船信号は，針路を転じている場合又は機関を後進にかけている場合に行うものであるから，これらの動作をとる前にあらかじめ鳴らしてはならない。例えば，転針している場合は，回頭しつつあるか，転舵を確認した後に鳴らさなければならない。

◇　この汽笛信号は，短音から成るものであるから，もし吹き直しをするときは適当な間隔をおいて改めて正確に鳴らし，また，蒸気による汽笛は，ドレーンをよく切って明確に鳴らさなければならない。

【注】　操船信号と一字信号

国際モールス信号（一字信号）		
符号（操船信号）	文字	意　　味
・	E	私は針路を右に変えている。
・・	I	私は針路を左に変えている。
・・・	S	本船は機関を後進にかけている。

§ 4–5　「この法律の規定」により針路を転じ，又は機関を後進にかけている場合

この場合における「この法律の規定」とは，本法の規定により要求され，又は認められる動作をとる次の場合を指す。

(1)　要求される動作をとる場合

⑴　追越し船（動力船）が，追い越される船舶を避航するとき。（第 13 条第 1 項）

⑵　行会い船が，互いに右転するとき。（第 14 条第 1 項）

⑶　横切り船が，他の動力船を避航するとき。（第15条第1項）
⑷　動力船（漁ろうに従事している船舶を除く。）が，運転不自由船，操縦性能制限船，漁ろうに従事している船舶又は帆船を避航するとき。（第18条第1項）
⑸　漁ろうに従事している船舶（動力船）が，運転不自由船又は操縦性能制限船を避航するとき。（第18条第3項）
⑹　動力船が，喫水制限船の安全な通航を妨げない動作をとるとき。（第18条第4項）
⑺　漁ろうに従事している船舶（動力船）が，狭い水道等（狭い水道又は航路筋）の内側を航行している他の船舶の通航を妨げない動作をとるとき。（第9条第3項ただし書）
⑻　狭い水道等において，追い越される船舶（動力船）が，追越し船を安全に通過させるための動作をとるとき。（第9条第4項）
⑼　動力船が，狭い水道等の内側でなければ安全に航行することができない他の船舶の通航を妨げることとなる場合に，その狭い水道等を横切らない動作をとるとき。（第9条第5項）
⑽　長さ20メートル未満の動力船が，狭い水道等の内側でなければ安全に航行することができない他の動力船の通航を妨げない動作をとるとき。（第9条第6項）
⑾　漁ろうに従事している船舶（動力船）が，分離通航帯の通航路をこれに沿って航行している他の船舶の通航を妨げない動作をとるとき。（第10条第7項ただし書）
⑿　長さ20メートル未満の動力船が，分離通航帯の通航路をこれに沿って航行している他の動力船の安全な通航を妨げない動作をとるとき（第10条第8項）など。

(2) 認められる動作をとる場合

⑴　保持船（動力船）が，自船のみによる衝突回避動作をとるとき。（第17条第2項）
⑵　保持船（動力船）が，最善の協力動作をとるとき。（第17条第3項）
⑶　動力船が，注意義務としての動作，船員の常務としての動作又は切迫した危険を避けるための動作をとるとき。（第38条・第39条）

◆　操船信号は，この法律の規定により転針し，又は機関を後進にかけているときに行うものであるから，次のような場合は，これを行う場合に該当しない。

① 狭い水道のわん曲部に沿って航行するため変針するとき。

② 他船との見合い関係がなく，予定の変針点に達したので変針するとき。

§ 4-6　発光による操船信号（第2項・第3項・第8項）

(1) 発光による操船信号を行うことができる場合

航行中の動力船は，第1項の汽笛による操船信号を行わなければならない場合（§ 4-4）に，発光による操船信号を行うことができる。（任意規定）

◇ この発光信号は，視覚に訴えるもので，聴覚に訴える汽笛信号を補うものである。自船の動作をより的確に他船に知らせることができ，特に夜間に有効であるため，多くの船舶に備え付けられることが望まれる。

(2) 信号方法（表4･1）

(1) 閃光1回……針路を右に転じている場合

(2) 閃光2回……針路を左に転じている場合

(3) 閃光3回……機関を後進にかけている場合

表4･1　操船信号（視野の内）

操船＼信号	汽笛信号	発光信号（任意）
針路を右に転じている場合	短音1回	閃光1回 約1秒　10秒以上
針路を左に転じている場合	短音2回	閃光2回 約1秒　10秒以上
機関を後進にかけている場合	短音3回	閃光3回 10秒以上

◇ 表4･1に示すとおり，①閃光の継続時間及び閃光と閃光との間隔は約1秒で，②信号は10秒以上の間隔で反復して行うことができる。

(3) 発光信号の灯火（操船信号灯）の視認距離，位置等（第8項）

⑴　灯火の視認距離等

5海里以上の視認距離を有する白色の全周灯

⑵　灯火の位置（則第21条）

灯火の位置は，次の各号に定める要件に適合するものでなければならない。（図4·3）

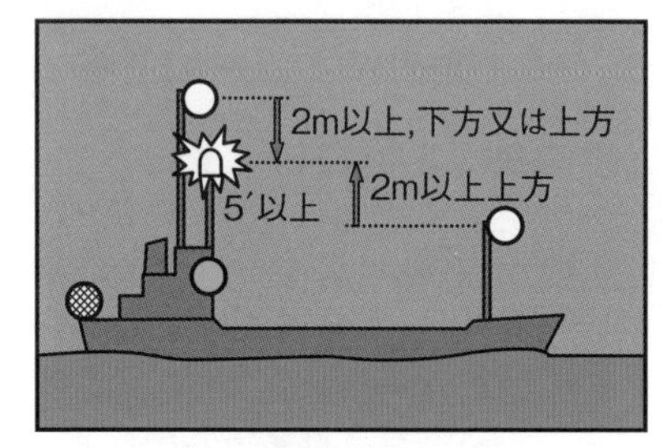

図4·3　操船信号塔の位置（マスト灯2個の場合）

①　船舶の中心線上にあること。

②　前部マスト灯及び後部マスト灯を掲げる船舶にあっては，できる限り前部マスト灯よりも2メートル以上上方であり，かつ，後部マスト灯よりも2メートル以上上方又は下方であること。

③　前部マスト灯のみを表示する船舶にあっては，そのマスト灯よりも2メートル以上上方又は下方であり，かつ，最も見えやすい位置にあること。

なお，マスト灯の位置は他のすべての灯火よりも上方でなければならないと定められているが，この操船信号灯は除かれている。（則第9条）

《第34条》

4　船舶は，互いに他の船舶の視野の内にある場合において，第9条第4項の規定による汽笛信号を行うときは，次の各号に定めるところにより，これを行わなければならない。

⑴　他の船舶の右げん側を追い越そうとする場合は，長音2回に引き続く短音1回を鳴らすこと。

⑵　他の船舶の左げん側を追い越そうとする場合は，長音2回に引き続く短音2回を鳴らすこと。

⑶　他の船舶に追い越されることに同意した場合は，順次に長音1回，短音1回，長音1回及び短音1回を鳴らすこと。

§4-7　狭い水道等における追越し信号・同意信号（第4項）

(1)　追越し船の追越し信号

⑴　追越し信号を行わなければならない場合

①　互いに他の船舶の視野の内にあること。

②　狭い水道等（狭い水道又は航路筋）において，追越し船（船舶の種類を問わずいかなる船舶でも）は，追い越される船舶が自船を安全に通過させるための動作をとらなければこれを追い越すことができない場合であること。

⑵　信号方法（図4･4）

①　長音2回に引き続く短音1回（汽笛）……他の船舶の右舷側を追い越そうとする場合

②　長音2回に引き続く短音2回（汽笛）……他の船舶の左舷側を追い越そうとする場合

(2)　追い越される船舶の同意信号

⑴　同意信号を行わなければならない場合

前記⑴のとおり，追越し船が追越し信号で追越しの意図を示した場合において，追い越される船舶がその意図に同意した場合。

⑵　信号方法（図4･4）

順次に長音1回，短音1回，長音1回及び短音1回（汽笛）

なお，追越しが安全でなく疑問がある場合は，警告信号（第5項）を行う。

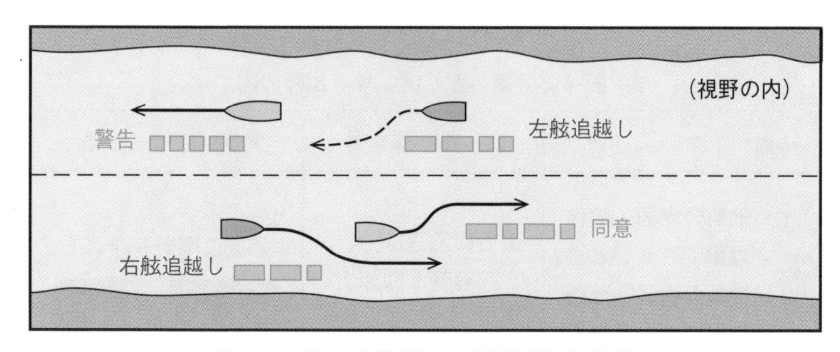

図4･4　狭い水道等における追越し信号等

《第34条》

5　互いに他の船舶の視野の内にある船舶が互いに接近する場合において，船舶は，他の船舶の意図若しくは動作を理解することができないとき，又は他の船舶が衝突を避けるために十分な動作をとっていることについて疑いがあるときは，直ちに急速に短音を5回以上鳴らすことにより汽笛信号を行わなければならない。この場合において，その汽笛信号を行う船舶は，急速にせん光を5回以上発することにより発光信号を行うことができる。

§ 4-8　警告信号（疑問信号）（第5項）

(1) 警告信号を行わなければならない場合（次の条件を具備）

⑴　船舶（船舶の種類を問わずいかなる船舶でも）が互いに他の船舶の視野の内にあり，互いに接近する場合であること。

⑵　船舶が，①他の船舶の意図若しくは動作を理解することができないとき，又は②他の船舶が衝突を避けるために十分な動作をとっていることについて疑いがあるときであること。

(2) 信号方法（表4･2）

⑴　汽笛信号

直ちに急速に短音を5回以上鳴らす。

⑵　発光信号（任意）

上記⑴の汽笛信号に加えて，急速に閃光を5回以上発することにより発光信号を行うことができる。

表4･2　警　告　信　号（視野の内）

時期＼信号	汽　笛　信　号	発光信号（任意）
（1）他船の意図・動作を理解できないとき。 （2）他船の衝突回避動作に疑いがあるとき。	直ちに急速に短音5回以上	急速に閃光5回以上

◆ 警告信号を行わなければならない具体例（図4･5）

① (1)図の狭い水道において，自船（A）が右側端航行中，右側端航行していた反航船（B）が途中から左側航行して接近してきたが，その意図（又は動作）を理解することができないとき。

② (2)図の横切り関係において，避航船（C）がなかなか避航動作をとらないので，保持船（D）が，Cの動作について疑いがあるとき。

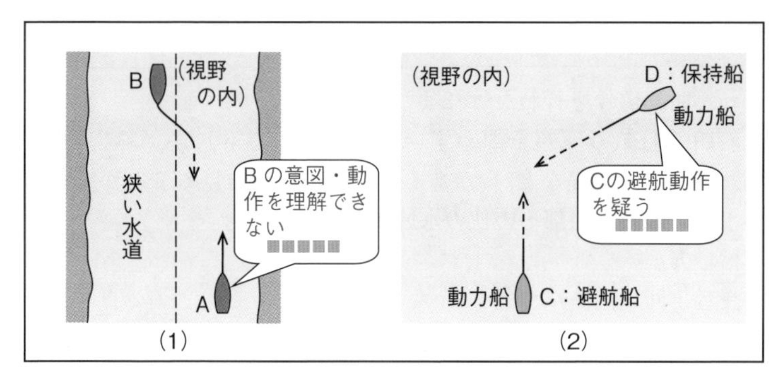

図4･5　警告信号を行う場合

◆ 発光信号の灯火は，操船信号灯と同じ5海里以上の視認距離を有する白色の全周灯であり，またその位置等は施行規則（第21条）（§4–6(3)参照）に定められている。（第8項）

◆ 発光信号は任意であるが，発光による操船信号と同様に，特に夜間に有効なものである。

◆ 船舶は，他船に対して警告信号を行ったからといって，その船舶に課せられている本法の義務が免除されるものではなく，その後も本法を遵守しなければならない。

【注】 警告信号は，旧法のころは疑問信号と呼ばれていたものである。
参考文献(5)では，警告信号をwakening-up signal（目覚まし信号）と呼んでいる。

《第34条》

6　船舶は，障害物があるため他の船舶を見ることができない狭い水道等のわん曲部その他の水域に接近する場合は，長音1回の汽笛信号を行わなければならない。この場合において，その船舶に接近する他の船舶は，そのわん曲部の付近又は障害物の背後においてその汽笛信号を聞いたとき，長音1回の汽笛信号を行うことによりこれに応答しなければならない。

§ 4-9　わん曲部信号・応答信号（第6項）

(1) わん曲部信号（図4･6）

(1) わん曲部信号を行わなければならない場合

船舶（船舶の種類を問わずいかなる船舶でも）が，障害物（陸岸，島，防波堤，突堤など。）があるため他の船舶を見ることができない狭い水道等のわん曲部その他の水域に接近する場合。

(2) 信号方法

長音1回（汽笛）

(2) 応答信号（図4･6）

(1) 応答信号を行わなければならない場合

前記の船舶に接近する他の船舶が，わん曲部の付近又は障害物の背後においてわん曲部信号を聞いた場合。

(2) 信号方法

長音1回（汽笛）

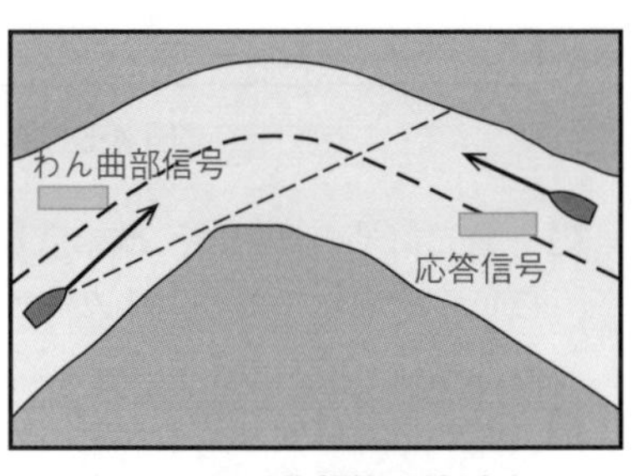

図4･6　わん曲部等に接近する場合の信号

《第34条》

7　船舶は，2以上の汽笛をそれぞれ100メートルを超える間隔を置いて設置している場合において，第1項又は前三項の規定による汽笛信号を行うときは，これらの汽笛を同時に鳴らしてはならない。

8　第2項及び第5項後段の規定による発光信号に使用する灯火は，5海里以上の視認距離を有する白色の全周灯とし，その技術上の基準及び位置については，国土交通省令で定める。

§ 4-10　汽笛の同時吹鳴の禁止等（第7項・第8項）

(1) 2以上の汽笛の同時吹鳴の禁止（第7項）

2以上の汽笛を100メートルを超える間隔を置いて設置している船舶は，次の汽笛信号を行うときは，これらの汽笛を同時に鳴らしてはならない。

(1) 操船信号（第1項）
(2) 狭い水道等における追越し信号・同意信号（第4項）
(3) 警告信号（第5項）
(4) わん曲部信号・応答信号（第6項）

◘ 1つの汽笛しか鳴らしてはならないとした理由は，音の速度（0℃の乾燥した空気中で，1秒間に332メートル）は遅いので，2つ以上の汽笛を同時に鳴らすと，同一の汽笛信号が他船では時間差をもって聞こえることによる混乱を避けるためである。

(2) 発光信号に使用する灯火（第8項）

操船信号及び警告信号は，それぞれ汽笛信号に加えて，発光信号（第2項・第5項後段）を行うことができるが，それに使用する灯火の視認距離や位置等については，次のとおりである。

(1) 灯火の視認距離等
　5海里以上の視認距離を有する白色の全周灯。（§ 4-6，§ 4-8参照）
(2) 灯火の位置等
　技術上の基準及び位置は，施行規則に定められている。（§ 4-6，§ 4-8参照）

【注】 警告信号の発光信号は，国内法では操船信号と同様に，操船信号灯によることになっているが，国際規則では，操船信号灯による必要はなく，通常の信号灯で行えばよいことになっている。

第35条　視界制限状態における音響信号

第35条　視界制限状態にある水域又はその付近における船舶の信号については，次項から第13項までに定めるところによる。

2　航行中の動力船（第4項又は第5項の規定の適用があるものを除く。次項において同じ。）は，対水速力を有する場合は，2分を超えない間隔で長音を1回鳴らすことにより汽笛信号を行わなければならない。

3　航行中の動力船は，対水速力を有しない場合は，約2秒の間隔の2回の長音を2分を超えない間隔で鳴らすことにより汽笛信号を行わなければならない。

4　航行中の船舶（帆船，漁ろうに従事している船舶，運転不自由船，操縦性能制限船及び喫水制限船（他の動力船に引かれているものを除く。）並びに他の船舶を引き，及び押している動力船に限る。）は，2分を超えない間隔で，長音1回に引き続く短音2回を鳴らすことにより汽笛信号を行わなければならない。

5　他の動力船に引かれている航行中の船舶（2隻以上ある場合は，最後部のもの）は，乗組員がいる場合は，2分を超えない間隔で，長音1回に引き続く短音3回を鳴らすことにより汽笛信号を行わなければならない。この場合において，その汽笛信号は，できる限り，引いている動力船が行う前項の規定による汽笛信号の直後に行わなければならない。

6　びょう泊中の長さ100メートル以上の船舶（第8項の規定の適用があるものを除く。）は，その前部において，1分を超えない間隔で急速に号鐘を約5秒間鳴らし，かつ，その後部において，その直後に急速にどらを約5秒間鳴らさなければならない。この場合において，その船舶は，接近してくる他の船舶に対し自船の位置及び自船との衝突の可能性を警告する必要があるときは，順次に短音1回，長音1回及び短音1回を鳴らすことにより汽笛信号を行うことができる。

7　びょう泊中の長さ100メートル未満の船舶（次項の規定の適用があるものを除く。）は，1分を超えない間隔で急速に号鐘を約5秒間鳴らさなければならない。この場合において，前項後段の規定を準用する。

8　びょう泊中の漁ろうに従事している船舶及び操縦性能制限船は，2分を超えない間隔で，長音1回に引き続く短音2回を鳴らすことにより汽笛信号を行わなければならない。

9　乗り揚げている長さ100メートル以上の船舶は，その前部において，1分を超えない間隔で急速に号鐘を約5秒間鳴らすとともにその直前及び直後に号鐘をそれぞれ3回明確に点打し，かつ，その後部において，その号鐘の最後の点打の直後に急速にどらを約5秒間鳴らさなければならない。この場合において，その船舶は，適切な汽笛信号を行うことができる。

10　乗り揚げている長さ100メートル未満の船舶は，1分を超えない間隔で急速に号鐘を約5秒間鳴らすとともにその直前及び直後に号鐘をそれぞれ3回明確に点打しなければならない。この場合において，前項後段の規定を準用する。

11　長さ12メートル以上20メートル未満の船舶は，第7項及び前項の規定による信号を行うことを要しない。ただし，その信号を行わない場合は，2分を超えない間隔で他の手段を講じて有効な音響による信号を行わなければならない。

12　長さ12メートル未満の船舶は，第2項から第10項まで（第6項及び第9項を除く。）の規定による信号を行うことを要しない。ただし，その信号を行わない場合は，2分を超えない間隔で他の手段を講じて有効な音響による信号を行わなければならない。

13　第29条に規定する水先船は，第2項，第3項又は第7項の規定による信号を行う場合は，これらの信号のほか短音4回の汽笛信号を行うことができる。

14　押している動力船と押されている船舶とが結合して一体となっている場合は，これらの船舶を1隻の動力船とみなしてこの章の規定を適用する。

§ 4-11　霧中信号の吹鳴（第35条第1項）

視界制限状態にある水域又はその付近において，航行し，錨泊し，又は乗り揚げている船舶は，昼間であると夜間であるとにかかわらず，第2項から第13項までに定める「視界制限状態における音響信号」（霧中信号）を行わなければならない。

◘　霧中信号を開始する時期は，視界がどの程度に制限されたときであるか具体的に明示されていない。

船舶は，視界良好時には，夜間互いに他船の灯火，特に舷灯を視認することにより，航法上の関係が明確になるものであるから，従来は，舷灯（甲種舷灯：旧法）の視認距離（最低）である2海里の程度に視界が制限された状態のときが，一つの目安であった。

しかし，現在は，舷灯の視認距離（最低）は，長さ50メートル以上の船舶で3海里（第1種舷灯）と改まり，また汽笛の可聴距離（最低）（国際規則附属書Ⅲ）は，長さ200メートル以上の船舶で2海里と定められている。船舶が小型になると，長さ20メートル未満の船舶で，舷灯の視認距離は2海里（長さ12メートル未満で1海里），また汽笛の可聴距離は0.5海里と短くなっている。

このように，舷灯の視認距離や汽笛の可聴距離は，船舶の大きさ（長さ）によって種々異なっている。

一方，レーダーなど電子機器の発達は著しく，他船の探知及びその動向の判断に大いに役立っている。ただし，小型船（総トン数300トン未満の旅客船以外の船舶）はレーダー備付けの義務がないので，レーダーを装備していないものがあることに留意しなければならない。

したがって，「霧中信号を開始する時期」は，その時の視界の状態，自船の汽笛の可聴距離，自船の操縦性能，船舶交通のふくそうの程度，風浪の状態，さらには，視界の状態が目測では分かりにくいものであることや汽笛音が遠くまで聞こえることがあり得ることなどを考慮し決定する必要がある。霧中時は特に衝突の危険性が高いため，視界良好時との相違を考えて，安全サイドに立って注意深く判断しなければならない。

§ 4-12　航行中の船舶の霧中信号（第2項～第5項，第12項～第14項）

航行中の船舶の霧中信号は，表4･3に示すとおりである。

◘　航行中の霧中信号は，すべて2分を超えない間隔で鳴らすこと（水先船の識別信号を除く。）に定められている。

◘　長音・短音・短音の霧中信号は，運転が不自由な船舶や，一般動力船に比べ操縦が制限されている船舶（引かれ船を除く。）が鳴らす。

§ 4-13　錨泊中の船舶及び乗揚げ船の霧中信号（第6項～第14項）

錨泊中の船舶及び乗り揚げている船舶の霧中信号は，表4･4に示すとおりである。

◘　錨泊中及び乗揚げ時の霧中信号で号鐘やどらを用いるものは，すべて1分を超えない間隔で鳴らすことに定められている。

表 4·3　航行中の霧中信号　（第35条）

船舶の種類＼航泊等の別	航　行　中
動　力　船	対水速力を有する場合 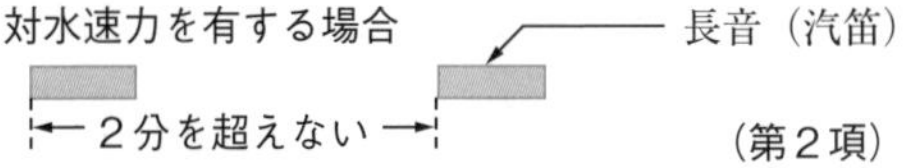 長音（汽笛） ← 2分を超えない → （第2項） 対水速力を有しない場合 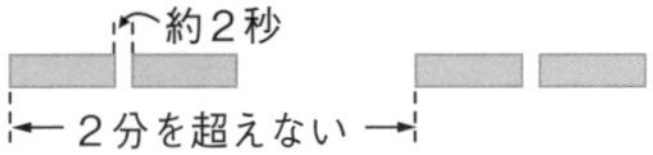 約2秒 ← 2分を超えない → （第3項）
(1) 帆　船 (2) *漁ろうに従事している船舶 (3) 運転不自由船 (4) *操縦性能制限船 (5) 喫水制限船 (6) 引き船（動力船） (7) 押し船（動力船）	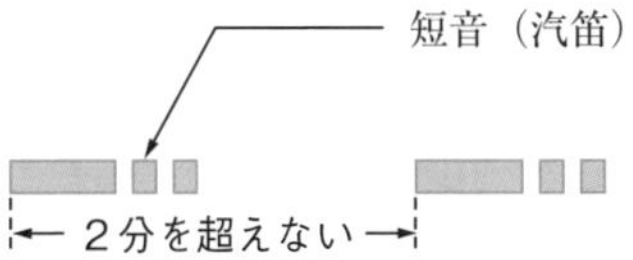 短音（汽笛） ← 2分を超えない → （第4項） *　漁ろうに従事している船舶・操縦性能制限船は，錨泊中も，第4項の信号を行う。（表4・4の錨泊中の信号は行わない。）（第8項）
引かれ船 （2隻以上ある場合は最後部の船舶）	乗組員がいる場合 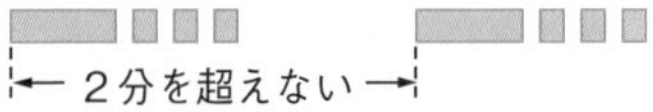 ← 2分を超えない → （第5項） できる限り，引き船が行う信号の直後に行う。
長さ12m未満の船舶	上記の各信号を行うことを要しない。その場合は、他の手段を講じて有効な音響信号を行う。 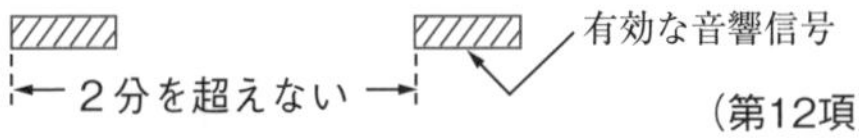 有効な音響信号 ← 2分を超えない → （第12項）
水先船 （水先業務従事中）	第2項，第3項又は第7項の信号のほか，次の信号を行うことができる。  識別信号 （第13項）
結合型押し船列	1隻の動力船とみなして，上記の該当する信号を行う。（表4・4においても，1隻の動力船とみなす。） （第14項）

表 4·4　錨泊中及び乗揚げ時の霧中信号　（第35条）

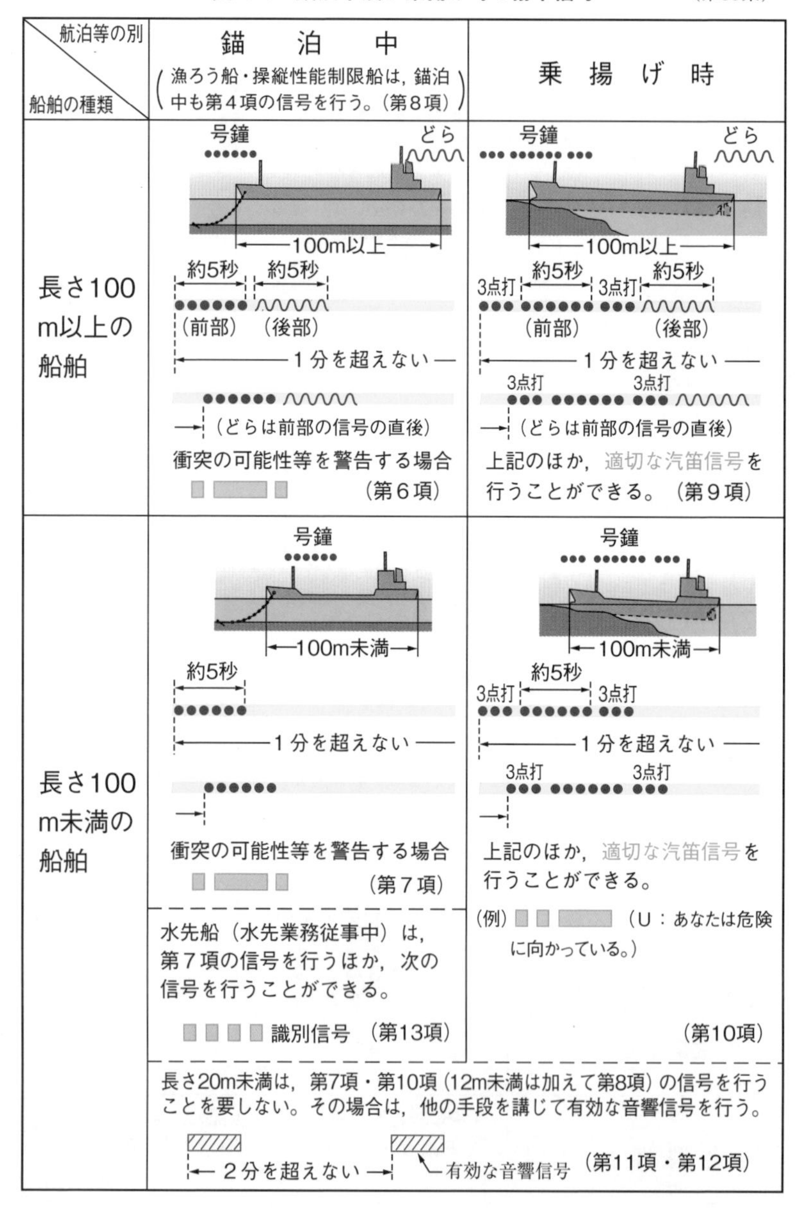

航泊等の別 / 船舶の種類	錨泊中 （漁ろう船・操縦性能制限船は，錨泊中も第4項の信号を行う。（第8項））	乗揚げ時
長さ100m以上の船舶	号鐘 ●●●●●● どら ∿∿∿∿ 100m以上 約5秒 約5秒 ●●●●●● ∿∿∿∿ （前部）（後部） 1分を超えない ●●●●●● ∿∿∿∿ （どらは前部の信号の直後） 衝突の可能性等を警告する場合 ▬ ▬▬▬ ▬　（第6項）	号鐘 ●●● ●●●●●● ●●● どら ∿∿∿∿ 100m以上 3点打 約5秒 3点打 約5秒 ●●● ●●●●●● ●●● ∿∿∿∿ （前部）（後部） 1分を超えない 3点打 3点打 ●●● ●●●●●● ●●● ∿∿∿∿ （どらは前部の信号の直後） 上記のほか，適切な汽笛信号を行うことができる。（第9項）
長さ100m未満の船舶	号鐘 ●●●●●● 100m未満 約5秒 ●●●●●● 1分を超えない ●●●●●● 衝突の可能性等を警告する場合 ▬ ▬▬▬ ▬　（第7項） 水先船（水先業務従事中）は，第7項の信号を行うほか，次の信号を行うことができる。 ▬ ▬ ▬ ▬ 識別信号（第13項）	号鐘 ●●● ●●●●●● ●●● 100m未満 3点打 約5秒 3点打 ●●● ●●●●●● ●●● 1分を超えない 3点打 3点打 ●●● ●●●●●● ●●● 上記のほか，適切な汽笛信号を行うことができる。 （例）▬ ▬ ▬▬▬（U：あなたは危険に向かっている。） （第10項）
	長さ20m未満は，第7項・第10項（12m未満は加えて第8項）の信号を行うことを要しない。その場合は，他の手段を講じて有効な音響信号を行う。 ▨▨ ←2分を超えない→ ▨▨ 有効な音響信号（第11項・第12項）	

◆ 漁ろうに従事している船舶及び操縦性能制限船は，錨泊中も，航行中の霧中信号（第4項）と同じものを行うことになっている。（第8項）

◆ 乗揚げ船が号鐘やどらの信号に加えて行うことができる「適切な汽笛信号」は，接近する他の船舶に対して警告をするために定められたもので，例えば，短音・短音・長音（・・──）（表4·4参照）の信号を行えばよい。

【注】 霧中信号と一字信号（音響による霧中信号と意味の合致しないものがある。）

国際モールス信号（一字信号）		
符号（霧中信号）	文字	意　味
──	T	（本船を避けよ。本船は2そう引きのトロールに従事中である。）
── ──	M	本船は停船している。行き足はない。
──・・	D	私を避けよ。私は，操縦が困難である。
──・・・	B	（私は，危険物を荷役中又は運送中である。）
・・・・	H	私は，水先人を乗せている。
・──・	R	──　（敢えて，riskを連想すると，危険・危険性。）
・・──	U	あなたは危険に向かっている。

第36条　注意喚起信号

> 第36条　船舶は，他の船舶の注意を喚起するために必要があると認める場合は，この法律に規定する信号と誤認されることのない発光信号又は音響による信号を行い，又は他の船舶を眩(げん)惑させない方法により危険が存する方向に探照灯を照射することができる。
>
> 2　前項の規定による発光信号又は探照灯による照射は，船舶の航行を援助するための施設の灯火と誤認されるものであってはならず，また，ストロボ等による点滅し，又は回転する強力な灯火を使用して行ってはならない。

§ 4-14　注意喚起信号（第36条）

(1) 注意喚起信号を行うことができる場合（第1項）

船舶が，他の船舶の注意を喚起するために必要があると認める場合に行うことができる。

◆ 注意喚起信号は，すべての種類の船舶が，視界のいかんにかかわらず，かつ航泊を問わず，行うことができる。

この信号は，任意であるが，衝突予防の見地より判断して有効な場合は積極的に行うべきである。

(2) 信号方法（第1項・第2項）

(1) 発光信号……本法に規定する信号（発光信号による操船信号，警告信号など。）と誤認されることのないものであること。

(2) 音響信号……本法に規定する信号（音響信号による操船信号，追越し信号，警告信号，わん曲部信号，霧中信号など。）と誤認されることのないものであること。

(3) 探照灯………他の船舶を眩惑させない方法により危険が存する方向に照射すること。

なお，発光信号と探照灯の照射は，①航路標識等の灯火と誤認されるものであってはならず，また②ストロボ（閃光式の強力な灯火）等による点滅し，又は回転する強力な灯火を使用してはならない。

◆ 注意喚起信号を行う具体例

① 船舶が，不注意にも航海灯を表示しないで航行している他の船舶に対し，発光信号又は音響信号で注意を喚起する。（図4･7）

② 漁ろう船が，漁網を投入してある水面に接近してくる他の船舶に対し，探照灯で同水面を照射して注意を喚起する。（図4･8）

図 4･7　注意喚起信号（音響信号・発光信号）

図 4･8　注意喚起信号（探照灯の照射）

第37条　遭難信号

第37条　船舶は，遭難して救助を求める場合は，国土交通省令で定める信号を行わなければならない。
2　船舶は，遭難して救助を求めていることを示す目的以外の目的で前項の規定による信号を行ってはならず，また，これと誤認されるおそれのある信号を行ってはならない。

§ 4–15　遭難信号（第37条第1項）

(1) 遭難信号を行わなければならない場合（第1項）

船舶は，①遭難して，②救助を求める場合は，遭難信号を行わなければならない。

(2) 遭難信号の種類及び信号方法（第1項）

遭難信号の種類及び信号方法は，国土交通省令で定められている。(則第22条第1項)

(1) 第1号～第4号の遭難信号

① 約1分間の間隔で行う1回の発砲その他の爆発による信号（図4･9。以下同じ。)

② 霧中信号器による連続音響による信号

③ 短時間の間隔で発射され，赤色の星火を発するロケット又はりゅう弾による信号

④ あらゆる信号方法によるモールス符号の「･･･ ——— ･･･」(SOS) の信号

◘ 第4号の信号は，従来は，「無線電信その他の方法による……」と定められていたが，「あらゆる信号方法による……」に改正された。さらに，第12号及び第13号においても，無線電信及び無線電話による警急信号が廃止され，人工衛星等を利用したGMDSSによる遭難信号が追加されている。

◘ この改正は，GMDSS導入の完了に伴い，一部の特別な場合以外はモールス無線電信の利用実態がなくなっていること，及び新たな

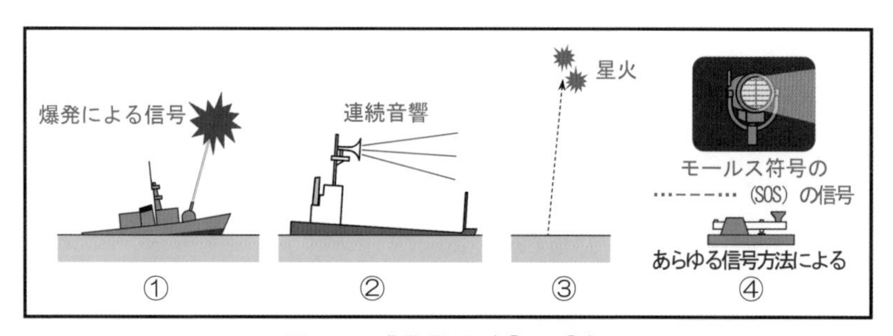

図 4・9　遭難信号（①～④）

通信手段が増加したことにより，国際規則が改正されたことによるものである。

⑵　第5号～第8号の遭難信号

⑤　無線電話による「メーデー」という語の信号（図4・10。以下同じ。）

◆「メーデー」は“help me”を意味するフランス語である。

⑥　縦に上から国際信号書に定めるN旗及びC旗を掲げることによって示される遭難信号

⑦　方形旗であって，その上方又は下方に球又はこれに類似するもの1個の付いたものによる信号

⑧　船舶上の火炎（タールおけ，油たる等の燃焼によるもの）による信号

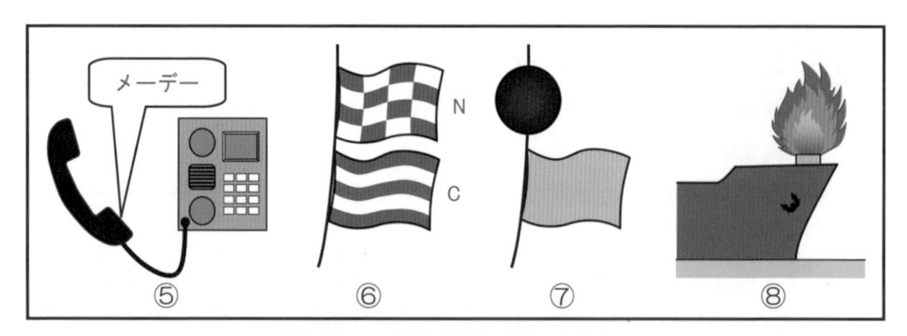

図 4・10　遭難信号（⑤～⑧）

⑶　第9号～第11号の遭難信号

⑨　落下さんの付いた赤色の炎火ロケット又は赤色の手持ち炎火による信号（図4・11。以下同じ。）

⑩　オレンジ色の煙を発することによる信号

図 4･11　遭難信号（⑨～⑪）

⑪　左右に伸ばした腕を繰り返しゆっくり上下させることによる信号

(4)　第12号～第14号の遭難信号

⑫　デジタル選択呼出装置による2,187.5キロヘルツなど所定の周波数による遭難警報（図4･12。以下同じ。）

◆　所定の周波数として，7つが定められている。

残りの6つの周波数については，則第22条第1項第12号を参照されたい。

⑬　インマルサット船舶地球局（国際移動通信衛星機構が監督する法人が開設する人工衛星局の中継により海岸地球局と通信を行うために開設する船舶地球局をいう。）その他の衛星通信の船舶地球局の無線設備による遭難警報

⑭　非常用の位置指示無線標識による信号

図 4･12　遭難信号（⑫～⑭）

(5)　第15号の遭難信号

⑮　前各号に掲げるもののほか，海上衝突予防法施行規則第22条第1項第15号の信号を定める告示（海上保安庁告示第17号，最近改正平

成21年同告示第329号）で定める信号は，次のとおりである。（図4･13）

1．衛星の中継を利用した非常用の位置指示無線標識による遭難警報
2．捜索救助用のレーダートランスポンダによる信号
3．直接印刷電信による「MAYDAY」という語の信号

MAYDAYは，先にも触れたが，フランス語のm'aidez（help me）の変形したものである。

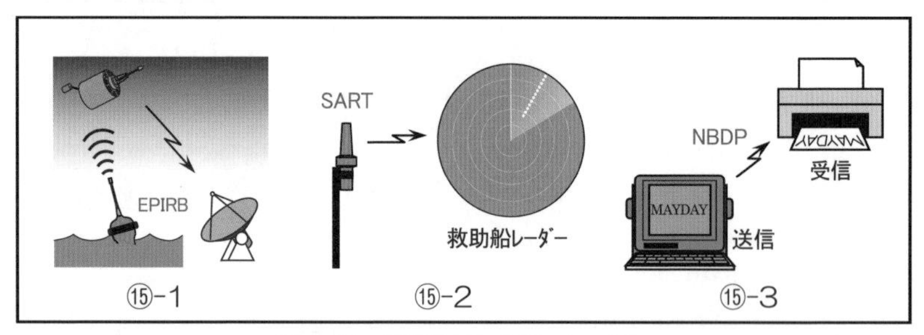

図4･13　遭難信号（⑮-1～3）

◆　遭難信号は，第1号から第15号までの信号のうち，その時の遭難の状況に適したものを1つ又は2つ以上用いて行うものである。

(3)　遭難信号を行う場合の考慮すべき事項（則第22条第2項）

船舶は，遭難信号を行うに当たっては，次の各号に定める事項を考慮するものとする。

①　国際信号書に定める遭難に関連する事項
②　国際海事機関（IMO）が採択した国際航空海上捜索救助手引書（IAMSARマニュアル）第3巻（令和元年7月改正）に定める事項
③　黒色の方形及び円又は他の適当な図若しくは文字を施したオレンジ色の帆布を空からの識別のために使用すること。（図4･14の左図）

図4･14　黒色の方形と円を施したオレンジ色帆布及び染料標識

◆「方形及び円」は，遭難信号⑦の方形旗と球（又は類似

するもの）による信号に似ている。

④　染料による標識を使用すること。（図4·14の右図）

◆　染料の色についての規定はない。

§ 4-16　遭難信号の目的以外の使用の禁止（第2項）

船舶は，遭難して救助を求めていることを示す目的以外の目的で遭難信号を行ってはならず，また，これと誤認されるおそれのある信号を行ってはならない。

◆　遭難信号を受けた船舶や陸上の救助機関は，同信号を発した船舶の救助に赴（おもむ）く義務を負う。したがって遭難していないにもかかわらず遭難信号を行った場合，救助する側が多大な迷惑を被（こうむ）ることは明らかであるため，第2項はその禁止を厳格に明示したものである。遭難信号と誤認されるおそれのある信号についても，同様である。

◆　無線設備等による遭難信号は，広範囲に伝達されるものであるから，それを操作する船員は，誤発信することがないように十分に注意しなければならない。

【注】　捜索救助体制について

⑴　**1979年捜索救助条約**（1985年6月22日発効）

海上における遭難者を迅速かつ効果的に救助するための条約で，SAR条約（International Convention on Maritime Search and Rescueの略称。）と呼ばれており，いわゆる「世界の海に空白のない捜索救助体制を作り上げること」を達成するため，次の事項について要求又は勧告がなされている。

1）捜索救助業務実施のための組織と調整

2）国家間の協力

3）捜索救助活動の手続き

4）船位通報制度

わが国では，昭和60年条約第5号として公布している。

⑵　**船位通報制度に関する告示**（昭和60年海上保安庁告示第145号，最近改正平成21年同告示第170号）

船位通報制度は，SAR条約に基づき，航海中の船舶が，自船の航海計画や最新の位置を，一定の手順にしたがって海上保安機関に通報するもので，その情報はコンピューターで管理される。海難等が発生した場合は，巡視船艇等が現場へ到着するまでに時間を要する場合でも，付近を航行中の船舶を検索し，救助の協力を要請することにより，迅速な救助を可能にするシステムである。

この告示は日本の船位通報制度であるJASREP（Japanese Ship Reporting System）について定めたもので，北緯17°以北，東経165°以西の海域を航行する船舶を対象としている。

なお，近隣諸国にも以下の船位通報制度があり，日本とアメリカ，アメリカとオーストラリアは情報を交換することにより，連携を図っている。

a．アメリカ：AMVER

b．オーストラリア：MASTREP

c．中国：CHISREP

d．韓国：KOSREP

e．インド：INSPIRES

(3)　**GMDSS**（Global Maritime Distress and Safety System）

（全世界的な海上遭難安全制度，1992年2月発効，1999年2月全面施行）

従来の海上遭難通信システムには，モールス電信を主体とするものであり，以下の難点があった。

a．遠距離通信に対応できないことがある。

b．モールス無線電信には専門的技術が必要である。

c．突然の船舶の転覆や爆発等においては遭難信号が発信されない場合がある。

d．耳による遭難警報等の受信の信頼性に限界がある。

これらの諸問題を解決すべく，「1974年の海上における人命の安全のための国際条約」（74SOLAS条約）が改正され，新たに導入された通信システムがGMDSS（Global Maritime Distress and Safety System）である。

GMDSSは，海上における遭難及び安全のため世界的に通信網を確立した制度で，最新のデジタル通信技術，衛星通信技術等を利用して，世界のいかなる水域にある船舶も遭難した場合には，捜索救助機関や付近航行船舶に対して迅速確実に救助要請ができ，更に，陸上からの航行安全にかかわる情報を適確に受信することもできる。

(4)　**海の事件・事故発生時の通報**

電話番号（局番なし）「**118**」

第5章　補　則

第38条　切迫した危険のある特殊な状況

第38条　船舶は，この法律の規定を履行するに当たっては，運航上の危険及び他の船舶との衝突の危険に十分に注意し，かつ，切迫した危険のある特殊な状況（船舶の性能に基づくものを含む。）に十分に注意しなければならない。

2　船舶は，前項の切迫した危険のある特殊な状況にある場合においては，切迫した危険を避けるためにこの法律の規定によらないことができる。

§ 5-1　切迫した危険のある特殊な状況（第38条）

本条以外の本法の各条の規定を遵守すれば，多くの場合は衝突を予防できる。しかし，海上には，種類，大きさ，性能，状態などが異なる様々な船舶があり，しかも複雑な様相を呈することから，船舶間のすべての衝突を予防するには万全とはいい難いときがある。

また，本法の規定を解釈する場合には，その意味するところを正しく解釈するとともに，杓子（しゃくし）定規なものでなく，衝突予防の見地から船員のセンスを持って有機的に解釈するものでなければならない。

したがって，本条は，本法の目的を達成するため，本法の規定を解釈し，かつ履行するに当たっては，次に掲げる注意義務を遵守しなければならないことを定めている。

(1)　運航上の危険及び他の船舶との衝突の危険に対する注意義務

◘　これは，航法その他本法のすべての規定を履行する場合の根本原則ともいうべきものである。（§ 5-2 参照）

(2)　切迫した危険のある特殊な状況（船舶の性能に基づくものを含む。）に対する注意義務（この状況にある場合においては，切迫した危険を避けるために本法の規定によらないことができる。）（§ 5-3 参照）

§ 5-2　運航上の危険及び衝突の危険に対する注意義務

船舶は，運航上の危険及び他の船舶との衝突の危険に十分に注意しなければならない。

その具体例をあげると，次のとおりである。

(1)　灯火の灯窓ガラスに煤(すす)や埃(ほこり)が付着して視認距離を減少させていないかを注意する。

(2)　帆船というものは，風向・風力の変転に伴って，その針路・速力が若干変化するものであることに注意する。

(3)　船舶は，錨泊しようとする場合で風潮流の強いときは，その影響に特に注意し，他の錨泊船の前方を進行するのではなく船尾を回って錨地に向かう。（図 5･1(1)）

(4)　広い水域において，動力船は，群走している帆船，あるいは集団で漁ろうに従事している船舶を認めた場合には，これらに近寄らず大回りする。（同図(2)）

(5)　3隻の船舶の間において衝突するおそれがある態勢となった場合は，各船はそれぞれ他船の動静に注意し，早期に適切な衝突回避の動作をとる。（同図(3)）

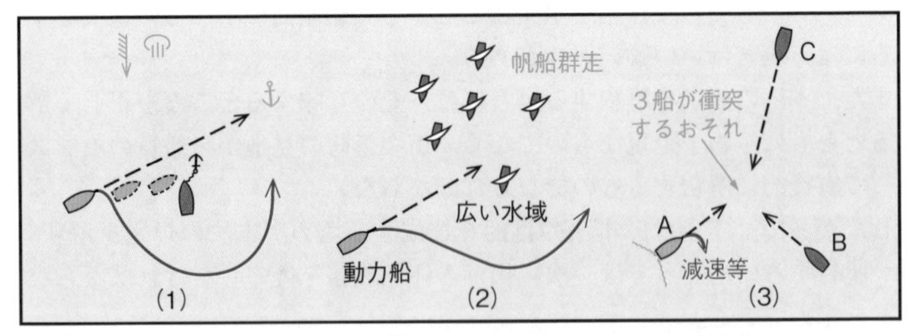

図 5･1　運航上の危険・衝突の危険に対する注意義務

§ 5-3　切迫した危険のある特殊な状況に対する注意義務

(1)　注意義務

船舶は，切迫した危険のある特殊な状況（船舶の性能に基づくものを含む。）に十分に注意しなければならない。つまり，臨機の処置をとらなければばならない。

⑴「切迫した危険のある特殊な状況」とは，単に船舶間に衝突の危険があるだけでなく，目前に他船（障害物件）との衝突が差し迫った特殊な状況のことである。

⑵ この特殊な状況に「船舶の性能に基づくものを含む。」（かっこ書規定）とあるのは，超大型船や水上航空機，特殊高速船など，その性能が一般の船舶と著しく異なることを考慮したものである。

⑶ この状況に対する注意義務の具体例

① 狭い水道において，自船が右側端航行中，反航してくる他船が突然激左転してきて危険が切迫した場合に，本条の臨機の処置をとる。（図5･2）

② レーダーを装備していない船舶が霧中航行中，霧中信号を行うことを怠っている他船が突然前方至近に現れ危険が切迫した場合に，本条により臨機の処置をとる。

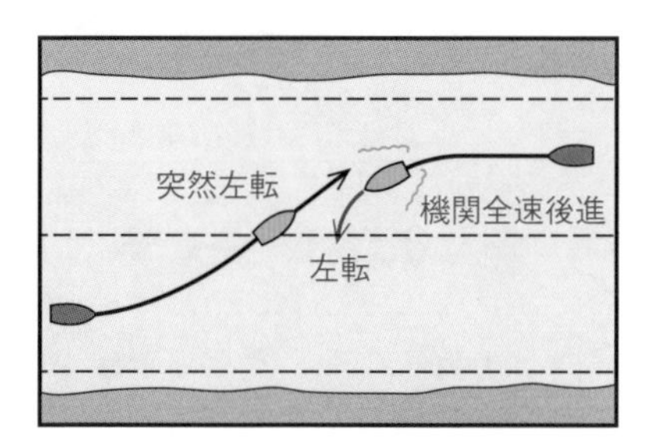

図5･2　切迫した危険のある特殊な状況に対する注意義務

(2) 予防法の規定から離れることができる要件

「切迫した危険」を避けるためには，本法の規定によらないことができる（第2項）が，それは次の要件を満たした場合である。

⑴ 単に危険が存在するだけでなく切迫した危険があること。

⑵ 予防法の規定に従っては，切迫した危険を避けることができないこと。

⑶ 予防法の規定から離れることが唯一の方法で，かつ，これによって切迫した危険を避ける見込みが十分にあること。

(3) 切迫した危険を避けるための動作

いわゆる「臨機の処置」は，その時の状況に即応した最善の手段を尽して切迫した危険を避けるものでなければならないが，具体的には，船舶が互いに停止（行き足を止める。）すれば衝突を回避できる場合が多いとされている。

操舵のみによってかわそうとすると時期を失するおそれがあるから，機関を使用することが肝要である。

◆ 本法は，本条を含め，あくまでも衝突を避けるために，「臨機の処置」をとることについての規定を定めているが，これらをまとめて掲げると，次のとおりである。

① 切迫した危険のある特殊な状況を避けるための動作（本条）
② 保持船のみによる衝突回避動作（第17条第2項）
③ 保持船の最善の協力動作（第17条第3項）
④ 船員の常務として又はその時の特殊な状況により必要とされる注意によりとる臨機の動作（第39条）

第39条 注意等を怠ることについての責任

> **第39条** この法律の規定は，適切な航法で運航し，灯火若しくは形象物を表示し，若しくは信号を行うこと又は船員の常務として若しくはその時の特殊な状況により必要とされる注意をすることを怠ることによって生じた結果について，船舶，船舶所有者，船長又は海員の責任を免除するものではない。

§ 5-4 注意等を怠ることについての責任（第39条）

本法のいかなる規定も，次に掲げる過失によって生じた結果について，船舶，船舶所有者，船長又は海員の責任を免除するものではない。つまり，衝突が発生した場合に，その原因が不可抗力でなく，過失によるものであれば，その責任を問われることになる。

(1) 適切な航法で運航し，灯火・形象物を表示し，又は信号を行うことを怠ること。
(2) 船員の常務として又はその時の特殊な状況により必要とされる注意をすることを怠ること。

◆ 航法等の規定の遵守を怠り衝突した場合は，船員は，その規定の違反として責任を問われ，また，船員の常務等の注意を怠った場合も，本条により責任を問われる。

§ 5-5　船員の常務として必要とされる注意義務等

(1) 船員の常務として必要とされる注意義務

これは，船員の通常の慣行，知識及び経験に基づいて必要とされる注意義務である。その具体例をあげると，次のとおりである。

(1) 航行船は，錨泊船を避ける。

(2) 錨泊中荒天となったときは，錨鎖を伸出し又は第2錨を入れる。また，適宜船位を測って走錨していないかを確かめる。

(3) 港を出入りするときや狭い水道を通航するときは，機関用意・投錨用意とし，各員を配置につける。

(4) 濃霧のため航行を続けることが危険なときは，仮泊（水深との関係で投錨できないときは漂泊）して霧の晴れるのを待つ。

(5) 船舶は，他船の航行の妨げとなる場所には投錨しない。

(2) その時の特殊な状況により必要とされる注意義務

これは，切迫した危険のあるなしにかかわらず，特殊な状況であるために衝突予防上その状況に対処すべく特に必要とされる注意義務である。

その具体例をあげると，次のとおりである。

(1) 狭い水道を航行中，他船が違法側を航行して接近する場合には，速力を減じ，余地があれば少しでも右転し，又は機関を止めるか後進にかける。必要に応じて投錨をする。

(2) 洋上で単独で航行している動力船と編隊航行をしている艦船の1隻とが横切り関係となり衝突するおそれがある場合には，動力船が保持船の立場であっても，特殊な状況とみて早期に同艦を避け，編隊からも遠ざかる。

【注】　第38条・第39条と国際規則第2条

第5章補則の第38条及び第39条の規定は，72年国際規則ではA部（第1章）総則の第2条（責任）に纏（まと）めて移されており，下記のとおり，同条(a)項（第1項）には第39条に相当する規定が定められ，また(b)項（第2項）には第38条に相当する規定が定められている。そして，見出しが「責任」と改まっている。

このように国内法と国際規則との相違は，国内法が旧法との継続性等に留意したためと思われるが，船員にとっては，国際規則の条項の配列の方が分かりやすく，かつ実務上便利である。

国際規則第2条 責 任

(a) この規則のいかなる規定も，この規則を遵守することを怠ること又は船員の常務として必要とされる注意若しくはその時の特殊な状況により必要とされる注意を払うことを怠ることによって生じた結果について，船舶，船舶所有者，船長又は海員の責任を免除するものではない。（第39条に相当。）

(b) この規則の規定の解釈及び履行に当たっては，運航上の危険及び衝突の危険に対して十分な注意を払わなければならず，かつ，切迫した危険のある特殊な状況（船舶の性能に基づくものを含む。）に十分な注意を払わなければならない。この特殊な状況の場合においては，切迫した危険を避けるため，この規則の規定によらないことができる。（第38条に相当。）

第40条 他の法令による航法等についてのこの法律の規定の適用等

第40条 第16条，第17条，第20条（第4項を除く。），第34条（第4項から第6項までを除く。），第36条，第38条及び前条の規定は，他の法令において定められた航法，灯火又は形象物の表示，信号その他運航に関する事項についても適用があるものとし，第11条の規定は，他の法令において定められた避航に関する事項について準用するものとする。

§ 5-6 本法の規定の他の法令の航法等への適用・準用（第40条）

本法と他の法令（現在のところ，港則法及び海上交通安全法）とは，一般法と特別法の関係にある。特別法は一般法よりも優先して適用されるが，特別法に規定のない事項については，一般法の規定が適用される。すなわち，特別法である港則法や海上交通安全法の適用水域においても，それらの法令に規定のない事項については，一般法である予防法の規定が適用される。

よって，本条に列挙された第16条等の各条のように，「この法律の規定により……」「この法律の規定を……」などの限定的な文言がある規定についても，当然，他の法令の航法等に関する事項にも適用又は準用される。本条

表 5·1　他の法令に定める航法等への本法の規定の適用・準用

他の法令において定められた事項	適用又は準用される規定	
航法に関する事項	第16条（避航船） 第17条（保持船）	適用
灯火又は形象物の表示に関する事項	第20条（灯火・形象物の表示）	
信号に関する事項	第34条（操船信号） 第36条（注意喚起信号）	
運航に関する事項	第38条（切迫した危険のある特殊な状況） 第39条（注意等を怠ることについての責任）	
避航に関する事項	第11条（視野の内にある船舶に適用）	準用

は，このことに疑義を生じないように，特に明文規定をもって示したものである。

◆ 例えば、海上交通安全法は、図5·3に示すように、第3条第1項において、航路出入等の船舶（A船）は航路航行船（B船）を避航しなければならないことを規定し、A船の避航義務を定めているが、B船については何も規定していない。また、この航法が視野の内にある場合にのみ適用があるかどうかも明示していない。

したがって，これらについては，一般法である本法の規定が適用・準用されるが，本条は，この点について，次のことを明示している。（図5·3）

① 海交法のこの規定は，「航法に関する事項」であるから，B船（他の船舶）には本法の第17条（保持船）の規定が適用される。したがって，B船は，保持船としての動作をとらなければならない。

② 海交法のこの規定は，「避航に関する事項」であるから，本法の第11条（視野の内）の規定が準用される。したがって，同規定は，A船とB船とが互いに視覚によっ

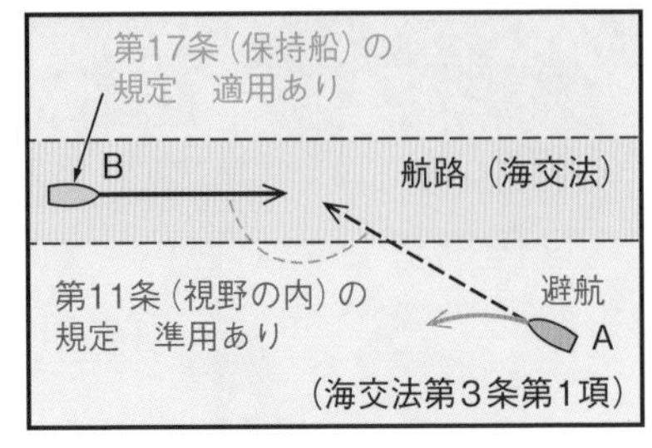

図 5·3　他の法令（海交法等）の航法等への適用・準用

て他の船舶を見ることができる状態にある場合にのみ適用される航法規定である。

③　これらのほか，避航船（A船）は第16条（避航船）の規定が適用され，避航船としての動作をとらなければならないなどである。

◆「第11条の規定は・・・・・準用する。」は，他の法令の避航に関する事項は，互いに他の船舶の視野の内にある場合にのみ適用されることを明確にしたものであり，視界制限状態においては，本法の第3節に定める視界制限状態の航法が適用される。

【注】　本条のかっこ書規定に「…を除く」とあるのは，それらの各項には「この法律の規定により……」や「この法律に規定する……」といった限定的な文言はなく，他の法令にもその適用が明らかであるからである。よって「…を除く」は，「他の法令の航法等に関する事項には適用されない。」という意味ではない。

第41条　この法律の規定の特例

第41条　船舶の衝突予防に関し遵守すべき航法，灯火又は形象物の表示，信号その他運航に関する事項であって，港則法（昭和23年法律第174号）又は海上交通安全法（昭和47年法律第115号）の定めるものについては，これらの法律の定めるところによる。

2　政令で定める水域における水上航空機等の衝突予防に関し遵守すべき航法，灯火又は形象物の表示，信号その他運航に関する事項については，政令で特例を定めることができる。

3　国際規則第1条（c）に規定する位置灯，信号灯，形象物若しくは汽笛信号又は同条（e）に規定する灯火若しくは形象物の数，位置，視認距離若しくは視認圏若しくは音響信号装置の配置若しくは特性（次項において「特別事項」という。）については，国土交通省令で特例を定めることができる。

4　条約の締約国である外国が特別事項について特別の規則を定めた場合において，国際規則第1条（c）又は（e）に規定する船舶であって当該外国の国籍を有するものが当該特別の規則に従うときは，当該特別の規則に相当するこの法律又はこの法律に基づく命令の規定は，当該船舶について適用しない。

§ 5-7　本法の規定の特例（第41条）

港湾や内水などにおいては，船舶交通のふくそう化や自然的・地理的な条件により，本法の規定のみでは衝突予防に十分でない場合があるため，特別の規則を必要とすることがある。

また，集団漁ろう船等の灯火等についての特別の規則を定めたり，あるいは特殊な構造の船舶等がその特殊な機能を損（そこな）わないためにその灯火や音響信号装置等についての特別の規則を定めたりする必要がある場合がある。

本条は，これらの必要性に鑑み，特例について次のとおり定めている。

(1) 港則法及び海上交通安全法（第1項）

衝突予防に関する事項で，港則法又は海上交通安全法の定めるものについては，これらの定めるところによる。

(2) 水上航空機等の衝突予防に関する特例（第2項）

水上航空機等（水上航空機及び特殊高速船（表面効果翼船））の離発着する水域や衝突予防に関する事項については，政令で特例を定めることができる。

◆　現在のところ，この政令は定められていない。

(3) 集団漁ろう船等の灯火等についての特例（第3項）

次に掲げる事項については，国土交通省令で特例を定めることができる。

(1)　2隻以上の軍艦又は護送されている船舶のための追加の位置灯，信号灯，形象物又は汽笛信号（国際規則第1条（c））

(2)　集団で漁ろうに従事している船舶のための追加の位置灯，信号灯又は形象物（国際規則第1条（c））

(3)　特殊な構造又は目的を有する船舶の灯火・形象物の数，位置，視認距離又は視認圏（国際規則第1条（e））

(4)　特殊な構造又は目的を有する船舶の音響信号装置の配置又は特性（国際規則第1条（e））

- ◆　上記の(1)及び(2)の位置灯，信号灯，形象物又は汽笛信号は，できる限り，国際規則に定める灯火，形象物又は信号と誤認されないものでなければならないと定められている。（国際規則第1条（c））
- ◆　上記の(3)及び(4)の特例として，施行規則は，海上自衛隊の自衛艦及び海上保安庁の巡視船について，これを定めている。（則第23条）

(4)　外国が特別の規則を定めた場合の本法の当該規定の適用除外（第4項）

外国が第3項の事項（特別事項）について特別の規則を定めた場合は，その国の船舶については，その特別の規則に相当する本法（命令を含む。）の規定は，適用されない。

§ 5-8　本法と特例との関係

本法と特例とは，一般法と特別法の関係にある。つまり特別法の定めている事柄に関してはその規定が優先し，一般法の規定は特別法の規定と矛盾抵触しない範囲でのみ補充的に適用される。（特別法優先の原理）

したがって，①本法と特例の規定が異なる場合や相反する場合は，特例の規定が適用され，②特例に規定されていない事項については，本法の規定が適用される。（§ 5-6参照）

第42条　経過措置

> 第42条　この法律の規定に基づき命令を制定し，又は改廃する場合においては，その命令で，その制定又は改廃に伴い合理的に必要と判断される範囲内において，所要の経過措置を定めることができる。

§ 5-9　経過措置（第42条）

本法の規定に基づき命令を制定し，又は改廃する場合においては，その内容によっては，すぐに施行するのが難しいものもあるので，本条は，それについて経過措置を定めることができる，と定めたものである。

海上衝突予防法施行規則

（　　　　昭和 52 年 7 月 1 日　　運輸省令　第 19 号
最近改正　令和 元 年 6 月 28 日　国土交通省令　第 20 号）

目　次

第 1 章　総　則

（用語）

第 1 条　この省令において使用する用語は，海上衝突予防法（昭和 52 年法律第 62 号。以下「法」という。）において使用する用語の例による。

第 2 章　灯火及び形象物

（灯火の色度）

第 2 条　第 16 条第 1 項に規定する灯火及び法第 20 条第 1 項の規定による法定灯火（以下「法定灯火等」という。）の色は，次の表の左欄に掲げる色の区分に応じ，日本産業規格 Z8701 の色度図において，それぞれ同表の右欄に掲げる領域内の色度を有するものでなければならない。

色	領　　　域
白	x 座標 0.525y 座標 0.440 の点，x 座標 0.525y 座標 0.382 の点，x 座標 0.433y 座標 0.382 の点，x 座標 0.310y 座標 0.283 の点，x 座標 0.310y 座標 0.348 の点，x 座標 0.452y 座標 0.440 の点及び x 座標 0.525y 座標

	0.440の点を順次に結んだ線により囲まれた領域
紅	x座標0.735y座標0.265の点，x座標0.721y座標0.259の点，x座標0.660y座標0.320の点及びx座標0.680y座標0.320の点を順次に結んだ線並びにスペクトル軌跡により囲まれた領域
緑	x座標0.009y座標0.723の点，x座標0.300y座標0.511の点，x座標0.203y座標0.356の点及びx座標0.028y座標0.385の点を順次に結んだ線並びにスペクトル軌跡により囲まれた領域
黄	x座標0.618y座標0.382の点，x座標0.612y座標0.382の点，x座標0.575y座標0.406の点及びx座標0.575y座標0.425の点を順次に結んだ線並びにスペクトル軌跡により囲まれた領域

（光度の算定式等）

第3条　法定灯火等の光度は，次に定める算式により算定するものとする。

$$I = 3.43 \times 10^6 \times T \times D^2 \times K^{-D}$$

Iは，光度（カンデラ）

Tは，閾(いき)値（ルクス）とし，0.0000002

Dは，視認距離（海里）

Kは，大気の透過率とし，0.8

2　法定灯火等の光度は，当該法定灯火等が過度にまぶしくならないように制限されなければならない。この場合において，その制限は，可変調節の方法によって行ってはならない。

（光　度）

第4条　法第22条の国土交通省令で定める光度は，前条第1項の算式により算定した光度（以下「最小光度」という。）以上のものとする。ただし，電気式灯火以外の灯火については，やむを得ない場合は，この限りでない。

2　前項ただし書の場合において，当該灯火は，できる限り最小光度に近い光度を有しなければならない。

3　法第26条第3項の国土交通省令で定める光度は，0.9カンデラ以上12カンデラ未満（長さ50メートル未満のトロール従事船にあっては，0.9カンデラ以上4.3カンデラ未満）とする。

（射光範囲）

第5条　マスト灯，げん灯及び船尾灯は，当該灯火について，それぞれ法第21条第1項，第2項又は第4項に規定する水平方向における射光の範囲（以下「水平射光範囲」という。）において，最小光度以上の光度を有しなければならない。

ただし，水平射光範囲の境界から内側へ5度の範囲においては，この限りでない。

2　前項の灯火は，同項ただし書の範囲において，最小光度の50パーセント以上の光度を有しなければならない。

3　第1項の灯火の光は，水平射光範囲の境界から外側へ5度の範囲内において，しゃ断されなければならない。

4　前三項の規定にかかわらず，げん灯は，正船首方向において，最小光度以上の光度を有し，かつ，その光は，正船首方向から外側へ1度から3度までの範囲内において，しゃ断されなければならない。

第6条　マスト灯，げん灯，船尾灯及び全周灯（以下「マスト灯等」という。）は，上下方向において，次の各号に定める光度以上の光度を有しなければならない。ただし，マスト灯等であって電気式灯火以外のものについては，やむを得ない場合は，この限りでない。

(1)　水平面の上下にそれぞれ5度の範囲において，マスト灯及び船尾灯にあっては前条第1項及び第2項の規定による光度，げん灯にあっては同条第1項，第2項及び第4項の規定による光度，全周灯にあっては最小光度

(2)　動力船が掲げるマスト灯等及び帆船（航行中のものを除く。）が掲げる全周灯にあっては，水平面の上下にそれぞれ5度から7.5度までの範囲において，前号の光度の60パーセントの光度

(3)　航行中の帆船が掲げるげん灯，船尾灯及び全周灯にあっては，水平面の上下にそれぞれ5度から25度までの範囲において，第1号の光度の50パーセントの光度

2　前項ただし書の場合において，当該灯火は，できる限り電気式灯火の光度に近い光度を有しなければならない。

(げん灯の内側隔板)

第7条　長さ20メートル以上の船舶が掲げるげん灯は，黒色のつや消し塗装を施した内側隔板を取り付けたものでなければならない。

(形象物の技術基準)

第8条　形象物は，黒色のものであり，かつ，次の各号に定める形象物ごとに，それぞれ当該各号に定める基準に適合するものでなければならない。ただし，長さ20メートル未満の船舶が掲げる形象物の大きさについては，当該各号の規定にかかわらず，当該船舶の大きさに適したものとすることができる。

(1)　球形の形象物　　直径0.6メートル以上のものであること。

(2)　円すい形の形象物　　底の直径が0.6メートル以上であって，高さが底の直

径と等しいものであること。

(3) 円筒形の形象物　直径が0.6メートル以上であって，高さが直径の2倍のものであること。

(4) ひし形の形象物　底の直径が0.6メートル以上であって，高さが底の直径と等しい2個の同形の円すいをその底で上下に結合させた形のものであること。

（マスト灯又はマスト灯と同一の特性を有する灯火の垂直位置）

第9条 法第23条第1項第1号，第24条第1項第1号イ，同号ロ，同条第2項第1号イ若しくは同号ロの規定による前部に掲げるマスト灯（法第24条第1項第1号イ又は同条第2項第1号イの規定によるマスト灯については，それらのうちいずれか1個に限る。）又は法第27条第2項第2号若しくは同条第4項第2号の規定によるマスト灯のうち前部に掲げるもの（以下「前部マスト灯」という。）の位置は，次の各号に掲げる船舶の区分に応じ，それぞれ当該各号に定める要件に適合するものでなければならない。

(1) 長さ20メートル以上の動力船（第3号に掲げるものを除く。）　船体上の高さ（灯火の直下の最上層の全通甲板からの高さをいう。以下同じ。）が6メートル（船舶の最大の幅が6メートルを超える動力船にあっては，その幅）以上であること。ただし，その高さは，12メートルを超えることを要しない。

(2) 長さ20メートル未満の動力船　げん縁上の高さが2.5メートル以上であること。ただし，長さ12メートル未満の動力船にあっては，この限りでない。

(3) 長さ20メートル以上の動力船であって海上保安庁長官が告示※で定めるもの　船体上の高さが，前部マスト灯とげん灯を頂点とする二等辺三角形を当該船舶の船体中心線に垂直な平面に投影した二等辺三角形の底角が27度以上となるものであること。

※ 上記の告示は，p.216に掲載している。

2 法第23条第1項第1号，第24条第1項第1号イ，同号ロ，同条第2項第1号イ若しくは同号ロの規定による後部に掲げるマスト灯（法第24条第1項第1号ロ又は同条第2項第1号ロの規定によるマスト灯については，それらのうちいずれか1個に限る。）又は法第27条第2項第2号若しくは同条第4項第2号の規定によるマスト灯のうち後部に掲げるもの（以下「後部マスト灯」という。）の位置は，前部マスト灯よりも4.5メートル以上上方でなければならず，かつ，通常のトリムの状態において，船首から1,000メートル離れた海面から見たときに前部マスト灯と分離して見える高さでなければならない。ただし，前項第3号に掲げる動力船にあっては，後部マスト灯の位置は，前部マスト灯よりも次に定める算式により算定されるメートル以上上方とすることができる。

$$y = \frac{(a + 17\psi)c}{1000} + 2$$

yは，前部マスト灯から後部マスト灯までの垂直距離（メートル）

aは，航海状態における水面から前部マスト灯までの垂直距離（メートル）

ψは，航海状態におけるトリム角（度）

cは，前部マスト灯と後部マスト灯の間の水平距離（メートル）

3　法第24条第1項第1号ロ又は同条第2項第1号ロの規定によるマスト灯については，前項に定めるもののほか，それらのうち最も下方のものの位置が，前部マスト灯よりも4.5メートル以上上方でなければならない。

4　前三項に定めるもののほか，前部マスト灯，後部マスト灯又は法第23条第6項の規定によるマスト灯と同一の特性を有する灯火（以下「マスト灯と同一の特性を有する灯火」という。）の位置は，他のすべての灯火（前部マスト灯及び後部マスト灯以外のマスト灯，第14条第3項各号に規定する位置に掲げる全周灯並びに法第34条第8項に規定する灯火を除く。）よりも上方でなければならず，かつ，これらの灯火及び妨害となる上部構造物によって，当該マスト灯又はマスト灯と同一の特性を有する灯火の射光が妨げられないような高さでなければならない。

（マスト灯の間の水平距離等）

第10条　動力船が前部マスト灯及び後部マスト灯を掲げる場合は，これらの灯火の間の水平距離は，当該動力船の長さの2分の1以上でなければならない。ただし，当該水平距離は，100メートルを超えることを要しない。

2　前項の場合において，船首から前部マスト灯までの水平距離は，当該動力船の長さの4分の1以下でなければならない。

3　動力船が前部マスト灯のみを掲げる場合の当該マスト灯の位置は，船体中央部より前方の位置でなければならない。ただし，長さ20メートル未満の動力船に係る前部マスト灯については，この限りでない。

4　前項ただし書の場合において，当該マスト灯は，できる限り前方の位置でなければならない。

（げん灯等の位置）

第11条　法第23条第1項第2号，同条第4項，同条第5項，第24条第1項第2号，同条第2項第2号，同条第4項第1号，同条第7項第1号，同項第2号，第26条第1項第3号，同条第2項第2号，第27条第1項第2号，同条第2項第2号，同条第4項第2号若しくは第29条第2号の規定によるげん灯若しくは両色灯又は法第23条第7項の規定による両色灯と同一の特性を有する灯火（以下「両色灯と同一の特性を有する灯火」という。）であって，動力船が掲げるものの位置は，それぞれ次の各号に定める要件に適合するものでなければならない。

(1)　げん灯

イ　前部マスト灯（マスト灯と同一の特性を有する灯火を含む。以下この条において同じ。）の船体上の高さの4分の3以下にあること。

ロ　甲板を照明する灯火によって射光が妨げられるような低い位置にないこと。

ハ　前部マスト灯又は法第23条第4項の規定による全周灯をげん縁上2.5メートル未満の高さに掲げる場合は，イにかかわらず，その前部マスト灯又は全周灯よりも1メートル以上下方にあること。

ニ　前部マスト灯よりも前方になく，かつ，げん側又はその付近にあること（長さ20メートル以上の動力船が掲げるげん灯に限る。）

(2)　両色灯及び両色灯と同一の特性を有する灯火

前部マスト灯よりも1メートル以上下方にあること。

（連掲する灯火の間の距離等）

第12条　法第24条第1項第1号イ，同号ロ，同項第3号及び第4号，同条第2項第1号イ，同号ロ，第25条第4項，第26条第1項第1号，同条第2項第1号，第27条第1項第1号，同条第2項第1号，同条第4項第1号，同項第3号，同項第4号，同条第5項第1号，第28条，第29条第1号又は第30条第3項第2号の規定による垂直線上に連掲する灯火の間の距離及び位置は，次の表の左欄に掲げる船舶の区分に応じ，それぞれ同表の中欄及び右欄に掲げる要件に適合するものでなければならない。

船　舶	距　　離	位　　置
長さ20メートル以上の船舶	① 2メートル以上であること。 ② 3個の灯火を掲げる場合は，これらの灯火の間の距離が等しいこと。	最も下方の灯火（引き船灯を掲げる場合における船尾灯を除く。以下この表において同じ。）の船体上の高さが4メートル以上であること。
長さ20メートル未満の船舶	① 1メートル以上であること。 ② 3個の灯火を掲げる場合は，これらの灯火の間の距離が等しいこと。	最も下方の灯火のげん縁上の高さが2メートル以上であること。

2　法第26条第1項第1号又は同条第2項第1号の規定による2個の全周灯のうち下方のものの位置は，前項に定めるもののほか，これらの2個の全周灯の間の距離の2倍以上げん灯よりも上方でなければならない。

3　法第26条第3項の規定による垂直線上に連掲する灯火の間の距離は，0.9メートル以上でなければならない。

(びょう泊灯等の垂直位置)

第13条　法第30条第1項第1号又は同条第3項第1号の規定による2個の全周灯のうち前部に掲げるもの（次項において「前部びょう泊灯」という。）の位置は，他の1個の全周灯よりも4.5メートル以上上方でなければならない。

2　長さ50メートル以上の船舶が掲げる前部びょう泊灯の位置は，前項に定めるもののほか，船体上の高さが6メートル以上でなければならない。

(全周灯の位置)

第14条　第16条第1項又は法第23条第2項，同条第4項，同条第5項，第24条第5項第1号，同項第2号，同項第3号，第25条第4項，第26条第1項第1号，同条第2項第1号，同項第3号，同条第3項，第27条第1項第1号，同条第2項第1号，同条第4項第1号，同項第3号，同項第4号，同条第5項第1号，同条第6項第1号，第28条，第29条第1号，第30条第1項第1号，同条第3項第1号，同項第2号若しくは第34条第8項の規定による全周灯の位置は，その水平射光範囲がマストその他の上部構造物によって6度を超えて妨げられないような位置でなければならない。ただし，法第30条第1項第1号及び同条第3項第1号の規定による全周灯については，やむを得ない場合は，この限りでない。

2　前項ただし書の場合において，当該灯火は，できる限り高い位置でなければならない。

3　1個の全周灯のみでは第1項の規定による位置とすることができない場合は，2個の全周灯を，隔板を取り付けることその他の方法により1海里の距離から1個の灯火として見えるようにすることをもって足りる。

4　法第27条第2項第1号，同条第4項第1号及び第28条の規定による全周灯の位置を前部マスト灯よりも下方の位置とすることができない場合は，これらの全周灯の位置は，次のいずれかの位置であることをもって足りる。

(1)　前部マスト灯の高さと後部マスト灯の高さの間であって，船舶の中心線からの水平距離が2メートル以上である位置

(2)　後部マスト灯よりも上方の位置

（漁具を出している方向を示す灯火等の位置）

第15条 法第26条第2項第3号の規定による灯火の位置は，次の各号に定める要件に適合するものでなければならない。

(1) 同項第1号の規定による白色の全周灯からの水平距離が2メートル以上6メートル以下であること。

(2) 前号の白色の全周灯よりも高くないこと。

(3) 同項第2号の規定によるげん灯よりも低くないこと。

2 法第27条第4項第3号及び第4号の規定による灯火又は形象物の位置は，それぞれ次の各号に定める要件に適合するものでなければならない。

(1) 灯火にあっては同項第1号の規定による3個の全周灯，形象物にあっては同項第5号の規定による3個の形象物からの水平距離が2メートル以上であること。この場合において，当該水平距離は，できる限り長くなければならない。

(2) 灯火にあっては前号の3個の全周灯，形象物にあっては同号の3個の形象物のうち最も下方のものよりも高くないこと。

（漁ろうに従事している船舶の追加の灯火）

第16条 法第26条第5項の国土交通省令で定める漁ろうに従事している船舶は，次の表の左欄に掲げる船舶とし，同項の国土交通省令で定める灯火は，同表の左欄に掲げる船舶ごとにそれぞれ同表の右欄に掲げる灯火とする。この場合において，当該灯火は，1海里以上3海里未満（長さ50メートル未満の船舶にあっては，1海里以上2海里未満）の視認距離を有するものでなければならない。

船　舶	灯　火
長さ20メートル未満のトロール従事船	白色の全周灯2個（投網を行っている船舶に限る。）
	白色の全周灯1個及び紅色の全周灯1個（揚網を行っている船舶に限る。）
	紅色の全周灯2個（網が障害物に絡みついている船舶に限る。）
きんちゃく網を用いて漁ろうに従事している船舶	黄色の全周灯2個であって，1秒ごとに交互にせん光を発し，かつ，各々の明間と暗間とが等しいもの

2 前項に規定する灯火は，次の各号に定めるところにより表示しなければならない。

(1) 法第26条第1項第1号又は同条第2項第1号に規定する白色の全周灯より

も低い位置の最も見やすい場所に垂直線上に掲げること。

(2) 相互に0.9メートル以上隔てて掲げること。

(3) 前項の規定によりトロール従事船が揚網を行っている場合に掲げる灯火にあっては，白色の全周灯を紅色の全周灯よりも上方に掲げること。

3 長さ20メートル未満のトロール従事船であって，2そうびきのトロールにより漁ろうをしているものは，それぞれ，夜間において対をなしている他方の船舶の進行方向を示すように探照灯を照射することができる。

(連掲する形象物の間の距離)

第17条 法第27条第1項第3号，同条第2項第3号，同条第4項第3号，同項第4号，同項第5号又は第30条第3項第3号の規定による垂直線上に連掲する形象物の間の距離は，1.5メートル以上でなければならない。

2 長さ20メートル未満の船舶が，第8条ただし書の規定により同条各号に定める大きさ以外の形象物を垂直線上に連掲する場合における前項の距離は，同項の規定にかかわらず，1.5メートル未満であってこれらの形象物の大きさに適したものとすることができる。

第3章 音響信号及び発光信号

(汽笛の技術基準等)

第18条 法第33条の規定により船舶が備えるべき汽笛（以下「汽笛」という。）の音の基本周波数及び音圧は，次の表の左欄に掲げる船舶の区分に応じ，それぞれ同表の中欄及び右欄に掲げる基準に適合するものでなければならない。

船　　舶	基本周波数	音　　圧
長さ200メートル以上の船舶	70ヘルツ以上200ヘルツ以下	143デシベル以上
長さ75メートル以上200メートル未満の船舶	130ヘルツ以上350ヘルツ以下	138デシベル以上
長さ20メートル以上75メートル未満の船舶	250ヘルツ以上700ヘルツ以下	130デシベル以上
長さ20メートル未満の船舶	250ヘルツ以上700ヘルツ以下	120デシベル以上（180ヘルツ以上450ヘルツ以下）

		115デシベル以上（450ヘルツ以上800ヘルツ以下）
		111デシベル以上（800ヘルツ以上2100ヘルツ以下）
備考 音圧は，汽笛の音の最も強い方向であって汽笛からの距離が1メートルである位置において，180ヘルツ以上700ヘルツ以下の範囲内に中心周波数を有する3分の1オクターブバンドのうちのいずれか1により測定したものとする。ただし，長さ20メートル未満の船舶にあっては，表中括弧内に定める周波数の範囲内に中心周波数を有する3分の1オクターブバンドのうちいずれか1により測定したものとする。		

2　指向性を有する汽笛は，水平方向において，前項の音圧の測定に用いた3分の1オクターブバンドと同一のものにより測定した結果，次の各号に定める音圧以上の音圧を有するものでなければならない。

(1)　音の最も強い方向（以下「最強方向」という。）から左右にそれぞれ45度の範囲において，最強方向の音圧から4デシベルを減じた音圧

(2)　前号の範囲以外の範囲において，最強方向の音圧から10デシベルを減じた音圧

第19条　汽笛の位置は，次の各号に定める基準に適合するものでなければならない。

(1)　できる限り高い位置にあること。

(2)　自船上の他船の汽笛を通常聴取する場所における音圧が110デシベル（A）を超えず，できる限り，100デシベル（A）を超えないような位置にあること。

(3)　指向性を有する汽笛にあっては，それが船舶に設置されている唯一のものである場合は，正船首方向において，音圧が最大となるような位置にあること。

2　2以上の汽笛がそれぞれ100メートルを超える間隔を置いて設置されている場合は，これらの汽笛は，同時に吹鳴を発しないものでなければならない。

3　船舶は，当該船舶に設置されている唯一の汽笛又は前項の汽笛のうちのいずれか1のものの音圧が，自船上の障害物により著しく減少する区域が生ずるおそれがある場合は，できる限り複合汽笛装置を備えなければならない。

4　前項の複合汽笛装置の汽笛は，それぞれの間隔が100メートル以下のものでなければならず，また，同時に吹鳴を発し，かつ，これらの周波数の差が10ヘルツ以上であるものでなければならない。

5　第3項の複合汽笛装置は，これを1の汽笛とみなす。

(号鐘及びどらの技術基準)

第20条 法第33条第1項の規定により船舶が備えるべき号鐘は，次の各号に定める基準に適合するものでなければならない。

(1) 1メートル離れた位置における音圧が110デシベル以上であること。

(2) 耐食性を有する材料を用いて作られていること。

(3) 澄んだ音色を発するものであること。

(4) 号鐘の呼び径が0.3メートル以上であること。

(5) 号鐘の打子の重量が号鐘の重量の3パーセント以上であること。

(6) 動力式の号鐘の打子については，できる限り一定の強さで号鐘を打つことができるものであり，かつ，手動による操作が可能であるものであること。

2 法第33条第1項の規定により船舶が備えるべきどらは，前項第1号から第3号までに定める基準に適合するものでなければならない。

(法第34条第8項の灯火の位置)

第21条 法第34条第8項に規定する灯火の位置は，次の各号に定める要件に適合するものでなければならない。

(1) 船舶の中心線上にあること。

(2) 前部マスト灯及び後部マスト灯を掲げる船舶にあっては，できる限り前部マスト灯よりも2メートル以上上方であり，かつ，後部マスト灯よりも2メートル以上上方又は下方であること。

(3) 前部マスト灯のみを表示する船舶にあっては，当該マスト灯よりも2メートル以上上方又は下方であり，かつ，最も見えやすい位置にあること。

第4章　補　則

(特殊高速船)

第21条の2 法第23条第3項の国土交通省令で定める動力船は，離水若しくは着水に係る滑走又は水面に接近して飛行している状態（法第3条第5項，第31条及び第41条第2項において適用する場合を除く。）の表面効果翼船（前進する船体の下方を通過する空気の圧力の反作用により水面から浮揚した状態で移動することができる動力船をいう。）とする。

(遭難信号)

第22条 法第37条第1項の国土交通省令で定める信号は，次の各号に定める信号とする。

⑴ 約1分の間隔で行う1回の発砲その他の爆発による信号

⑵ 霧中信号器による連続音響による信号

⑶ 短時間の間隔で発射され，赤色の星火を発するロケット又はりゅう弾による信号

⑷ あらゆる信号方法によるモールス符号の「---———---」(SOS) の信号

⑸ 無線電話による「メーデー」という語の信号

⑹ 縦に上から国際海事機関が採択した国際信号書（以下「国際信号書」という。）に定めるN旗及びC旗を掲げることによって示される遭難信号

⑺ 方形旗であって，その上方又は下方に球又はこれに類似するもの1個の付いたものによる信号

⑻ 船舶上の火炎（タールおけ，油たる等の燃焼によるもの）による信号

⑼ 落下さんの付いた赤色の炎火ロケット又は赤色の手持ち炎火による信号

⑽ オレンジ色の煙を発することによる信号

⑾ 左右に延ばした腕を繰り返しゆっくり上下させることによる信号

⑿ デジタル選択呼出装置による2,187.5キロヘルツ，4,207.5キロヘルツ，6,312キロヘルツ，8,414.5キロヘルツ，12,577キロヘルツ若しくは16,804.5キロヘルツ又は156.525メガヘルツの周波数の電波による遭難警報

⒀ インマルサット船舶地球局（国際移動通信衛星機構が監督する法人が開設する人工衛星局の中継により海岸地球局と通信を行うために開設する船舶地球局をいう。）その他の衛星通信の船舶地球局の無線設備による遭難警報

⒁ 非常用の位置指示無線標識による信号

⒂ 前各号に掲げるもののほか，海上保安庁長官が告示で定める信号

2 船舶は，前項各号の信号を行うに当たっては，次の各号に定める事項を考慮するものとする。

⑴ 国際信号書に定める遭難に関する事項

⑵ 国際海事機関が採択した国際航空海上捜索救助手引書第3巻に定める事項

⑶ 黒色の方形及び円又は他の適当な図若しくは文字を施したオレンジ色の帆布を空からの識別のために使用すること。

⑷ 染料による標識を使用すること。

（特例）

第23条 海上自衛隊の使用する船舶のうち自衛艦であって次の表の第1欄に掲げるものについては，同表の第2欄に掲げる法又はこの省令の規定中同表の第3欄

に掲げる字句は，同表の第４欄に掲げる字句に読み替えて，これらの規定を適用する。

第１欄	第２欄	第３欄	第４欄
潜水艦	法第23条第１項第１号	長さ50メートル未満の動力船	潜水艦
	第９条第１項第１号	６メートル（船舶の最大の幅が６メートルを超える動力船にあっては，その幅）以上であること。ただし，その高さは，12メートルを超えることを要しない。	４メートル以上であること。
	第13条第１項	4.5メートル	１メートル
	第13条第２項	６メートル	２メートル
潜水艦以外の自衛艦	法第21条第１項	船舶の中心線上	船舶の中心線上（甲板室が船舶の中心線の片側に設けられている長さ12メートル以上の護衛艦及び輸送艦（第23条第１項第１号及び第27条第２項第２号において「特定護衛艦等」という。）にあっては，できる限り船舶の中心線の近く）
	法第23条第１項第１号	マスト灯よりも後方の高い位置	マスト灯よりも後方の高い位置（特定護衛艦等にあっては，当該マスト灯が装置されている位置から船舶の中心線に平行に引いた直線上の，かつ，該当マスト灯よりも後方の高い位置。次条第１項第１号及び第２項第１号に

		おいて同じ。）
法第24条第1項第1号	長さ50メートル未満の動力船	潜水艦以外の自衛艦
法第27条第2項第2号	2個	2個（特定護衛艦等にあっては，船舶の中心線に平行に引いた直線上に2個。第4項第2号において同じ。）
	第4項第2号	同号
第9条第1項第1号	（船舶の最大の幅が6メートルを超える動力船にあっては，その幅）以上であること。ただし，その高さは，12メートルを超えることを要しない。	（護衛艦，ミサイル艇及び最大速力が25ノットを超える特務艇にあっては，4メートル）以上であること。
第9条第4項	他のすべての灯火（前部マスト灯及び後部マスト灯以外のマスト灯，第14条第3項各号に規定する位置に掲げる全周灯並びに法第34条第8項に規定する灯火を除く。）よりも上方でなければならず，かつ，これらの灯火及び妨害となる上部構造物	妨害となる上部構造物
第10条第1項	当該動力船の長さの2分の1	これらの灯火の船体上の高さの差
第10条第2項	4分の1	2分の1
第10条第3項	長さ20メートル未満の動力船	長さ50メートル未満の潜水艦以外の自衛艦
第11条第1号ニ	前部マスト灯よりも前方になく	できる限り前部マスト灯の後方にあり
第12条第1項の表長さ20メ	2メートル	2メートル（ミサイル艇及び最大速力が25ノ

	ートル以上の船舶の項		ットを超える特務艇が2個の灯火を垂直線上に掲げる場合並びに掃海艇が3個の灯火を垂直線上に掲げる場合にあっては，1メートル）
	第13条第1項	4.5メートル	1メートル
	第13条第2項	6メートル	2.5メートル

2　海上保安庁の使用する船舶であって，次の表の第1欄に掲げるものについては，同表の第2欄に掲げる法又はこの省令の規定中同表の第3欄に掲げる字句は，同表の第4欄に掲げる字句に読み替えてこれらの規定を適用する。

第1欄	第2欄	第　3　欄	第　4　欄
回転翼航空機を搭載する巡視艇	法第24条第1項第1号	長さ50メートル未満の動力船	回転翼航空機を搭載する巡視船
	第9条第1項第1号	12メートル	7メートル
	第9条第4項	他のすべての灯火（前部マスト灯及び後部マスト灯以外のマスト灯，第14条第3項各号に規定する位置に掲げる全周灯並びに法第34条第8項に規定する灯火を除く。）よりも上方でなければならず，かつ，これらの灯火及び妨害となる上部構造物	妨害となる上部構造物
	第10条第1項	当該動力船の長さの2分の1	これらの灯火の船体上の高さの差
	第10条第2項	4分の1	5分の2
	第11条第1号ニ	前部マスト灯よりも前方になく	できる限り前部マスト灯の後方にあり

回転翼航空機を搭載する巡視船以外の巡視船	第10条第１項	当該動力船の長さの２分の１	これらの灯火の船体上の高さの差
	第10条第２項	４分の１	５分の２
	第10条第３項	長さ20メートル未満の動力船	長さ50メートル未満の回転翼航空機を搭載する巡視船以外の巡視船
	第11条第１号ニ	前部マスト灯よりも前方になく	できる限り前部マスト灯の後方にあり

3　前二項に規定する船舶以外の船舶であって，法第41条第３項に規定する特別事項に該当する事項のうち灯火若しくは形象物の数，位置，視認距離若しくは視認圏又は音響信号装置の配置若しくは特性について定めた法又はこの省令の規定を適用することがその特殊な構造又は目的のため困難であると国土交通大臣が認定したものに対するこれらの規定の適用については，これらの規定にかかわらず，国土交通大臣の指示するところによるものとする。

附　則（略）

【注】 **海上衝突予防法施行規則第９条第１項第３号の動力船を定める告示**（平成７年海上保安庁告示第139号，最近改正平成15年同告示第305号）

海上衝突予防法施行規則（昭和52年運輸省令第19号）第９条第１項第３号の海上保安庁長官が定める動力船は，最強速力が次の算式で算定した値以上となるものとする。

$3.7\nabla^{0.1667}$（メートル毎秒）

この場合において，∇は，計画満載喫水線における排水容積（立方メートル）とする。

分離通航方式に関する告示(抄)

（　　　　昭和 52 年 7 月 14 日　海上保安庁告示第 82 号
最近改正　令和 3 年 5 月 18 日　海上保安庁告示第 19 号）

⑴　海上衝突予防法第10条第1項に規定する分離通航方式（同法附則第2条第1項に規定する既設分離通航方式を含む。以下同じ。）の名称，その分離通航方式について定められた分離通航帯，通航路，分離線，分離帯及び沿岸通航帯の位置その他分離通航方式に関し必要な事項は，⑵に規定する事項及び別表に掲げる事項である。

⑵　別表に掲げる通航路における船舶の進行方向は，同表に別段の定めがある場合を除き，当該通航路に沿った方向であって当該通航路に係る分離線又は分離帯を左げん側に見る方向である。

⑶　⑴及び⑵に規定する事項を示す図面を，海上保安庁交通部安全課，第一，第二，第三，第四，第五，第六，第七，第八，第九及び第十管区海上保安本部交通部安全課，第十一管区海上保安本部交通安全課，海上保安監部，各海上保安部，各海上保安航空基地並びに各海上保安署に備え置いて縦覧に供する。

別表（抄）

45　GIBRALTAR海峡分離通航方式

分離通航帯		沿岸通航帯
分離帯	通航路	
1　次に掲げる地点を順次に結んだ線を中心線とする幅0・5海里の海面 イ　北緯35度56・21分西経5度44・98分の地点 ロ　北緯35度56・21分西経5度36・48分の地点 ハ　北緯35度56・7分西経5度34・71分の地点	ニからヘまでに掲げる地点を順次に結んだ線と分離帯の北側の境界線との間の海面及びトからリまでに掲げる地点を順次に結んだ線と分離帯の南側の境界線との間の海面 ニ　北緯35度58・41分西経5度44・98分の地点 ホ　北緯35度58・41分西経5度36・48分の地点 ヘ　北緯35度58・68分西経5度35・44分の地点	北側陸岸とヌからカまでに掲げる地点を順次に結んだ線との間の海面のうち，西経5度25・68分の経度線と西経5度44・98分の経度線との間の海面，南側陸岸と第1号の分離通航帯の南側の境界線との間の海面のうち，ヨからムまでに掲げる地点を順次に結んだ線及びヨに掲げる地点とムに掲げる地点とを結んだ線によって囲まれた海面並びに南側陸岸と第2号の分離通航帯の南側の境界線との間の海面のうち，ウからオまでに掲げる

	ト　北緯35度52・51分西経5度44・98分の地点 チ　北緯35度53・81分西経5度36・48分の地点 リ　北緯35度54・55分西経5度33・9分の地点	地点を順次に結んだ線及びウに掲げる地点とオに掲げる地点とを結んだ線によって囲まれた海面 ヌ　左欄第1号ニに掲げる地点 ル　左欄第1号ホに掲げる地点 ヲ　左欄第1号へに掲げる地点 ワ　左欄第2号ハに掲げる地点 カ　左欄第2号ニに掲げる地点 ヨ　左欄第1号トに掲げる地点 タ　左欄第1号チに掲げる地点 レ　左欄第1号リに掲げる地点 ソ　北緯35度52・87分西経5度36・7分の地点 ツ　北緯35度52・06分西経5度36・3分の地点 ネ　北緯35度51・1分西経5度36・2分の地点 ナ　北緯35度52・18分西経5度34・0分の地点 ラ　北緯35度51・2分西経5度32・4分の地点 ム　北緯35度49・09分西経5度44・98分の地点 ウ　左欄第2号ホに掲げる地点 キ　左欄第2号へに掲げる地点 ノ　北緯35度54・45分西経5度25・68分の地点 オ　北緯35度54・88分西経5度27・4分の地点
2　次に掲げる地点を結んだ線を中心線とする幅0・5海里の海面 イ　北緯35度58・36分西経5度28・19分の地点 ロ　北緯35度59・01分西経5度25・68分の地点	ハに掲げる地点とニに掲げる地点とを結んだ線と分離帯の北側の境界線との間の海面及びホに掲げる地点とへに掲げる地点とを結んだ線と分離帯の南側の境界線との間の海面 ハ　北緯36度0・35分西経5度28・98分の地点 ニ　北緯36度1・21分西経5度25・68分の地点 ホ　北緯35度56・35分西経5度27・4分の地点 へ　北緯35度56・84分西経5度25・68分の地点	

【注】　分離通航方式の違反

分離通航方式の違反については，IMOが重大な関心を持っており，海難の防止及び汚染の防止のため，沿岸国等の監視・取締りが厳しくなっている。

違反は，通航路の逆航，沿岸通航帯の分離通航帯航行船による違反航行，分離帯内の航行，通航路の安易な横断などが多く，特に留意する必要がある。

「通航を妨げてはならない」の解釈等について

「はしがき」で述べたように，国際規則の改正に対応して，国内法令もその都度改正されてきた。しかしその中には，海上衝突予防法施行規則の改正は行われたが，予防法自体は改正されなかったものもある。

それは，①喫水制限船の定義規定（国際規則第３条（e）項）の改正と，②「通航を妨げてはならない」の解釈規定（国際規則第８条（f）項）の新設に対してである。これらの改正に対して予防法が改正されなかった理由は，わが国においては従来から国際規則の改正の趣旨で運用してきたということによる。しかし，実務に携わる海技者やそれを目指す学生は，特に「通航を妨げてはならない」とはどのように解釈すべきか，長らく悩んできた。

事は交通ルールであり，各船の操船者間において，航法規定に対する解釈の相違や適用航法の判断の不一致があってはならない。そのためには，国際規則の改正部分についても十分に理解しておく必要があり，以下にそれらについて述べる。

§１　国際規則　第３条 (e) 項　「喫水制限船」について

国際規則は，喫水制限船の定義を明確にするため，条文を下記のように改めた。すなわち，改正により「幅」が追加された。

改正前「自船の喫水と利用可能な水深との関係により進路から離れることを著しく制限されている動力船をいう。」

改正後「自船の喫水と航行することができる水域の利用可能な水深及び幅との関係により進路から離れることを著しく制限されている動力船をいう。」

◘　従来から，単に水深だけではなく可航水域の利用可能な「幅」についても考慮されなければならない，と解釈されてきたところであるが，国際規則の改正はこれを明文化したものである。

§２　国際規則　第８条 (f) 項　「通航を妨げてはならない」について

国際規則は，「……通航を妨げてはならない」の解釈を明確にするため，第８条に，次のとおり（f）項を新たに設けた。

新規定　Rule 8（f）　　　　Not to impede

(i) A vessel which, by any of these rules, is required not to impede the passage or safe passage of another vessel shall, when required by the circumstances of the case, take early action to allow sufficient sea room for the safe passage of the other vessel.
(ii) A vessel required not to impede the passage or safe passage of another vessel is not relieved of this obligation if approaching the other vessel so as to involve risk of collision and shall, when taking action, have full regard to the action which may be required by the rules of this part.
(iii) A vessel the passage of which is not to be impeded remains fully obliged to comply with the rules of this part when the two vessels are approaching one another so as to involve risk of collision.

新規定　第8条（f）項（第6項）　　　　妨げてはならない

(i) この規則の規定によって，他の船舶の通航又は安全な通航を妨げてはならないとされている船舶は，状況により必要な場合には，他の船舶が安全に通航することができる十分に広い水域を開けるため，早期に動作をとらなければならない。
(ii) 他の船舶の通航又は安全な通航を妨げてはならない義務を負う船舶は，衝突のおそれがあるほど他の船舶に接近した場合であってもその義務が免除されものではない。また，動作をとる場合には，この部の規定によって要求されることがある動作を十分に考慮しなければならない。
(iii) 2隻の船舶が互いに接近する場合において衝突のおそれがあるときは，通航が妨げられないとされている船舶は，引き続きこの部の規則に従わなければならない。

(1) 第ⅰ号及び第ⅱ号前段の規定

◆ これらの規定は，通航を妨げてはならない義務（通航不阻害義務）について定めており，通航を妨げてはならないとされている船舶に対して，あくまでも「……安全に通航することができる十分に広い水域を開けるため，早期に動作をとらなければならない」ことを要求している。よって，同船は，早期に他の船舶を発見又は探知するために，適切な見張りをしなければならない。

◆ 通航不阻害義務は，可航水域が制限されているところでは，避航関係を定めた航法規定だけでは船舶の安全な通航を確保することができないために定められたもので，避航義務とは，別個のものである。

◆ 安全に通航することができる十分に広い水域を開けるための動作は，他の船舶の大きさや速力，周囲の状況等を考慮し，衝突のおそれが生ずる以前の十分に早い時期にとらなければならないもので，これが本来である。

(2) 第ⅱ号後段及び第ⅲ号の規定

◆ これらの規定は，両船が衝突のおそれがあるほど接近した場合であっても，通航不阻害義務を負う船舶は，引き続き水域を開ける動作をとる義務を負う（第ⅱ号前段）ほか，動作をとる場合には，航法規定による動作（見張り，安全な速力，衝突のおそれ，衝突を避けるための動作など。）を考慮しなければならず，一方，他の船舶（通航が妨げられない船舶）は，衝突のおそれがあるときは，衝突回避のためには，なお航法規定（前述）に従う義務があることを定めている。

◆ このような場合に，両船は，航法規定や航法の原則に則って動作をとるほか，規定の信号を行い，また，その時の状況に対しては，特に十分な注意を払い衝突の危険などに対して措置をとる（第38条・第39条）ことはいうまでもない。

◆ (1)で述べたことを繰り返すが，衝突のおそれが生じた場合に，両船が避航関係を定めた航法規定によって十分に余裕をもって衝突を回避できるのであれば，通航不阻害義務の規定を設ける必要はないのであって，そうではなく，避航関係を定めた航法規定だけでは狭い水道や航路筋において安全な通航が確保できないからである。

したがって，もし通航不阻害義務を負う船舶が，その義務を怠った場合には，他の船舶に大きな迷惑をかけることになり，その責任は大というべきである。

航法に関する原則

⑴　自然的原則

操縦容易な船舶が，操縦困難な船舶を避航する。

具体例（要旨）

⑴　航行中の船舶は，錨泊船を避航する。（第 39 条の船員の常務）

⑵　動力船は，帆船を避航する。（第 18 条第 1 項）

⑶　動力船や帆船は，漁ろうに従事している船舶を避航する。（第 18 条第 1 項・第 2 項）

⑷　漁ろうに従事している船舶は，狭い水道又は航路筋（狭い水道等）の内側を航行している他の船舶の通航を妨げてはならない。（第 9 条第 3 項ただし書）

⑸　長さ 20 メートル未満の動力船は，狭い水道等の内側でなければ安全に航行することができない他の動力船の通航を妨げてはならない。（第 9 条第 6 項）

⑹　海交法…備讃瀬戸北航路を航行している船舶（巨大船を除く。）は，水島航路を航行している巨大船を避航する。（海交法第 19 条第 3 項）

⑺　港則法…汽艇等は，港内においては，汽艇等以外の船舶を避航する。（港則法第 18 条第 1 項）

⑵　設定的原則

両船とも運転が自由でほぼ同一の状態にある場合に，いかなる地位にある船舶が他の船舶を避航すべきか，又は船舶はいかに通航すべきかを規定したものである。

具体例（要旨）

（A）追い越そうとする船舶とか，航路を出入する船舶などを避航船と定めたもの

⑴　追越し船は，先行船（追い越される船舶）を避航する。（第 13 条第 1 項）

⑵　海交法…航路を出・入・横断・沿わないで航行する船舶（漁ろう船等を除く。）は，航路を航行している船舶を避航する。（海交法第 3 条第 1 項）

⑶　港則法…特定港において，航路外から航路に入り，又は航路から航路外に出ようとする船舶は，航路を航行する船舶を避航する。（港則法第 13 条第 1 項）

（B）右側航行（左舷対左舷）の原則に基づいて定めたもの

⑴　狭い水道等においては，他の船舶の有無に関係なく，あらゆる視界において，右側端に寄って航行する。（第 9 条第 1 項）

⑵　2 隻の動力船が真向かい又はほとんど真向かいに行き会う場合は，両船とも

右転する。(第 14 条第 1 項)

⑶ 他の動力船の左舷を右舷側に見る動力船は，他の動力船を避航する。(第 15 条第 1 項前段)

⑷ 海交法…浦賀水道航路，明石海峡航路又は備讃瀬戸東航路を航行する船舶は，航路の中央から右の部分を航行する。(海交法第 11 条第 1 項，第 15 条，第 16 条第 1 項)

⑸ 港則法…船舶は，特定港の航路内において他の船舶と行き会うときは，右側を航行する。(港則法第 13 条第 3 項)

(3) 共同防衛の原則

具体例（要旨）

⑴ 1 隻の船舶が他の船舶を避航する場合は，他の船舶は，針路及び速力を保持する。(第 17 条第 1 項)

⑵ 保持船は，避航船が予防法の規定に基づく動作をとっていないことが明らかになった場合は，保持義務から離れ直ちに避航船との衝突を避けるための動作をとることができる。(第 17 条第 2 項前段)

⑶ 保持船は，避航船の動作のみでは避航船との衝突を避けることができないと認める場合は，最善の協力動作をとる。(第 17 条第 3 項)

⑷ 船舶は，切迫した危険のある特殊な状況にある場合には，切迫した危険を避けるために予防法の規定によらないことができる。(第 38 条第 2 項)

⑸ 船舶は，他の船舶の意図若しくは動作を理解することができないとき，又は他の船舶が衝突回避の十分な動作をとっていることについて疑いがあるときは，警告信号を行う。(第 34 条第 5 項)

⑹ 船舶は，他の船舶の注意を喚起するために必要があると認める場合は，注意喚起信号を行うことができる。(第 36 条)

(4) 一般原則

⑴ 他の船舶の進路を避けるべきか，又は針路及び速力を保持すべきかは，最初の見合い関係によって定まる。

⑵ 船舶は，危険を新たに生じさせるような状態を誘致してはならない。

① 両船がそのまま進めば無難にかわりゆく場合に，船舶は，針路又は速力を変更し，そのため衝突の危険を生じるようなことをしてはならない。

② 航行船を認めてから，進行を始め，衝突の危険をもたらしてはならない。

③ 霧中，対水速力を有せず長音２回の汽笛信号を行っている船舶が，他の船舶の長音１回の汽笛信号を聞いたときは，衝突のおそれがなくなるまで進行を始めてはならない。

(3) 航法は，狭い水道等の右側端航行の規定，３船間の衝突のおそれがある特殊な状況の規定などの場合を除いて，いずれも２船間のとるべき動作を定めたものである。

(5) 衝突予防に関する根本原則

船舶は，予防法の規定を履行するに当たっては，運航上の危険及び他の船舶との衝突の危険に十分に注意しなければならない。（第38条第１項前段）

（参考文献⑿ p.284）

海技試験問題（p.225）の取り組みについて

海上衝突予防法は，船舶の衝突を予防するため，海技士（航海）にとって極めて重要な法規であり，そのすべての規定を遵守しなければなりません。

海技試験の出題範囲も，海技資格によって差異はありません。海上衝突予防法の出題範囲は，すべての海技士（航海）の資格において，「海上衝突予防法及び同法施行規則」と定められています。

ただ，その資格の下級・上級の別によって，出題は，基本的な事項について解答を求めたり，あるいはより詳しい説明を求めたりの差異があります。

したがって，例えば，五級の資格を目指す人は，先ず五級の問題に取り組み，その後できれば四級あるいは三級へと，難しい問題はとばして挑戦してみて下さい。また，三級の資格を目指す人は，先ず基本的な事項の解答を求められる五級や四級の問題を着実にこなしてから，三級の問題に取り組むとスムーズに解答ができるようになります。そして二級へと挑戦してみて下さい。

どの問題も，難易に関係なく自分の力を試すことができる大事な教材です。

上記の取り組みは，図説港則法及び図説海上交通安全法においても，同様であります。

あわてず，一歩一歩踏みしめて！　　ご健闘をお祈りします。

海技試験問題

1. 総　則

問題　下記の(1)～(3)は，それぞれ，本法のどんな用語について定義されたものか。

(1) 機関のほか帆を用いて推進する船であって，帆のみを用いて推進している船
(2) 航行中における補給作業に従事しているため，他船の進路を避けることができない船
(3) 船尾灯と同一の特性を有する黄灯　**(五級)**

ヒント (1) 帆船　(2) 操縦性能制限船　(3) 引き船灯

問題　海上衝突予防法に規定されている次の用語の定義を述べよ。

(1) 漁ろうに従事している船舶
(2) 喫水制限船
(3) 航行中
(4) 視界制限状態　**(三級)**

ヒント (1) 第3条第4項　(2) 第3条第8項　(3) 第3条第9項
(4) 第3条第12項

問題　海上衝突予防法に規定されている「操縦性能制限船」とは，「航路標識，海底電線又は海底パイプラインの敷設，保守又は引揚げ」のほか，どのような作業に従事しているため他の船舶の進路を避けることができない船舶をいうか。例を4つあげよ。　**(三級)**

ヒント 第3条第7項（以下のうち，4つ）
① しゅんせつ，測量その他の水中作業
② 航行中における補給，人の移乗又は貨物の積替え
③ 航空機の発着作業
④ 掃海作業
⑤ 船舶及びその船舶に引かれている船舶その他の物件がその進路から離れることを著しく制限するえい航作業

2. あらゆる視界の状態における船舶の航法

問題　海上衝突予防法は，見張りについてどのように規定しているか，その規定

を述べよ。 **(五級)**

ヒント 法第5条

問題 海上衝突予防法第6条（安全な速力）について，次の［　　］内にあてはまる語句を，番号とともに述べよ。

船舶は，他の船舶との［(1)］動作をとること又はその時の［(2)］することができるように，常時安全な速力で航行しなければならない。 **(五級)**

ヒント (1) 衝突を避けるための適切かつ有効な

(2) 状況に適した距離で停止

問題 「あらゆる視界の状態における船舶の航法」について：

(1) レーダーを使用していない船舶が，「安全な速力」を決定するに当たり特に考慮しなければならない事項として次の①～③のほかにどのような事項があるか。

① 船舶交通のふくそうの状況

② 夜間における陸岸の灯火，自船の灯火の反射等による灯光の存在

③ 風，海面及び海潮流の状態並びに航路障害物に接近した状態

(2) 船舶が，他の船舶と衝突するおそれがあるかどうかを判断する場合，接近してくる他の船舶のコンパス方位については，どのように判断し，また，どのようなことを考慮しなければならないか。 **(四級)**

ヒント (1) ① 視界の状態

② 自船の停止距離，旋回性能その他の操縦性能

③ 自船の喫水と水深との関係

(2) ① 接近してくる他の船舶のコンパス方位に明確な変化が認められない場合は，これと衝突するおそれがあると判断する。

② 接近してくる他の船舶のコンパス方位に明確な変化が認められる場合でも，大型船舶若しくは曳航作業に従事している船舶に接近し，又は近距離で他の船舶に接近するときは，これと衝突するおそれがあり得ることを考慮しなければならない。

問題 視界の状態は，船舶が安全な速力の決定に当たって考慮しなければならない重要事項の1つであるが，視界の状態を正確に把握するための最も効果的な方法を述べよ。 **(三級)**

ヒント レーダーによる方法：他の船舶や物標が見えてきたとき又は見えなくなろうとするときに，レーダーでその距離を測定すると視界の状態を正確に把握できることがある。

問題 「衝突を避けるための動作」についての次の文の ＿＿ 内にあてはまる語句を番号とともに記せ。

船舶は，他の船舶との衝突を避けるための動作をとる場合は，できる限り，十分に ① 時期に，船舶の運用上の適切な ② に従って ③ にその動作をとらなければならない。 **(五級)**

ヒント ① 余裕のある ② 慣行 ③ ためらわず

問題 あらゆる視界の状態において船舶は，他の船舶との衝突を避けるための動作をとる場合は，他の船舶との間にどのような距離を保って通過することができるようにしなければならないか。また，避航動作をとった後は，どのようにしなければならないか。 **(五級)(四級)**

ヒント (1) 安全な距離を保って通過することができるようにしなければならない。(第8条第4項前段)

(2) その動作の効果を他の船舶が通過して十分に遠ざかるまで慎重に確かめなければならない。(同項後段)

問題 針路のみの変更が他船に著しく接近することを避けるための最も有効な動作となる場合があるのは，どのような要件を具備して行う場合に限られるか，要件を4つあげよ。 **(三級)(二級)**

ヒント 第8条第3項 ① 広い水域であること。

② 新たに他の船舶に著しく接近することとならないこと。

③ 適切な時期に行うこと。

④ 大幅に行うこと。

問題 狭い水道等を航行中の船は，下記の場合それぞれどんな汽笛信号を行わなければならないか。

(1) 他船の左げん側を追い越そうとして，自船の意図を追い越される船に示す必要がある場合

(2) 障害物があるため他船を見ることができない狭い水道等のわん曲部に接近する場合 **(五級)**

ヒント (1) 長音2回に引き続く短音2回(— — ・・)

(2) 長音1回(—)

問題 順次に長音1回，短音1回，長音1回及び短音1回を鳴らす汽笛信号は，どんな船舶が，どのような場合に行わなければならないか。 **(五級)**

ヒント (1) 狭い水道又は航路筋において追い越される船舶

(2) 追越し船を安全に通過させるための動作をとることに同意した場合

問題 法第9条（狭い水道等）の航法について：

(1)「狭い水道等」とは，「狭い水道」のほか，どのようなところをいうか。

(2) 狭い水道等において，航行中の一般動力船と漁ろうに従事している船舶が接近する場合，両船はそれぞれどのような航法をとらなければならないか。

(3) 狭い水道等において，長さ20メートル未満の動力船は，どのような動力船の通航を妨げてはならないか。 **（四級）**

ヒント (1) 航路筋

(2) 一般動力船は漁ろうに従事している船舶を避航する。一方，漁ろうに従事している船舶は保持船としての動作をとる。ただし，漁ろうに従事している船舶は，狭い水道等の内側を航行している一般動力船の通航を妨げてはならない。（第9条第3項），通航不阻害（p.219）参照）

(3) 狭い水道等の内側でなければ安全に航行することができない他の動力船（第9条第6項）

問題 狭い水道等の航法について：

(1) 狭い水道等に沿って航行する船は，どのように航行しなければならないか。

(2) 狭い水道等を横切ろうとする船は，どんな注意をしなければならないか。

(3) 狭い水道においては，びょう泊をしてもよいか，どうか。

(4) 上の(1)～(3)は，それぞれどのような視界の状態において適用されるか。

（四級）

ヒント (1) 第9条第1項

(2) 第9条第5項

(3) 第9条第9項

(4) (1)と(3)……あらゆる視界の状態

(2)……互いに他の船舶の視野の内にある場合

問題 第9条第1項の適用について：

(1) どのような船舶について適用されるか。

(2) 視界制限時においても適用されるか。

(3)「右側端に寄って航行すること」と規定したことの効果はなにか。

(4) ただし書「この限りでない」の意味を述べよ。

> 第9条第1項　狭い水道又は航路筋（以下「狭い水道等」という。）をこれに沿って航行する船舶は，安全であり，かつ，実行に適する限り，狭い水道等の右側端に寄って航行しなければならない。ただし，……略

……の適用がある場合は，この限りではない。

（三級）

ヒント (1) 動力船，帆船，漁ろうに従事している船舶など，船舶の種類のいかんにかかわらず，すべての船舶に適用される。

(2) 適用される。

(3) ① 反航する船舶との航過間隔を安全に保つことができる。

② 喫水の浅い船舶ほど右側に寄って水域を有効に安全に使用できる。

③ 最深部しか航行できない船舶の通航を容易にし，かつ同船が追越ししようとする場合に，より広い水域をあけておくことになる。（§ 2-14）

(4) その前に出てくる本文の規定を消極的に打ち消す意味。つまり，分離通航方式の分離通航帯を航行する場合の航法（第 10 条第 2 項）の適用があるときは，右側端航行は適用の限りでなく，同項の航法規定によらなければならない，の意味。

問題 狭い水道等において，その内側でなければ安全に航行することができない動力船の通航を妨げてはならないのは，どんな船か。（三級）

ヒント ① 帆船

② 狭い水道等を横切ろうとする船舶

③ 長さ 20 メートル未満の動力船

④ 漁ろうに従事している船舶（第 9 条第 3 項ただし書に「内側を航行している他の船舶」とあるから，題意の場合は当然含まれる。）

問題 下記の①～④は，本法第 9 条（狭い水道等）の一部の条項又はその要約である。

(1) 文中の(ア)～(コ)のそれぞれに適合する船を，(a)船舶，(b)動力船，(c)帆船，及び(d)漁ろうに従事している船舶のうちから選び，(サ)－(e)の要領で記せ。

(2) ①～④のうち，あらゆる視界の状態において適用される条項を選び，番号で示せ。

① 狭い水道等をこれに沿って航行する(ア)は，安全であり，かつ，実行に適する限り，狭い水道等の右側端に寄って航行しなければならない。

② 航行中の(イ)は，狭い水道等において(ウ)の進路を避けなければならない。ただし，この規定は，(エ)が狭い水道等の内側を航行している他の(オ)の通航を妨げることができることとするものではない。

③　航行中の(カ)は，狭い水道等において(キ)の進路を避けなければならない。ただし，この規定は，(ク)が狭い水道等の内側でなければ安全に航行することができない(ケ)の通航を妨げることができることとするものではない。
④　(コ)は，狭い水道において，やむを得ない場合を除き，びょう泊をしてはならない。

（三級）

ヒント　(1)　(ア)－(a)　(イ)－(a)　(ウ)－(d)　(エ)－(d)　(オ)－(a)
(カ)－(b)　(キ)－(c)　(ク)－(c)　(ケ)－(b)　(コ)－(a)
(2)　①　④

問題　次に示す，海上衝突予防法第9条（狭い水道等）第3項の下線部分(ア)と(イ)の相違について述べよ。

第9条3　航行中の船舶（漁ろうに従事している船舶を除く。次条第7項において同じ。）は，狭い水道等において漁ろうに従事している船舶の<u>進路を避けなければならない</u>(ア)。ただし，この規定は，漁ろうに従事している船舶が狭い水道等の内側を航行している他の船舶の<u>通航を妨げることができることとするものではない</u>(イ)。

（二級）

ヒント　(ア)「進路を避けなければならない」とは，いわゆる「避航義務」のことで，互いに視野の内にある2船間に衝突のおそれがある場合において，避航船が他の船舶（保持船）から十分に遠ざかるために，できる限り早期に，かつ，大幅に避航動作をとり，保持船との衝突のおそれを解消することである。
(イ)「通航を妨げてはならない」とは，「通航不阻害義務」のことで，他の船舶と衝突のおそれが生ずる以前において，早期に，他の船舶が安全に通航できる十分な水域をあけるための動作をとることである。
　しかも，もし衝突のおそれが生ずるほど接近した場合であっても，引き続きこの不阻害義務を免除されるものではない。ただ，この段階で動作をとる場合には，航法規定（安全な速力，衝突を避けるための動作などの規定。）により要求されることがある動作を十分に考慮しなければならないことになっている。

通航不阻害義務は，可航水域が制限されているところで，避航関係を定めた航法規定だけでは船舶の安全な通航を確保することができないために設けられたもので，避航義務とは別個のものである。(p.219 参照)

問題 「分離通航方式」についての次の文の［　　］内にあてはまる語句を，番号とともに記せ。

(1) 通航路をこれについて定められた船舶の［ ① ］に航行すること。

(2) 分離線又は［ ② ］からできる限り離れて航行すること。

(3) 船舶（動力船であって長さ 20 メートル未満のもの及び帆船を除く。）は，沿岸通航帯に隣接した分離通航帯の通航路を安全に通過することができる場合は，やむを得ない場合を除き，［ ③ ］を航行してはならない。 **(四級)**

［ヒント］① 進行方向　② 分離帯　③ 沿岸通航帯

問題 分離通航方式（第 10 条）について：

(1) 通航路の横断については，どのように規定されているか。

(2) 長さ 20 メートル以上の動力船は，沿岸通航帯に隣接した分離通航帯の通航路を安全に通過することができる場合は，原則として沿岸通航帯を航行してはならないが，やむを得ずこの沿岸通航帯を航行することができることが認められているのはどのような場合か。1 例をあげよ。

(3) 通航路を横断しようとする漁ろうに従事している船舶と通航路をこれに沿って航行している一般動力船とが衝突のおそれがあるときは，どちらの船舶が避航船となるか。

(4) 分離通航帯の出入口付近において，船舶が守らなければならない事項をあげよ。 **(三級)**

［ヒント］(1) 第 10 条第 3 項

(2) § 2-28

(3) 一般動力船（第 10 条第 7 項）

(4) ① 十分に注意して航行しなければならない。(同条第 10 項)

② やむを得ない場合を除き，錨泊してはならない。(同条第 11 項)

③ 通航分離帯を航行しない船舶は，（当然のことながら，同出入口付近においても）できる限り分離通航帯から離れて航行しなければならない。(同条第 12 項)

問題 分離通航帯の通航路を横断し，又は通航路に出入する船舶以外の船舶が，分離帯に入り又は分離線を横切ることができるのは，やむを得ない場合のほか，どのような場合か。 **(二級)**

ヒント § 2-29

3. 互いに他の船舶の視野の内にある船舶の航法

問題 他船を追い越す場合について，次の㋐及び㋑が一般に合理的であるといわれる理由を述べよ。

㋐ 一般に他船の左げん側後方から追い越す。

㋑ わん曲部では，わん曲部の外側から他船を追い越す。 **(二級)**

ヒント ㋐ § 2-38 (5)

㋑ 内側を追い越すと，わん曲部に沿って変針しようとする他船の船首を抑えてその進路を妨げ，また右折のわん曲部では，自船も他船と陸岸との間に挟まれることになるからである。(なお，狭い水道又は航路筋のわん曲部で追い越すことは，十分な余地がある場合のほかは避けるべきである。)

問題 航行中，自船と他船との見合い関係の状況を確かめることができない場合における判断について明示されているのは，どのような場合か。また，その場合には，どのように判断しなければならないか。 **(三級)**

ヒント 第13条第3項，第14条第3項

問題 互いに視野の内にある2隻の一般動力船が，避航船と保持船との関係になることなく，互いに避航船として衝突を避けるための動作をとらなければならないのは，どのような場合か。(切迫した危険のある特殊な状況の場合を除く。) **(五級)**

ヒント 2隻の動力船が真向かい又はほとんど真向かいに行き会う場合において衝突するおそれがあるとき。(行会い関係)

問題 第14条（行会い船）第1項の航法規定について：

(1) 2隻の動力船がほとんど真向かいに行き会う場合に，衝突の危険が生じやすい両船の態勢の例を2つあげ，図示して説明せよ。

(2) 2隻の動力船が真向かい又はほとんど真向かいに行き会う場合において衝突するおそれがあっても，この航法規定が適用されない場合を2つあげよ。

(三級)

ヒント (1) 図2·46 (5)(6)

(2) ① 一般の動力船と操縦性能制限船である動力船が行き会う場合

② 一般の動力船と漁ろうに従事している船舶である動力船が行き会う場合

問題 2隻の一般動力船が真向かい又はほとんど真向かいに行き会う場合において

衝突するおそれがある場合について：

(1) 各動力船は針路をどのように転じなければならないか。

(2) 各動力船は，(1)の針路を転じる時期はどのような時期でなければならないか。

(3) 各動力船は，針路を転じて互いに航過する場合，どのような距離を保って航過しなければならないか。 **(三級)**

ヒント (1) 互いに他の動力船の左舷側を通過することができるように，それぞれ針路を右に転じなければならない。(第14条第1項)

(2) 十分に余裕のある時期（第8条第1項）

(3) 安全に通過することができるような距離（第8条第4項）

問題 互いに他の船舶の視野の内にある2隻の一般動力船が，互いに進路を横切る場合において衝突するおそれがあるとき：

(1) 避航船が避航動作をとる場合に，やむを得ない場合を除き，してはならないのはどのような動作か。

(2) 保持船が，避航船と間近に接近して，衝突を避けるための最善の協力動作をとらなければならなくなる以前の段階において，針路及び速力の保持義務から離れて自船のほうから避航船との衝突を避けるための動作をとることができるのは，どのような場合か。

(3) (2)の場合に，保持船が，やむを得ない場合を除き，してはならないのはどのような動作か。 **(三級)**

ヒント (1) やむを得ない場合を除き，他の動力船の船首方向を横切る動作。(第15条第1項後段)

(2) 避航船が，海上衝突予防法の規定に基づく適切な動作をとっていないことが明らかになった場合。(第17条第2項前段)

(3) 針路を左に転じる動作。

問題 海上衝突予防法第17条第1項に，「この法律の規定により2隻の船舶のうち1隻の船舶が他の船舶の進路を避けなければならない場合(①)は，当該他の船舶は，その針路及び速力を保たなければならない(②)。」とある。この規定に関して，下線を施してある部分についての次の問いに答えよ。

(1) ①に該当するのは，どのような場合の，どのような船舶か，具体例を3つあげよ。

(2) ②に該当する船舶が，次の(a)～(c)の処置をとった場合は，一般に，この規定の違反となるかどうか，違反となるものに×，違反とならないものに○の印

を付けよ。　（解答例　(e)－×）

(a)　前路の障害物を避けるために変針・変速した場合

(b)　岸壁に横付けするために必要があって減速する場合

(c)　風潮による圧流を防止するために，あてかじをとった場合　**（三級）**

ヒント (1) ①　追越し船　②　横切り船　③　帆船に対する動力船

(2) (a)－○　(b)－○　(c)－×（保針のためならば，○）

問題　保持船が，針路及び速力を保たなければならない義務から離れて，避航船との衝突を避けるための動作をとることができるのは，どのような場合か。また，この場合の保持船の動作に対して，どのような制限があるか。

ヒント (1) 避航船が予防法の規定に基づく適切な動作をとっていないことが明らかになった場合に直ちに。

(2) 両船が横切り関係にあるときは，保持船は，やむを得ない場合を除き，針路を左に転じてはならない。

問題　狭い水道等以外の広い水域を航行中の漁ろうに従事している船が，他の各種の船に対してとらなければならない航法について

(1) 自船が保持船となるのは，どんな船に対してか。

(2) 自船ができる限り，進路を避けなければならないのは，どんな船か。

(3) 黒色の円筒形形象物 1 個を垂直線上に掲げている動力船に対しては，どのようにしなければならないか。　**（四級）**

ヒント (1) ①　動力船　②　帆船

(2) ①　運転不自由船　②　操縦性能制限船

(3) 他船は喫水制限船であるから，やむを得ない場合を除き，同船の安全な通航を妨げてはならない。

問題　互いに他の船舶の視野の内にある場合に，航行中の漁ろうに従事している船舶（動力船）が，接近する他の船舶に対して次の(1)～(4)の動作をとらなければならないのは，それぞれどのような場合か。

(1) 他の船舶の種類にかかわらず，その進路を避ける。

(2) 操縦の難易に従って，できる限り他の船舶の進路を避ける。

(3) 他の船舶の通航を妨げないようにする。

(4) 他の船舶の安全な通航を妨げないようにする。　**（二級）**

ヒント (1) 他の船舶を追い越す場合

(2) 運転不自由船，操縦性能制限船

(3) 狭い水道又は航路筋の内側を航行している他の船舶

(4) 喫水制限船

問題 互いに他の船舶の視野の内にある場合，動力船と漁ろうに従事している船舶間の航法を，次の(1)及び(2)の場合について述べよ。

(1) 両船が追越し関係にある場合

(2) 動力船が次の(ア)，(イ)である場合

(ア) 運転不自由船又は操縦性能制限船

(イ) 喫水制限船 **(二級)**

ヒント (1) 第13条第1項により，追越し船は，予防法の他の規定にかかわらず，追い越される船舶を避航しなければならない。したがって，漁ろうに従事している船舶であっても，動力船を追い越すときは，これを避航しなければならない。

(2) (ア) 第18条第3項により，漁ろうに従事している船舶は，できる限り，運転不自由船及び操縦性能制限船の船舶を避航しなければならない。

(イ) 第18条第4項により，漁ろうに従事している船舶は，やむを得ない場合を除き，喫水制限船の安全な通航を妨げてはならない。

4. 視界制限状態における船舶の航法

問題 視界制限状態にある水域において：

(1) 動力船は，機関をどのような状態にしておかなければならないか。

(2) 音響信号（霧中信号）は聞こえないが，レーダーによって他船の存在を探知した船は，まず，どんな判断をしなければならないか。

(3) 船がその速力を，針路を保つことができる最小限度の速力に減じなければならず，また必要に応じて停止しなければならないのは，どのような場合か。

(五級)

ヒント (1) 機関を直ちに操作できるようにしておかなければならない。(第19条第2項)

(2) 他船に著しく接近することとなるかどうか，又は他船と衝突するおそれがあるかどうかを判断しなければならない。(第19条第4項前段)

(3) 他船と衝突のおそれがないと判断した場合を除き，①他船の霧中信号を自船の正横より前方に聞いた場合又は②自船の正横より前方にある他船と著しく接近することを避けることができない場合。(第19条第6項)

問題 視界制限状態にある水域を航行しているが，他船の存在をレーダーのみにより探知してこれと著しく接近することになると判断し，十分に余裕のある

時期にこの事態を避けるため変針しようとするときは，やむを得ない場合を除き，どのような針路の変更を行ってはならないか。 **(四級)**

ヒント 第19条第5項第1号・第2号

問題 昼間，霧中航行中の船が行わなければならない事項を4つあげよ。ただし，他船を探知してから以後の動作については述べなくてもよい。 **(四級)**

ヒント ① 動力船は，機関を直ちに操作することができるようにしておく。
② 視界制限状態に応じた安全な速力で航行する。
③ 霧中信号（第35条）を行い，航海灯を表示（第20条）する。
④ 視覚，聴覚，レーダーなどの手段により，適切な見張りをする。

問題 動力船が，昼間，沿岸航行中濃霧となったので，第35条による音響信号（霧中信号）を開始し，第5条（見張り），第6条（安全な速力），第7条（衝突のおそれ），第19条（視界制限状態における船舶の航法）等の航法規定による動作をとり，また，注意を払った。この動力船のとった処置は，これで十分であるかどうか，理由とともに述べよ。 **(三級)**

ヒント (1) ① 航行中の動力船の灯火を表示する。
② 理由は，視界制限状態においては，他船を早期に発見するため，日出から日没までの間も表示義務がある。（第20条第2項）

(2) ① 「濃霧になったので，……」とあるが，その前も視界制限状態であったから，規定の動作をとり，注意を払うべきであった。
② 理由は，第19条・第35条は視界制限状態にある水域等の船舶に適用される規定であり，また，第5条・第6条・第7条はあらゆる視界の状態における船舶に適用される規定（第4条）であるから。

問題 昼間，霧のため視界制限状態になった場合，びょう泊中の動力船（長さ120メートル）は，本法の規定によりどのような処置をとらなければならないか。 **(三級)**

ヒント ① 前部において，1分を超えない間隔で急速に号鐘を約5秒間鳴らし，かつ，後部において，その直後に急速にどらを約5秒間鳴らす。（第35条第6項前段）
② 接近してくる他の船舶に対して自船の位置及び自船との衝突の可能性を警告する必要があるときは，順次に短音1回，長音1回及び短音1回を鳴らすことにより汽笛信号を行うことができる。（同項後段）
③ 接近してくる他の船舶を早期に探知又は視認するため適切な見張り（レーダー，視覚，聴覚など。）を行う。

問題 第3節　視界制限状態における船舶の航法　第19条第3項は，「船舶は，第1節の規定による措置を講ずる場合は，その時の状況及び視界制限状態を十分に考慮しなければならない。」と規定している。下線部分「その時の状況」とは，どのようなことを指すか。具体例を6つあげよ。　**(二級)**

ヒント ①　船舶交通のふくそうの状況
②　風，海面，海潮流などの状態
③　水域の広狭や航路障害物の存在の有無
④　自船のその時の操縦性能
⑤　自船の喫水と水深との関係
⑥　自船に設備している航海計器などの種類とその性能，特にレーダーの性能

5. 第3章　灯火及び形象物

問題 航行中の一般動力船（長さ100メートル）は，夜間はどのような灯火を表示しなければならないか。また，それらの射光範囲をそれぞれ図示せよ。
(三級)

ヒント § 3–15

問題 下図(1)～(4)に示す灯火は，それぞれどんな船舶のどのような状態を表すか。ただし，図中の○は白灯，⊘は紅灯，⊗は緑灯を示すものとする。
(五級)

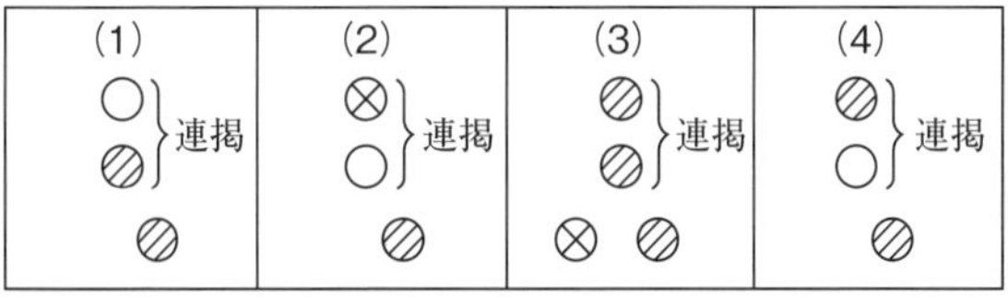

(1)	(2)	(3)	(4)
○ ⊘ } 連掲 ⊘	⊗ ○ } 連掲 ⊘	⊘ ⊘ } 連掲 ⊗ ⊘	⊘ ○ } 連掲 ⊘

ヒント (1)　航行中の水先業務に従事している水先船が，左舷側を見せている。
(2)　航行中のトロール従事船が，対水速力を有する場合で左舷側を見せている。
(3)　航行中の運転不自由船が，対水速力を有する場合で船首方向を見せている。
(4)　航行中のトロール従事船以外の漁ろうに従事している船舶が，対水速力を有する場合で左舷側を見せている。

問題 自船の船首方位（真方位）が200°のとき，正船首より右げん側45°に他の船舶のげん灯（紅灯）を認めた。このときの当該他の船舶の船首方位は，何度から何度までの範囲か。ただし，射光範囲を超えて許容されている角度については考慮しなくてよい。　**(三級)**

ヒント 065°～177.5°の範囲

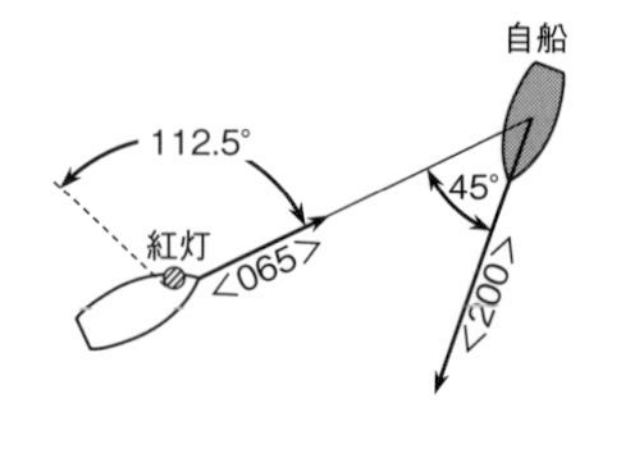

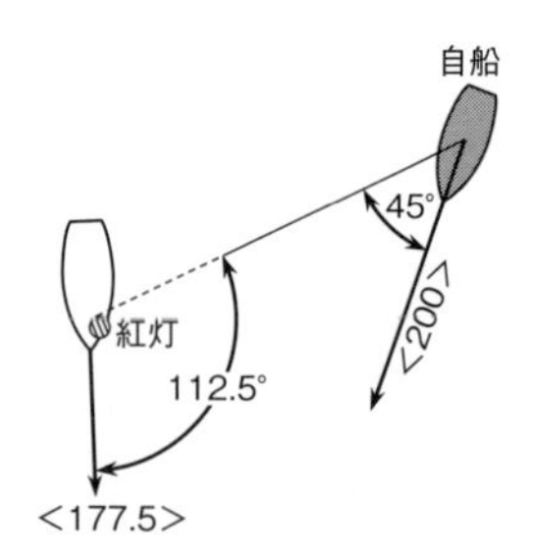

問題 長さ50メートル以上の動力船が，その船尾から200メートルを超える距離で他船を引いて航行中は，げん灯1対と船尾灯のほか，どんな灯火を掲げなければならないか，一例をあげよ。また，このえい航作業のため操縦性能が著しく制限されている状態にあるときは，引いている動力船は，更にどのような灯火を掲げなければならないか。 **(四級)**

ヒント (1) ① 前部にマスト灯3個を連掲

② 後部にマスト灯3個（①のマスト灯より後方の高い位置）

③ 引き船灯1個（船尾灯の上方）（§ 3-22 (1)）

(2) 紅色（上方）・白色（中央）・紅色（下方）の3個の全周灯を連掲（§ 3-44 (1)）

問題 次の形象物を掲げているのは，それぞれどんな船か。

(1) 黒色円筒形（1個）

(2) 国際信号旗のA旗を表す信号板 **(四級)**

ヒント (1) 喫水制限船

(2) 潜水夫による水中作業に従事している操縦性能制限船

問題 航行中の一般動力船が長音1回の汽笛信号を行わなければならないのは，どのような場合か。 **(四級)**

ヒント ① 船舶が障害物があるため他の船舶を見ることができない狭い水道又は航路筋のわん曲部その他の水域に接近する場合

② 上記①のわん曲部信号を行った船舶に接近する他の船舶が，そのわん曲部の付近又は障害物の背後においてわん曲部信号を聞いた場合

③ 視界制限状態における航行中の動力船が対水速力を有する場合（2分を超えない間隔）

問題 海上衝突予防法において，動力船が閃光灯を表示しなければならない場合

があるが，それは，どんな動力船が，どんな色の閃光灯を表示しなければならないか。1つあげよ。　**(四級)**

ヒント 次のうち，いずれか1つ。

① 水面から浮揚した状態のエアクッション船……黄色

② 滑走中又は水面に接近して飛行中の表面効果翼船……紅色

問題 右図は，夜間に，ある種の船舶を正船首方向から見た場合に認められる灯火の略図である。それぞれどのような船舶か。ただし，図中の○は白灯，⊘は紅灯，⊗は緑灯を示す。

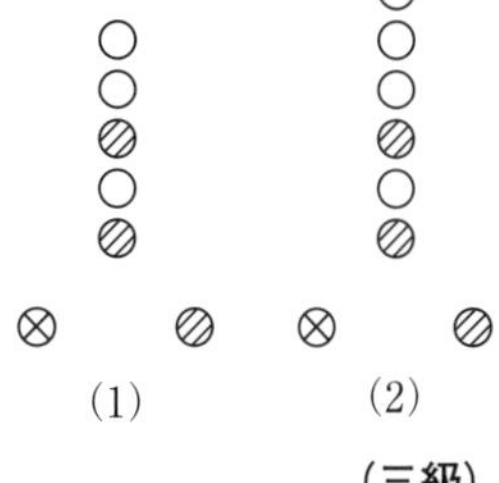

(三級)

ヒント ① 航行中の対水速力を有する航路標識の敷設等の作業に従事している操縦性能制限船で船首方向を見せている。(図3･54)

② 航行中の「進路から離れることを著しく制限する曳航作業」に従事している操縦性能制限船（長さ50メートル未満）で曳航物件の後端までの距離が200メートルを超えるもの（最上部の白灯が後部マスト灯ならば，その距離は200メートル以下。）で船首方向を見せている。

問題 夜間，航行中の一般動力船Aが，自船の正船首方向に右図のような他の船舶Bの灯火を認め，互いに接近する場合：

(1) Bはどのような船舶か。

(2) Aはどのように航行すればよいか。

（注：○は白灯，⊗は緑灯，⊘は紅灯を示す。）

(三級)

ヒント (1) 航行中の対水速力を有するしゅんせつその他の水中作業（掃海作業を除く）に従事している操縦性能制限船で，船首方向を見せており，同船の右げん側を他の船舶が通航できることを示している。(図3・60)

(2) Bの右げん側を航行して，同船の進路を避ける。

問題 昼間，最も見えやすい場所又は定められた場所に，次の形象物を掲げているのは，どのような船舶か。

(1) 垂直線上に球形の形象物3個

(2) 垂直線上に球形の形象物，ひし形の形象物及び球形の形象物

(3) ひし形の形象物１個
(4) 頂点を下にして円すい形の形象物１個
(5) 前部マストの最上部に球形の形象物１個，同じマストのヤードの両端に球形の形象物各１個　**(三級)**

ヒント (1) 乗揚げ船
(2) 航行中の操縦性能制限船（航路標識の敷設等）
(3) 航行中の引き船・引かれ船（曳航物件の後端までの距離が 200 メートルを超える）
(4) 機関と帆を同時に用いて推進している動力船
(5) 航行中の掃海作業船

問題 長さ 20 メートル以上の単独でトロールにより漁ろうに従事している下記(1)～(3)の船舶は，他の漁ろうに従事している船舶と著しく接近している場合には，それぞれ規定の灯火のほかどのような灯火を表示しなければならないか。
(1) 投網を行っている船舶
(2) 揚網を行っている船舶
(3) 網が障害物に絡み付いている船舶　**(二級)**

ヒント (1) 白色の全周灯　２個　連掲
(2) 白色の全周灯（上方）１個及び紅色の全周灯（下方）１個　連掲
(3) 紅色の全周灯　２個　連掲

問題 法定灯火は，日没から日出までの間表示しなければならないが，この間は，どのような灯火を表示してはならないか。　**(三級)**

ヒント ① 法定灯火と誤認される灯火
② 法定灯火の視認又はその特性の識別を妨げる灯火
③ 見張りを妨げる灯火

問題 夜間，航行中の次の(1)～(3)の船舶が，対水速力を有しない場合，げん灯は，消灯しなければならないか又は点灯しなければならないか。「消灯」又は「点灯」の語句で答えよ。
(1) 一般動力船（長さ 150 メートル）
(2) 機関故障中の運転不自由船（長さ 120 メートル）
(3) 一般帆船（長さ 25 メートル）　**(三級)**

ヒント (1) 点灯　(2) 消灯　(3) 点灯

6. 音響信号及び発光信号

問題 動力船が汽笛による操船信号を行わなければならないのは，どのような条件がそろったときか。 **(三級)**

ヒント 互いに他の船舶の視野の内にある場合において，海上衝突予防法の規定により針路を転じ，又は機関を後進にかけているとき。

問題 狭い水道等における「追越し」について：

(1) 追越し船が追越し信号を行わなければならないのは，どのような場合か。

(2) (1)の場合に，追越し船はどのような信号を行うか。

(3) (2)の信号を聞いた追い越される船舶は，どのようにしなければならないか。

(五級)

ヒント (1) 追い越される船舶が自船を安全に通過させるための動作をとらなければ追い越すことができない場合。

(2) 他の船舶の右舷側を追い越そうとするとき……長音2回に引き続く短音1回（汽笛）

他の船舶の左舷側を追い越そうとするとき……長音2回に引き続く短音2回（汽笛）

(3) 追越しに同意したとき……順次に長音1回，短音1回，長音1回及び短音1回の汽笛を行い，かつ，追越し船を安全に通過させるための動作をとる。

追越しに疑問があるとき……警告信号

問題 急速に短音5回以上鳴らす汽笛信号は，どのような場合に行うものか。

(五級)

ヒント 互いに他の船舶の視野の内にある船舶が互いに接近する場合において，船舶が，他の船舶の意図若しくは動作を理解することができないとき，又は他の船舶が衝突を避けるために十分な動作をとっていることについて疑いがあるとき。

問題 無線電話と国際信号旗によって行う遭難信号の方法をそれぞれ述べよ。

(四級)

ヒント (1) 無線電話による「メーデー」という語の信号

(2) 縦に上からN旗及びC旗の掲揚

問題 海上衝突予防法が規定する警告信号と注意喚起信号とは，どのような相違があるか，次に掲げる事項について述べよ。

(1) 信号方法について

(2) 信号の意味について

(3) 信号を行う状況について　**(三級)**

ヒント (1) 警告信号………直ちに急速に短音5回以上の汽笛信号を行わなければならない。

上記の汽笛信号に加えて，急速に閃光を5回以上の発光信号を行うことができる。(任意規定)

注意喚起信号…本法（予防法）に規定する信号と誤認されることのない発光信号又は音響による信号を行い，又は他の船舶を眩惑させない方法で探照灯を照射することができる。(任意規定)

(2) 警告信号………（§ 4–8 (1)(2)）

注意喚起信号…他の船舶の注意を喚起するために必要があると認めた場合に行う。

(3) 警告信号………船舶が互いに他の船舶の視野の内にあり，互いに接近する状況にあること。

注意喚起信号…視野の状態，見合い関係，航行中，錨泊中などの状態のいかんを問わない。

問題 遭難信号のうち，人工衛星を利用しているものを1つあげ，それはどのように規定されているか述べよ。　**(三級)**

ヒント 施行規則第22条第1項第13号

問題 第34条第5項の警告信号（疑問信号）について：

(1) どのような条件のもとに，どのような場合に行わなければならないか。

(2) どのような方法で行わなければならず，また，行うことができるか。

ヒント (1) § 4–8 (1)

(2) ① 汽笛信号（強制）

② 発光信号（任意）(§ 4–8 (2))

問題 視界制限状態にある水域において次の(1)～(4)の船舶は，それぞれどのような音響信号を行わなければならないか。

(1) 航行中の喫水制限船に該当するタンカー（長さ250メートル）

(2) びょう泊して漁ろうに従事していている船舶（長さ30メートル）

(3) 微速力で航行している貨物船（長さ60メートル）　**(三級)**

ヒント (1) 2分を超えない間隔で，長音1回に引き続く短音2回の汽笛信号

(2) 2分を超えない間隔で，長音1回に引き続く短音2回の汽笛信号

(3) 2分を超えない間隔で，長音1回の汽笛信号

問題 海上衝突予防法第 34 条第 6 項の警告信号（わん曲部信号）について：

(1) 船舶は，どのような場合に，この信号を行わなければならないか。

(2) どのような方法で行わなければならないか。

(3) この信号を行っている船舶に接近する他の船舶が，この信号を聞いたときは，どのようにしてこれに応答するか。 **(三級)**

ヒント (1) 障害物があるため他の船舶を見ることができない狭い水道等のわん曲部その他の水域に接近する場合。

(2) 長音 1 回の汽笛信号を行う。

(3) 長音 1 回の汽笛信号を行うことにより応答しなければならない。

問題 海上衝突予防法施行規則で定める遭難信号にはどのようなものがあるか。5 つ述べよ。 **(三級)**

ヒント 施行規則第 22 条第 1 項（§ 4-15）

問題 遭難信号に関しては，どのようなことが禁止されているか。 **(二級)**

ヒント 第 37 条第 2 項，§ 4-16

7. 補　足

問題 海上衝突予防法第 38 条（切迫した危険のある特殊な状況）により，船舶が本法の規定によらないことができるのは，どのような要件を満たした場合か。

ヒント (1) 切迫した危険が存在すること。

(2) 規定に従っては，切迫した危険を避けることができない特殊な状況にあること。

(3) 規定から離脱することが切迫した危険を避けるための最善の方法であり，かつ，これによって切迫した危険を避ける見込みがあること。

著者略歴

福井　淡（原著者）
1945年神戸高等商船学校航海科卒，東京商船大学海務学院甲類卒，1945年運輸省（現国土交通省）航海訓練所練習船教官，海軍少尉，助教授，甲種船長（一級）免許受有，1958年海技大学校へ出向，助教授，練習船海技丸船長，教授，海技大学校長，1985年海技大学校奨学財団理事，大阪湾水先区水先人会顧問，海事補佐人業務など
～2014年

淺木　健司（改訂者）
1983年神戸商船大学航海学科卒，1996年同大学院商船学研究科修士課程修了，
2001年同博士後期課程修了，博士（商船学）学位取得
1984年海技大学校助手，1986年運輸省航海訓練所練習船教官，海技大学校講師，同助教授
現在：海技大学校教授

ISBN978-4-303-37769-4
図説 海上衝突予防法

昭和52年 9 月28日　初版発行
令和 5 年 3 月19日　第24版発行

原著者　福井　淡
改訂者　淺木健司
発行者　岡田雄希
発行所　海文堂出版株式会社
本　社　東京都文京区水道2－5－4（〒112-0005）
電話 03(3815)3291(代)　FAX 03(3815)3953
支　社　神戸市中央区元町通3－5－10（〒650-0022）
日本書籍出版協会会員・自然科学書協会会員・工学書協会会員

PRINTED IN JAPAN　　印刷　ディグ／製本　ブロケード